弧焊电源原理与控制

主编　王林兵

西北工業大學出版社

西　安

【内容简介】 本书系统地论述了现代弧焊电源的基本原理、控制理论、先进技术和设计方法，主要内容包括弧焊电源的基本电气特性、常用功率器件、整流电路、直流变换电路、基本控制理论与变换器建模、智能控制原理与算法设计以及数值模拟仿真。

本书可作为高等学校工科类焊接、电气、机械、自动化等专业的高年级本科生及研究生教材，也可供技术研究和产品开发人员在进行弧焊电源的理论研究和设计开发时参考阅读。

图书在版编目(CIP)数据

弧焊电源原理与控制 / 王林兵主编 . -- 西安 ：西北工业大学出版社，2024.4. -- ISBN 978-7-5612-9314-0

Ⅰ. TG434.1

中国国家版本馆 CIP 数据核字第 20240UQ472 号

HUHAN DIANYUAN YUANLI YU KONGZHI

弧 焊 电 源 原 理 与 控 制

王林兵 主编

责任编辑：杨 睿 成 瑶　　**策划编辑：**杨 睿

责任校对：张 潼　　**装帧设计：**高永斌 李 飞

出版发行：西北工业大学出版社

通信地址：西安市友谊西路 127 号　　邮编：710072

电　　话：(029)88491757，88493844

网　　址：www.nwpup.com

印 刷 者：西安五星印刷有限公司

开　　本：787 mm×1 092 mm　　1/16

印　　张：12.625

字　　数：315 千字

版　　次：2024 年 4 月第 1 版　　2024 年 4 月第 1 次印刷

书　　号：ISBN 978-7-5612-9314-0

定　　价：68.00 元

前　言

随着各高校研究生人数的增长，不少高校的研究生人数甚至超过了本科生人数，研究生的教材也越来越受到高校的重视。但是现有弧焊电源教材内容主要是针对本科生教学设置的，针对研究生教学的弧焊电源教材还处于缺失状态。因此，笔者筹划出版这本《弧焊电源原理与控制》。本书内容主要针对研究生教学而设置，希望能满足我国研究生"弧焊电源"教育的发展需求。

2018年，"高端焊接电源"被列为卡住中国脖子的35项技术中的第28项技术。近几年来，经过专家学者的奋力技术攻关，我国的焊接电源技术得到了快速的发展，取得了令人振奋的成果，这种卡脖子技术也正在被攻克。研究生教育应尽量与我国的科技发展同步，在基础理论教学方面，能够尽快推出包含新理论、新技术的新教材，使我国的广大研究生能够尽早学习到新的理论和技术知识，促进我国科技的长远快速发展。这也是本书编写的初衷之一。

1.基本思路和指导思想

(1)本书是高等学校工科类教学的一本新教材，能满足焊接专业方向教学大纲的要求，高年级本科生可以选择前5章内容学习。

(2)目前很多研究生的研究内容和方向具有学科交叉性，本书也可以供电气、机械、控制等专业的研究生选修使用。

(3)本书旨在把相对成熟的前沿技术成果以典型实例的方式进行讲解，使学生更容易理解和掌握。

(4)本书既可作为高等学校的专业教科书，又可作为科技参考书，以及工程技术人员培训和继续教育的教材。

2. 主要内容和特点

(1)本书以电弧焊接工艺对弧焊电源的电气性能要求为依据，围绕空载电压、外特性的形成、调节性能等问题，讲述了弧焊电源的原理、特点、结构、性能及应用。

(2)本书按照常用弧焊电源产品的电路结构，详细讲述了弧焊电源的整流电路和直流变换器，使学生可以深入地学习弧焊电源的电路结构知识。

(3)本书详细论述了弧焊电源常用基本电路的变换器建模过程和方法，为深入研究弧焊电源的控制技术建立了基础。

(4)本书讲述了弧焊电源的智能控制原理与算法设计，通过设计实例，能使学生快速学习并掌握一些弧焊电源的智能控制理论和技能。

(5)本书最后一章的数值模拟技术，是研究新型弧焊电源方法和工艺的新手段，有助于启发学生和科技工作者研究、开发弧焊电源新技术。

在编写本书过程中，笔者参阅了一些文献资料，在此谨向其作者一并致谢；同时感谢陈乔、费凡、田育甲、周益安、周晗等研究生对本书的资料整理工作。

由于笔者水平所限，书中可能存在不妥之处，敬请读者批评指正。

编　者

2023年10月

目　录

第1章　绪　论

焊接是利用焊接设备，使分离的物体发热后产生原子或者分子之间的结合而连接成一体的连接方法。

焊接是现代制造技术中的一种基本加工方法，广泛应用于造船、机械、冶金、石油化工、海洋工程、航空航天及国防工业。从万吨巨轮到不足 1 g 的微电子器件，其在制造过程中都需要焊接加工。焊接已经渗透到制造业的各个领域，直接影响到产品的质量、可靠性和寿命以及生产的成本和效率。我国焊接结构的钢耗量在 2004 年就已经突破 1 亿吨，居世界首位。我国是世界上最大的焊接设备制造国，焊接制造技术在国民经济建设中发挥着不可替代的作用。

1.1　电弧焊的焊接方法

电弧焊是目前应用最广泛的焊接方法。常见的电弧焊接方法包括焊条电弧焊(SMAW)、埋弧焊 (SAW)、钨极气体保护电弧焊(GTAW 或 TIG 焊)、等离子弧焊(PAW)、熔化极气体保护电弧焊(GMAW 或者 MIG 焊、MAG 焊)和药芯焊丝电弧焊等。

绝大部分电弧焊是以电极与工件之间燃烧的电弧作为热源的，在形成接头时，可以采用也可以不采用填充金属。当焊接所用的电极是焊接过程中熔化的焊丝时，叫作熔化极电弧焊，例如焊条电弧焊、埋弧焊、气体保护电弧焊、管状焊丝电弧焊等；焊接所用的电极是在焊接过程中不熔化的碳棒或钨棒时，叫作不熔化极电弧焊，例如钨极氩弧焊、等离子弧焊等。

1. *焊条电弧焊*

焊条电弧焊是指用手工操作焊条进行焊接的电弧焊方法。焊条由焊芯与药皮组成。焊条中被药皮包覆的金属芯称为焊芯。焊条电弧焊是各种电弧焊方法中发展最早、目前仍然应用最广的一种焊接方法。它是以外部包有药皮的焊条做电极和填充金属，电弧在焊条的端部和被焊工件表面燃烧。药皮在电弧热作用下，一方面可以产生气体以保护电弧，另一方面可以产生熔渣覆盖在熔池表面，防止熔化金属与周围气体的相互作用。熔渣更重要的作用是与熔化金属产生物理化学反应或添加合金元素，改善焊缝金属的性能。

焊条电弧焊分为交流和直流焊条电弧焊，适用于各种金属材料、各种厚度、各种形状结构，可以进行全位置焊接。焊条电弧焊的焊接参数主要有焊条种类(取决于母材的材料)、焊条直径(取决于焊件厚度、焊缝位置等)、焊接电流、弧长、焊接速度等。焊条电弧焊的焊接电流一般在几十安到几百安，如常用的直径为 2.5～4 mm 的焊条，焊接电流为 75～200 A。

焊条电弧焊设备简单、轻便，操作灵活，可以应用于维修及装配中短缝的焊接，特别是可以用于难以达到的部位的焊接。焊条电弧焊配用相应的焊条适用于大多数工业用碳钢、不锈钢、铸铁、铜、铝、镍及其合金的焊接。

2. 埋弧焊

埋弧焊是电弧在焊剂层下燃烧进行焊接的方法。埋弧焊以连续送进的焊丝作为电极和填充金属。焊接时，在焊接区的上面覆盖一层颗粒状焊剂，电弧在焊剂层下燃烧，将焊丝端部和局部母材熔化，形成焊缝。在电弧热的作用下，一部分焊剂熔化成熔渣并与液态金属发生冶金反应。熔渣浮在金属熔池的表面：一方面可以保护焊缝金属，防止空气的污染，并与熔化金属产生物理化学反应，改善焊缝金属的成分及性能；另一方面可以使焊缝金属缓慢冷却。

埋弧焊可分为直流埋弧焊、交流埋弧焊和脉冲埋弧焊等。埋弧焊的焊接电流较大，一般为几百安到上千安，例如常用直径为 3.2～5 mm 的焊丝，焊接电流为 300～1 100 A。大电流电弧热量加上焊剂和熔渣的隔热作用，埋弧焊的焊接热效率高，焊接熔深大，单丝埋弧焊在工件不开坡口的情况下，一次可熔透 20 mm。埋弧焊焊接速度高，以厚度为 8～10 mm 的钢板对接为例，单丝埋弧焊焊接速度可达 50～ 80 cm/min，而焊条电弧焊则不超过 10～13 cm/min。

埋弧焊可以采用较大的焊接电流。与焊条电弧焊相比，埋弧焊最大的优点是焊缝质量好、焊接速度高。因此，它特别适于焊接大型工件的直缝和环缝，而且多数采用机械化焊接。埋弧焊已广泛用于碳钢、低合金结构钢和不锈钢的焊接。由于熔渣可降低接头的冷却速度，故某些高强度结构钢、高碳钢等也可采用埋弧焊焊接。

3. 钨极气体保护电弧焊

钨极气体保护电弧焊是指以钨或钨合金（钍钨、铈钨等）作为电极，用氩气或者氮气作为保护气体的电弧焊方法。这是一种不熔化极气体保护电弧焊，是利用钨极和工件之间的电弧使金属熔化而形成焊缝的。焊接过程中钨极不熔化，只起电极的作用，同时由焊炬的喷嘴送进氩气或氦气作保护，还可以根据需要另外添加填充金属。钨极气体保护电弧焊在国际上通称为 TIG 焊。

一般的钨极氩弧焊焊接参数主要有电极直径、焊接电流、弧长、氩气流量、焊接速度等，常用的焊接电流范围是 10～300 A。

由于钨极气体保护电弧焊能很好地控制热输入，所以它是连接薄板金属和打底焊的一种极好方法。焊接电流采用脉冲形式可以更好地控制熔深、改善熔池凝固特点，因此常常用来进行管道底层的焊接以达到单面焊双面成形的目的。这种方法几乎可以用于所有金属的焊接，尤其适用于焊接铝、镁这些能形成难熔氧化物的金属以及像钛和锆这些活泼金属。这种焊接方法的焊缝质量高，但与其他电弧焊相比，其焊接速度较慢。

4. 等离子弧焊

等离子弧焊也是一种不熔化极气体保护电弧焊。等离子弧的电极内缩在焊枪喷嘴的内部，借助于等离子弧专用焊枪水冷喷嘴等外部拘束条件使得普通的自由电弧受到压缩，电弧形态呈圆柱形，与钟罩形的 TIG 焊电弧相比，等离子弧弧柱横截面小，电弧能量密度大，弧柱温度升高（这种拘束电弧被称为等离子弧）。等离子弧焊是利用电极和工件之间的压缩电弧（转移电弧）实现焊接的，所用的电极通常是钨极。产生等离子弧的等离子气可用氩气、氮气、氦气或其中二者的混合气，同时还通过喷嘴用惰性气体保护。焊接时可以外加填充金属，也可以不加填充金属。

等离子弧焊焊接时，由于其电弧挺直、能量密度大，因而电弧穿透能力强。等离子弧焊焊接时可产生小孔效应，因此对于一定厚度范围内的大多数金属可以进行不开坡口对接，并能保证熔透和焊缝均匀一致。因此，等离子弧焊的生产率高、焊缝质量好。但等离子弧焊设备（包括喷嘴）比较复杂，对焊接工艺参数的控制要求较高。微束等离子弧焊的电流范围一般是0.1～30 A，常用的等离子弧焊电流范围是30～300 A。

等离子弧焊的特点：

(1)电弧能量密度大、温度高，对工件加热集中，焊接熔透能力强，焊接速度快，焊接板厚大，采用穿透性等离子弧焊的板厚范围：碳素结构钢4～7 mm，低合金结构钢2～7 mm，不锈钢3～10 mm，钛合金2～12 mm。

(2)焊缝深宽比大，热影响区小，焊接变形小。

(3)焊接电流范围宽，焊接电流减小到0.1 A，电弧仍能稳定燃烧，被称为微束等离子弧，可以焊接薄板及超薄板（厚度在0.2 mm以下）。

(4)焊接参数比较多，焊接质量对焊接参数敏感，合理的焊接参数范围比较窄，需要有良好的匹配和精确的控制。

钨极气体保护电弧焊可焊接的绝大多数金属，均可采用等离子弧焊。与前者相比，对于1 mm以下的极薄的金属的焊接，用微束等离子弧焊较易进行。

5. 熔化极气体保护电弧焊

与钨极气体保护电弧焊相比，熔化极气体保护电弧焊是指用焊丝代替钨极。焊丝本身即是电弧的一极，起导电、燃弧的作用，同时又作为填充材料，在电弧作用下连续熔化填充到焊缝中。这种焊接方法是利用连续送进的焊丝与工件之间燃烧的电弧作热源，由焊炬喷嘴喷出的气体来保护电弧进行焊接的。

熔化极气体保护电弧焊通常用的保护气体有氩气、氦气、CO_2、O_2，或这些气体的混合气。以氩气或氦气作为保护气时称为熔化极惰性气体保护电弧焊（国际上称为MIG焊）；以惰性气体与氧化性气体（O_2、CO_2）的混合气体作为保护气时，或以CO_2气体或CO_2＋O_2的混合气为保护气时，统称为熔化极活性气体保护电弧焊（国际上称为MAG焊）。

熔化极气体保护电弧焊的主要优点是可以方便地进行各种位置的焊接，同时也具有焊接速度较快、熔敷率较高等优点。熔化极活性气体保护电弧焊适用于大部分主要金属的焊接，包括碳钢、合金钢。熔化极惰性气体保护电弧焊适用于不锈钢、铝、镁、铜、钛、锆及镍合金，利用这种方法还可以进行电弧点焊。

6. 药芯焊丝电弧焊

药芯焊丝电弧焊也是利用连续送进的焊丝与工件之间燃烧的电弧作热源来进行焊接的，可以认为是熔化极气体保护焊的一种类型。其所使用的焊丝是药芯焊丝，焊丝的芯部装有不同组成成分的药粉。焊接时，外加的保护气体主要是CO_2。药粉受热分解或熔化，起着造气、造渣保护熔池，渗合金及稳弧等作用。

药芯焊丝电弧焊不另外加保护气体时，叫作自保护药芯焊丝电弧焊，其以药粉分解产生的气体作为保护气体。这种方法的焊丝伸出长度变化不会影响保护效果，其变化范围可较大。

药芯焊丝电弧焊除具有上述熔化极气体保护电弧焊的优点外，其药粉的作用，使之在冶金上更具优势。药芯焊丝电弧焊可以应用于大多数黑色金属各种厚度、各种接头的焊接。目前药芯焊丝电弧焊在国内外已得到迅速发展。

1.2 数字化焊接电源与焊机

1.2.1 数字化焊接电源

数字化焊接电源是数字化电源的一种，或者说是数字化电源在焊接中的应用。电源数字化的含义实际上是比较模糊的，因为从根本上来说，电源都是模拟的，甚至用模拟数字转换器(ADC)和数字信号处理器(DSP)取代误差放大器和脉冲宽度调制器的数字化开关电源也仍然需要电压基准、电流检测电路和绝缘栅双极晶体管(IGBT)或金属-氧化物半导体场效应晶体管(MOSFET)驱动器。此外，从现有知识和技术的角度看，在实现数字化电源时电感器或变压器和电容器也是不能缺少的。因此，从这个角度看，数字化电源只是一种采用数字化电源控制器的电源。

数字化焊接电源中的主电路与传统电源相同，只是电源的核心控制部分由数字化控制器取代传统的硬件电路。这里所说的核心控制部分是指调制方式与反馈控制两个部分。因此严格地讲，数字化电源技术的实质是电源控制技术数字化。它的核心技术是采用数字信号处理器替代硬件电路构成的模拟反馈控制电路比例积分控制(PI)调节器和脉冲宽度调制(PWM)电路。DSP是一种具有高速运算和数据处理能力的微处理器，因此可以把原来电源控制电路中的由运算放大器和阻容元件组成PI闭环反馈控制电路用算法代替，即实现数字PI调节过程，这就是数字化电源控制器的核心。至于PWM及其适应不同拓扑结构的控制电路可由复杂可编程编辑器件(CPLD)实现。另外，一些专门为电源和电机控制设计的数字控制芯片具有PWM输出功能。

数字化焊接电源是很重要的发展趋势，以模拟技术开发的复杂系统可以用数字技术开发，但是数字电源不能代替所有的模拟电源。数字化焊接电源的发展也面临一些难题，现阶段最主要的是成本问题。另外，在较简单焊接电源系统方面，数字电源并没有优势，因为其功率器件的驱动电路、模拟信号的反馈电路等都不能简化，而且考虑到满足DSP芯片在焊接电源恶劣工作环境下的可靠性所必需的抗干扰措施，如电源与信号的隔离等问题，还需要很多附加的硬件电路。总体来说，数字化焊接电源越来越普遍，已经成为弧焊接电源的发展趋势。数字化电源与传统的硬件电路构成的PWM信号发生器和PI控制器相比，其最大优点在于基于软件方式实现的控制器具有更大的灵活性。具体表现为：在脉冲MIG焊时，用数字化的方法可以输出复杂的波形，同时可以满足复杂的电源外特性控制；在短路过渡控制中，可以精确控制短路电流波形，最大限度地降低飞溅量。因此数字化电源的主要意义在于实现高精度的熔滴过渡过程控制。

1.2.2 数字化焊机与数字化电源的关系

谈到数字化焊接电源自然会联想到数字化焊机，因为焊接电源和焊机通常是密不可分的，比如逆变焊机的核心就是逆变电源，晶闸管焊机的核心就是晶闸管电源。对于一些较为简单的焊机，电源与焊机几乎就是同位语，但是数字化焊接电源与数字化焊机并不是这样一种简单的关系。

电源是焊机的主要组成部分，对焊机的控制也主要是对电源的控制，但是随着对焊接过程控制的深入，对电源的控制内容与对焊机的控制内容有一定差别。数字化焊机的控制内容主要是焊接参数的自动匹配，如 MIG 焊的一元化调节。在 MIG 焊中，数字化的 MIG 焊机可以采用数字化焊接电源、普通逆变电源、晶闸管电源，甚至可以采用抽头变压器式电源（目前国际上很多知名的焊接设备厂家都有这类产品）。而数字化电源的控制主要是针对逆变电源的 PWM 控制和电压、电流反馈的控制，也就是 PWM 控制和 PI 调节器的数字化。数字化焊机的核心技术实际上体现在一个数字化的操作面板上，而数字化电源的核心技术实际上体现在一个可编程的数字控制芯片上。数字化焊机的核心技术偏重的是焊接过程的参数匹配、焊接时序、操作模式等，它要展示的是一种智能化和用户友好的操作界面。所谓全数字化焊机，就是采用了数字化电源的数字化焊机。

无论是数字化焊接电源还是数字化焊机，都还处在发展阶段，还存在很多值得探讨的问题，也存在很大的发展空间，但是数字化技术无疑是焊接电源和焊机的发展方向。

1.3 弧焊电源的安全认证

认证是一个国家对其国内生产的或从国外进口的某些产品在安全、环保等方面实行的一种强制管理手段。只有通过相关认证的产品，在安全、电磁兼容(EMC)、环保等方面才能被认为符合强制性的有关要求。通过认证，可引导消费者购买安全、可靠的产品，可使零部件生产企业能够更好地为整机生产厂配套产品，可提高企业产品的质量，增强其市场竞争力，进而提高企业产品在市场中的份额。在全球范围内，认证制度也是消除贸易中技术壁垒的有效手段。

凡列入一个国家强制性产品认证目录的产品，必须经该国指定的认证机构认证或测试，取得相关证书并加施认证标志后，方能销售、进口以及在经营活动中使用。同一个国家，对不同类别的产品有不同的认证要求和方法。不同的国家，对同一类的产品也有不同的认证要求和方法。

1. “CCC”认证

“CCC ”认证为我国强制性产品认证(China Compulsory Certification)的英文缩写，也就是通常所说的 3C 认证，它是我国强制规定各类产品进出口、出厂、销售和使用必须取得的认证。根据有关的要求：没有“CCC”标志的电焊机不得上市销售。违反有关“CCC”标志规定的产品，将被限制或禁止进入中国市场甚至被迫退出中国市场。

2. “CE”认证

“CE”(Certification)是欧盟特有的一个产品标志。一个产品上带有“CE”标志也就是向欧盟的消费者宣告:本产品符合欧盟有关健康、安全、环境保护的法律条例的要求。只有携带“CE”标志的产品方可在欧盟统一市场内销售。因此,“CE”标志又被称为非欧盟国家产品进入欧盟国家以及欧盟自由贸易(Free Trade Agreement,FTA)区的“特别通行证”。同样地,根据其有关指令要求:没有“CE”标志的产品不得在欧盟上市销售。“CE”标志准确的含义是安全合格标志,而非质量合格标志。

3. “GS”认证

“GS”是德语“Geprufte Sicherheit”(安全性已认证)的缩写,也有“Germany Safey”(德国安全)的意思。“GS”认证以德国产品安全法(SCS)为依据,是按欧盟统一标准(EN)或德国工业标准(DIN)进行检测的一种自愿性认证,也是欧洲市场公认的安全认证标志。具有“GS”标志的产品,表示该产品的使用安全性已通过具有公信力的独立机构的测试。

4. “UL”认证

“UL”标志是美国以及北美地区公认的安全认证标志。贴有这种标志的产品,就等于获得了安全质量信誉卡。因此,“UL”标志已成为有关产品(特别是机电产品)进入美国及北美市场的一个特别通行证。“UL”标志分为3类,分别是列名、分级和认可标志。这些标志的主要组成部分是“UL”的图案,它们都注册了商标,分别应用在不同的服务、产品上,是不通用的。例如,“UL”在产品上的列名标志是表明生产厂商的整个产品的样品已经由“UL”机构进行了测试,并符合适用的“UL”要求。

5. “VDE”认证

“VDE”认证机构的名称为VDE-PRUFSTELLE TESTING AND CERTIFICATION INSTITUTE。“VDE”是德国著名的测试机构,直接参与德国国家标准的制定。不同的“VDE”认证标志有不同的用途。例如,“VDE”标志,适用于依据设备安全法规(GSG)的器具,如电气零部件及布线附件;“VDE-EMC”标志,适用于符合电磁兼容标准的器具;“VDE”电缆标志,适用于电缆、绝缘软线等。

6. “EMC”认证

电子、电器产品在使用过程中会不同程度地产生电磁波或电磁辐射。这些产品的电磁兼容性(Electric Magnetic Compatibility,EMC)是一项非常重要的质量指标,它不仅关系到产品本身的工作可靠性和使用安全性,而且还可能影响到其他设备和系统的正常工作,关系到电磁环境的保护问题。简单地说,EMC是指设备产生的电磁能量既不对其他设备产生电磁干扰(Electric Magnetic Interference,EMI),也不受其他设备对它自身形成的干扰。“EMC”认证就是针对电子、电器产品的电磁兼容性能是否满足相关标准的要求而进行的一项强制性国家管理和监督工作。世界上的许多国家和地区都对电子、电器产品的电磁兼容性作出了明确的规定和要求。企业生产的产品必须通过“EMC”认证,并且加贴“EMC”标志后才能在市场上销售,否则将受到严厉的制裁。电磁兼容认证可有效地提高产品的电磁兼容性能,保护人身的健康、设备安全和环境,保护用户和消费者的利益,提高产品的市场竞争力，促进国内外贸易的发展。

1.4 弧焊电源的发展趋势

总体来说，现代弧焊电源有以下发展趋势：

(1)数字化弧焊电源朝着高频化、轻量化方向发展。随着第三代宽禁带半导体的应用，逆变弧焊电源中传统的 IGBT、MOSFET 开关管已经不能满足其向高频化方向发展的要求。第三代宽禁带半导体(以 SiC、GaN 为代表)的开关管逆变频率是传统 Si 基半导体开关管的数十倍，高频化的发展不仅能提高弧焊电源的功率密度，而且可以改善逆变弧焊电源的输出电气特性，缩短响应时间，控制更加灵活。

(2)数字化弧焊电源朝着多样化、全面化方向发展。随着不同板材、不同工况对焊接工艺的要求不同，数字化弧焊电源需要有多样性的功率输出，有更多的外特性曲线种类，以满足不同的焊接需求。通过控制主电路中功率半导体器件的开关频率与其占空比来控制逆变器的输出功率，以获得不同的外特性，可以使其应用于不同的焊接领域。

(3)数字化弧焊电源朝着智能化、数字化方向发展。近年来随着计算机和人工智能的飞速发展，传统的控制方式对于精细化的焊接工艺已经不再适用，新一代的控制方式如模糊控制、神经网络控制、优化算法等高级控制方式能够实现对焊接参数的实时性控制，先进精简指令集机器(Advanced RISC Machine，ARM)、DSP、现场可编程逻辑门阵列(FPGA)等主控制器具有强大的数据处理能力和丰富的外设资源，也对逆变弧焊电源的智能化、数字化方向发展有促进作用。

(4)数字化弧焊电源朝着多元化、高效化方向发展。对于弧焊电源主电路，其拓扑结构目前大多采用半桥式或全桥式的拓扑结构，半导体开关管工作在硬开关模式，在逆变过程中开关损耗较大，整机输出效率还有待提高。随着碳化硅金属-氧化物半导体场效应晶体管(SiC MOSFET)高频化的应用，可以利用谐振变换器实现软开关技术，降低开关损耗。研究人员正在探究更加适合的系统方案，以提高逆变弧焊电源的输出效率，使其更加高效。

第 2 章　弧焊电源的基本电气特性

弧焊电源是向焊接电弧提供电能的一种装置，是电弧焊机的核心。弧焊电源的电气特性对焊接质量有重要的影响，没有高性能的弧焊电源就不可能有高质量的焊接。弧焊电源的负载是电弧。电弧与一般电阻、电动机等负载不同，具有自身鲜明的特点。弧焊电源的电气特性不仅要满足电源的一般要求，而且还必须满足电弧负载及各种弧焊工艺的特殊要求。

本章首先介绍焊接电弧的物理本质及其电特性，以及常用弧焊方法中电弧的基本特点，在此基础上重点介绍弧焊电源的基础知识和基本电气特性。

2.1　焊接电弧

焊接电弧是在一定电压的两电极间或电极与焊接工件间的气体介质中产生的强烈而持久的放电现象，如图 2-1 所示。两电极间的电压以及电弧消耗能量的补充依赖于弧焊电源。

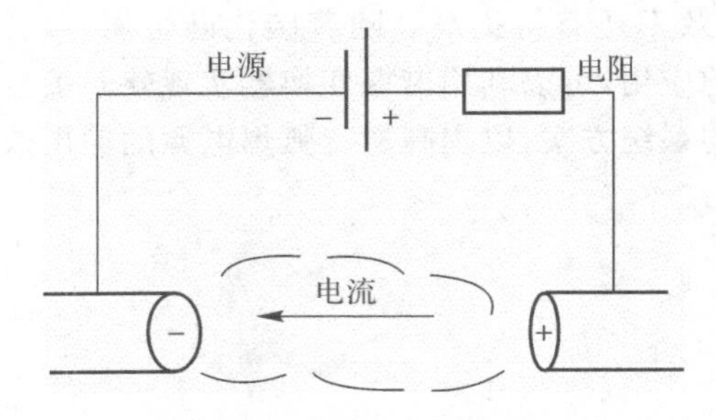

图 2-1　直流电弧放电示意图

2.1.1　焊接电弧的物理本质

1. 气体放电的概念

焊接电弧是一种气体放电现象。一般气体放电可以分为两大类：非自持放电和自持放电。

(1)气体的非自持放电是指在气体放电过程中，不能够产生足够的带电粒子使放电过程维持下去，而是要一直依靠外加措施(如加热、光照射等)才能维持气体放电。

(2)气体的自持放电是指在气体放电过程中,能够产生足够多的带电粒子,使放电过程维持下去。这种放电只需要开始时通过外加措施产生放电所需要的带电粒子,一旦形成放电,即使取消外加措施,放电过程仍然可以维持下去。

在气体的自持放电中,由于放电机构、电流大小的不同,放电特性与形式也不同。气体的自持放电可以分为暗放电、辉光放电和电弧放电三种形式。放电形式与放电电流、电压之间的关系如图 2-2 所示。由图 2-2 可见,与其他气体放电形式相比,低电压、大电流是焊接电弧的显著特点之一。

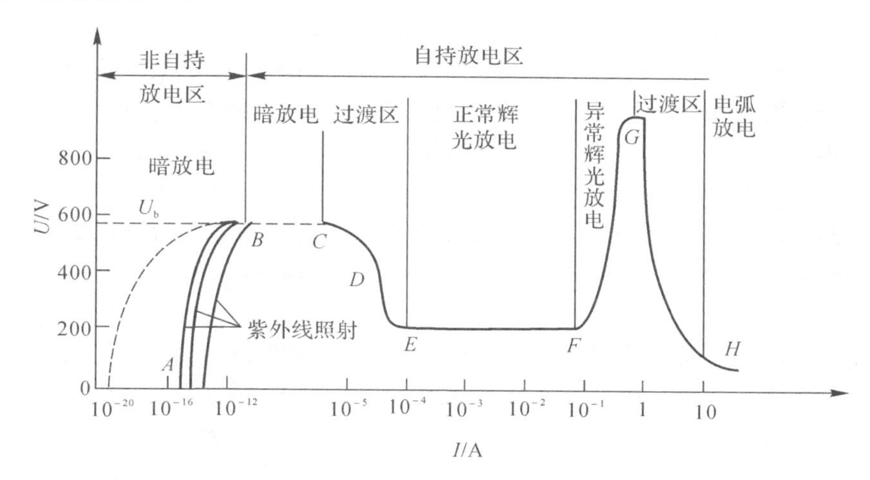

图 2-2　气体放电的伏安特性曲线

2. 焊接电弧的物理机制

一般的气体是由中性分子或原子组成的,不含带电粒子,因此是不导电的。要使两电极间的气体导电形成电弧,必须使气体中产生足够多的带电粒子,并在电场作用下产生带电粒子的定向运动,从而形成一定的电流,这样才能使气体导电形成电弧。气体的电离、两电极中的阴极电子发射是电弧中带电粒子的主要来源。

(1)气体电离。在一定条件下,中性气体粒子(分子或原子)分离为正离子和电子的现象称为电离。

在焊接电弧中,气体电离主要有以下几种:

1)热电离。中性气体粒子受热的作用而产生的电离称为热电离。

2)场致电离。中性气体粒子受电场作用而产生的电离称为场致电离。

3)光电离。中性气体粒子吸收了光射线的光子能而产生的电离称为光电离。

4)碰撞电离。带电粒子在定向运动过程中,与中性气体粒子发生碰撞而引起的电离称为碰撞电离。

在电场作用下,气体中的带电粒子会产生定向运动。由于电场给予的电能会转换为动能,带电粒子在电场作用下的定向运动是加速运动。带电粒子的运动速度足够大,当与中性气体粒子发生非弹性碰撞会发生电离,这种因碰撞产生的电离称为碰撞电离。碰撞电离具有连锁反应,会使带电粒子成倍增加。

在气体带电粒子的运动过程中，带异性电荷的粒子也会发生碰撞，使正离子和电子复合成中性粒子，即产生复合现象。当气体的电离速度和复合速度相等时，就趋于相对稳定的动平衡状态。

(2)电子发射。固体金属中的自由电子在外加能量的作用下由金属表面逸出的现象，称为电子发射。

在焊接电弧系统中，阴极和阳极表面都可能发生电子发射的现象，但是只有从阴极发射出来的电子在电场作用下参与导电过程，而从阳极发射出来的电子因受电场的排斥，不可能参与导电过程。因此，阴极发射电子对产生和维持电弧稳定燃烧是非常重要的。

电极的电子发射需要一定的外加能量。使一个电子由金属电极表面逸出所需要的最低外加能量称为逸出功 W_ω(eV)。因为电子电量 e 是一个常数，通常亦以逸出电压 U_ω 来表示逸出功的大小，其中，$W_\omega/e=U_\omega$(V)。逸出功的大小与电极材料种类、表面状态和金属电极表面氧化物情况有关。

金属内部的电子，只有在接受外加能量作用后其能量超出逸出功时才能冲破金属表面而发射到外部空间。由于外加能量形式和电子发射的机制不同，焊接电弧中阴极发射电子主要有以下四种：

1)热发射。阴极表面承受热作用而产生电子发射的现象称为热发射。阴极金属内部的自由电子受热作用后其热运动速度增加，当其动能大于电子发射所需要的逸出功时，则飞出阴极表面，进入电弧空间。热发射在焊接电弧中起着重要作用，随着温度上升而增强。

2)电场发射。当阴极表面附近空间存在一定强度的正电场时，金属内的电子受到电场力(静电库仑力)作用达到一定数值时，电子会逸出金属表面，这种现象称为电场发射。电场强度越强，则阴极的电子越容易逸出，阴极发射电子数量越多。电场发射电子的密度不仅与电场强度有关，而且与电极温度和电极材料有关。

3)光发射。当阴极表面接受光辐射时，可使金属内的自由电子能量增加，从而冲破金属表面的束缚而逸出，这种现象称为光发射。

4)粒子碰撞发射。高速运动的粒子(电子或离子)碰撞电极表面时，将能量传给电极表面的电子，使其能量增加而逸出金属表面，这种现象称为粒子碰撞发射。

焊接电弧中阴极区前面有大量的正离子聚积，空间电荷的存在使阴极区形成一定强度的电场，正离子在此电场的作用下被加速而冲向阴极，形成碰撞发射。在一定条件下，这种电子发射形式是电弧阴极区提供导电所需电子的主要途径。当带有一定运动速度的正离子到达阴极时，将其动能传递给阴极。它将首先从阴极取出一个电子与自己复合而成为中性粒子，如果这种碰撞还能使另一个电子飞出电极表面到电弧空间，就使电弧空间的电子数目增加。

(3)其他物理过程。电弧导电是个复杂的过程，除了气体电离、阴极电子发射等物理过程外，同时还存在着扩散、复合和负离子产生等过程。

1)带电粒子的扩散过程是指电弧中带电粒子从密度高的地方向密度低的地方移动而趋于均匀化的过程。

2)负离子产生过程是指在一定条件下，某些中性原子或分子与电子结合形成负离子的过程。在电弧燃烧时，如果大量的电子与中性粒子结合形成负离子，就会引起电弧导电困难，从而使电弧稳定性下降。

3)带电粒子的复合过程是指电弧空间的正负带电粒子(正离子、负离子和电子)，在一定条件下结合形成中性粒子的过程。

综上所述，焊接电弧是气体放电的一种形式。由于中性气体是不能导电的，为了使气体导电并产生电弧，就必须使气体中产生足够的带电粒子，而且为了维持电弧稳定燃烧，要求电弧的阴极不断发射电子，两电极之间的气体不断电离，这就必须通过电源不断地输送电能给电弧，以补充其能量的消耗。

焊接电弧的形成和维持是在电场、热、光和质点动能的共同作用下，气体分子、原子不断地被激发、电离以及阴极电子发射的结果，同时伴随着一些其他过程，如扩散、复合、负离子的产生等。

3. 焊接电弧的引燃

焊接电弧的引燃过程是短暂的，就其内在物理过程而论，它又是异常激烈和复杂的，其间经历着带电粒子的产生、扩散、复合，负离子的形成等一系列变化。作为变化之本的能量传送与转化贯穿着整个过程。从外部形态及表征上看，随着电极端部与工件(为另一极)之间距离的微小变化，相应发生着温度的骤然升高、强光的突然辐射、电参数的跳跃式变化以及声和力的强弱变化等。弄清电弧的引燃过程不仅可以深入理解电弧的物理本质，而且可以明确引燃过程对于电源特性的要求。

焊接电弧的引燃(引弧)，一般有两种方式——接触引弧和非接触引弧。熔化极焊接电弧一般采用接触引弧，而不熔化极焊接电弧大多采用非接触引弧。

(1)接触引弧。接触引弧是指在弧焊电源接通后，电极(焊条或焊丝)与工件直接短路接触，然后迅速拉开，即将焊条或焊丝提起 2～4 mm，从而引燃电弧。

接触引弧过程可分为接触、空载和燃弧三个阶段，如图 2－3 所示。由于电极和工件表面都不是绝对平整的，在短路接触时，只是在少数凸出点上接触[见图 2－3(a)]。在短路接触时，不仅短路电流比正常的焊接电流要大得多，而且由于接触点的面积小，电流密度很大，因此产生大量的电阻热，使金属电极表面发热、熔化，甚至蒸发、汽化，由此引起强烈的热发射和热电离，随后进入空载阶段。所谓空载阶段，就是迅速将电极向上拉起，使电极与工件分离。在拉开电极的瞬间，弧焊电源的空载电压加在电极与工件之间。由于电极与工件之间的间隙极小，使电场强度达到很大的数值(10^6 V/cm)，因而会使阴极表面产生很强的电场发射。同时由于强电场的作用，已产生的带电粒子会产生定向运动，尤其是电子会加速运动，粒子的相互碰撞引起碰撞电离，使带电粒子数量猛增。在气体电离、带电粒子的运动中，还将不断地发生带电粒子的复合，而放出大量热能。由于上述过程的激烈进行，形成了具有强烈的发热和发光的焊接电弧现象，即电弧被引燃。

在电弧引燃之后，电子发射、电离和复合处于动平衡状态。由于弧焊电源不断供以电能，新的带电粒子不断得到补充，弥补了消耗的带电粒子和能量，使电弧能够连续稳定燃烧。

(2)非接触引弧。非接触引弧需采用专门的引弧器才能实现。在焊接中非接触引弧一般分为高压脉冲引弧和高频高压引弧两种。非接触引弧的电压波形如图 2－4 所示。高压脉冲引弧的频率一般为 50 Hz 或 100 Hz，引弧电压峰值为 3 000～5 000 V。高频高压引弧中的引弧电压频率带宽可达数百千赫兹，电压峰值为 2 000～3 000 V。非接触引弧主要依靠高电压强电场使电极表面产生电子发射，从而引燃电弧。这种引弧方法主要用于钨极氩弧焊和等离子弧焊。引弧时，电极不必与工件短路，这样不仅不会污染工件和电极的引弧点，也不会损坏电极端部的几何形状，有利于电弧的稳定燃烧。

随着焊接新技术的发展，一些新的电弧引弧技术也随之发展，例如在电弧与激光复合热源焊接加工中，可以利用激光引燃电弧。

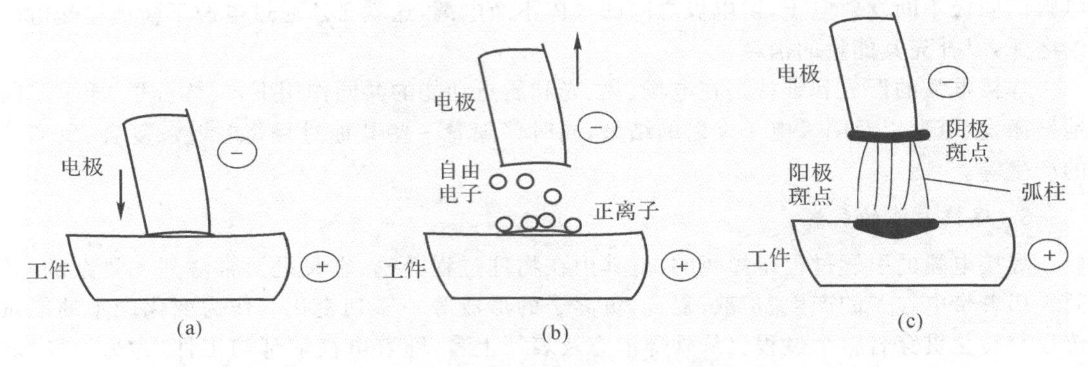

图 2-3　接触引弧过程示意图

(a)接触；(b)空载；(c)燃弧

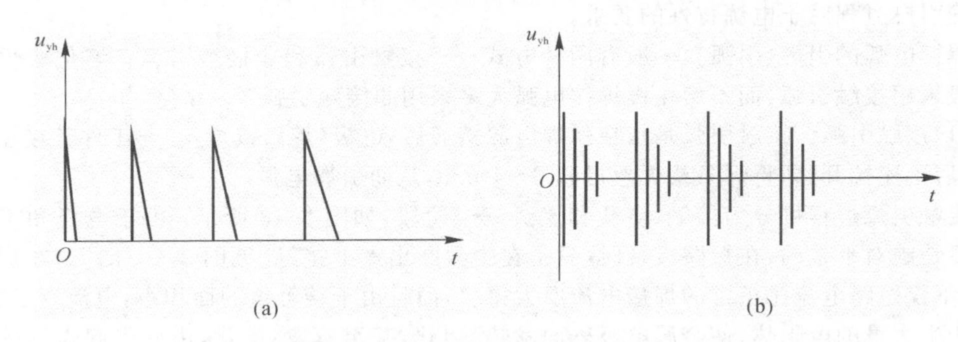

图 2-4　非接触引弧的电压波形

(a)高压脉冲引弧波形；(b)高频高压引弧波形

2.1.2　焊接电弧的结构

直流电弧是焊接电弧最基本的形式。下面以直流电弧（简称焊接电弧）为例，分析焊接电弧的结构及电压压降分布。

1. 电弧的基本结构

如图 2-5 所示，在两电极间产生电弧放电时，电弧长度方向的电场强度分布是不均匀的。在阴极和阳极附近很小的区域里电压变化比较大，电弧中间部分的电压变化小，而且比较均匀。由此可以把整个电弧分成三个区域：靠近阴极附近的区域称为阴极区，其电压降用 U_K 表示；靠近阳极附近的区域称为阳极区，其电压降用 U_A 表示；电弧中间的区域称为弧柱区，其电压降用 U_C 表示。总的电弧电压 U_f 是这三部分压降之和，即

$$U_f = U_A + U_C + U_K \tag{2-1}$$

阴极区和阳极区在长度方向的尺寸均很小，分别为 1×10^{-4} cm 和 1×10^{-6} cm 左右，其余为弧柱区。由于弧柱区的长度占电弧长度的绝大部分，因此可以近似认为两极间的距离即为弧柱区的长度，也称为电弧的弧长。

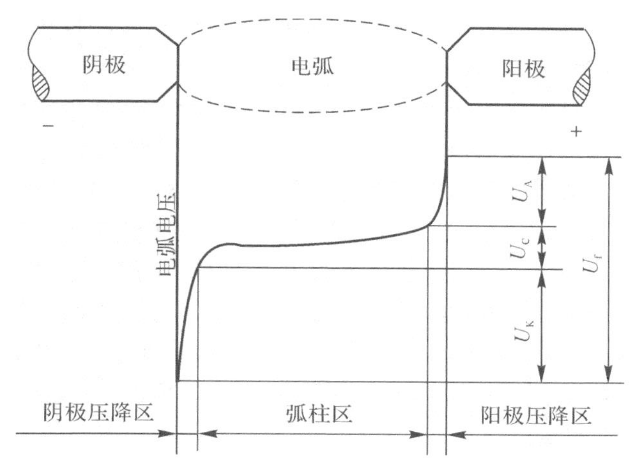

图 2-5　电弧结构及压降分布

由于阳极压降 U_A 基本不变，可以认为是一常数，而阴极压降 U_K 在一定条件下（焊接电流、电极材料和气体介质等一定的条件下）基本上也是固定的数值，即 U_A、U_K 与弧长无关。而弧柱压降 U_C 在一定的气体介质下与弧柱长度成正比：

$$U_C = I_f R_C = I_f \frac{l_C}{S_C \gamma_C} = J_C \frac{l_C}{\gamma_C} \tag{2-2}$$

式中：U_C为弧柱压降（V）；I_f为焊接电流（A）；R_C为弧柱电阻（Ω）；l_C为弧柱长度（mm）；S_C为弧柱截面积（mm^2）；γ_C为弧柱的电导率（$S\cdot mm/mm^2$）；J_C为弧柱的电流密度（A/mm^2）。

可见，总的电弧电压 U_f与弧柱长度成正比。

电弧的温度较高，可达 5 000～50 000 K，其温度的高低主要与焊接电流的大小、电弧及其周围气体介质的种类以及电弧的形态等有关。

2. 最小电压原理

焊接电弧是两个电极之间的气体放电现象，电弧的导电截面是变化的。最小电压原理是指一个轴线对称的电弧，在给定电流和电弧边界条件下，稳定燃烧的电弧将自动选择一适当的截面，以保证弧柱中具有最低的电场强度，即固定弧长上的电压为最小。也就是说，焊接电弧具有保持最小能量消耗的特性，当电流一定时，电弧将自动选择一截面来保持最小的电弧电压。

2.1.3　焊接电弧的静特性

（1）焊接电弧的静特性概念。在电极材料、气体介质和弧长一定的情况下，当电弧稳定燃烧时，焊接电流 I_f 与电弧电压 U_f 之间的关系称为焊接电弧的静态伏安特性，简称伏安特性或静特性。

电弧的静特性可用下式表示：

$$U_f = f(I_f) \tag{2-3}$$

焊接电弧的静特性概念可以用于直流电弧、交流电弧以及脉冲电弧等任何电弧。直流电弧的焊接电流与电弧电压是近乎不变的平均值；交流电弧的焊接电流与电弧电压是有效值；对于脉冲电弧，其焊接电流与电弧电压则为平均值。

电弧静特性可以在直角坐标系中以曲线的形式来表示。该曲线称为电弧的静特性曲线。电弧的静特性曲线可以直观地表示电弧稳定燃烧时，焊接电流与电弧电压之间的关系。

焊接电弧的静特性对于弧焊电源的基本电气特性选择是非常重要的。

(2)焊接电弧静特性曲线形状。焊接电弧是一个非线性负载，通过实验测量得到的焊接电弧静特性曲线形状类似于U形，因此称之为U形曲线，如图2-6所示。

由于电弧的实质是气体放电的一种形式。气体导电与普通的金属导电不同。一般来说，金属电阻可以认为是线性负载，其伏安特性曲线是线性曲线，如图2-7所示。而焊接电弧的导电机制、物理过程复杂多变，其电导率和电阻值也不是常数，不遵循欧姆定律，因此，焊接电弧是一个非线性负载。

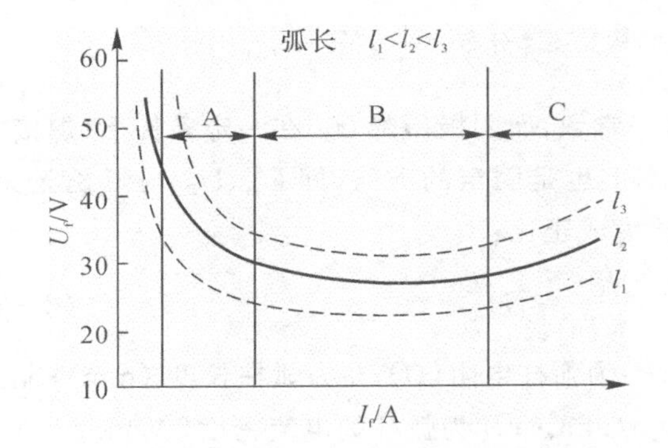

图2-6 电弧的静特性曲线形状

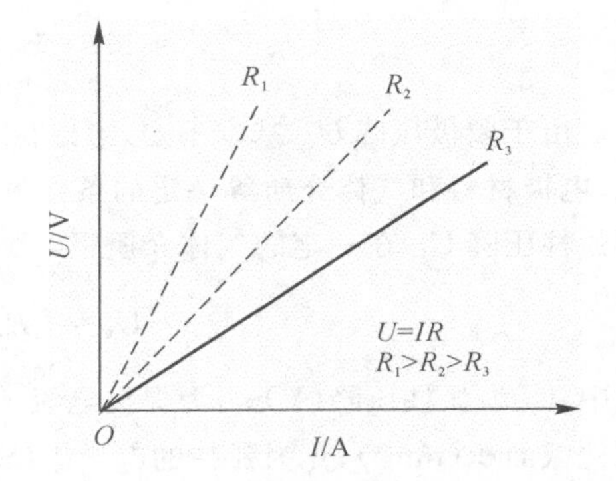

图2-7 金属电阻的伏安特性曲线

根据焊接电弧静特性曲线的形状，可将其分为A、B、C三段，如图2-6所示。当焊接电流较小时(A段)，电弧电压随着焊接电流的增加而减小，电弧具有负阻特性，即下降特性；当焊接电流增大到一定值以后，焊接电流再增加，电弧电压几乎不变，电弧呈平特性(B段)；当焊接电流较大时，电弧电压随焊接电流的增加而升高，电弧呈上升特性(C段)。

为了分析的方便，以直流电弧为例进行电弧静特性曲线形状的分析。由式(2-1)可知，电弧电压是阴极压降、阳极压降和弧柱压降之和。因此，只要弄清了每个区域的压降和电流的关系，则不难理解电弧的静特性曲线为何呈U形特性。

在阳极区，阳极压降U_A基本上与电流无关，$U_A = f(I_f)$为一水平线，如图2-8所示的U_A曲线。

在阴极区，当焊接电流I_f较小时，阴极斑点(阴极表面电流密度高的光点)的面积S_K小于电极端部的面积。这时S_K随I_f增加而增大，阴极斑点上的电流密度$J_K = I_f/S_K$基本不变。这意味着阴极的电场强度不变，U_K也不变。此时$U_K = f(I_f)$为一水平线。随着焊接电

流 I_f 的增加，阴极斑点的面积 S_K 增大，当阴极斑点面积和电极端部面积相等时，继续增加 I_f，S_K 不能再扩大，此时 J_K 随着 I_f 的增加而增大，引起 U_K 增大，从而保证阴极的电子发射，因此，U_K 随 I_f 的增加而上升，如图 2－8 所示的 U_K 曲线。

在弧柱区，可以把弧柱看成是一个近似均匀的导体，其电压降 U_C 可用式(2－2)表示。可见，当弧柱长 l_C 一定时，U_C 与弧柱的电流密度 J_C 和弧柱的电导率 γ_C 有关。在小电流区间，焊接电流 I_f 较小，弧柱的截面积 S_C 将随焊接电流 I_f 的增加而按比例增加，J_C 基本不变。假设焊接电流增加 4 倍，S_C 也增加 4 倍，而弧柱周长却只增加 2 倍，那么电弧向周围空间散失的热量也只增加 2 倍。由于产热量的增加大于散热量的增加，提高了电弧温度及电离程度，使弧柱的电导率 γ_C 增大，电弧电场强度下降，即 U_C 下降。因此，在小电流区间，弧柱电压 U_C 随焊接电流 I_f 的增大而降低，形成了图 2－8 中的 U_C 曲线的 ab 段。

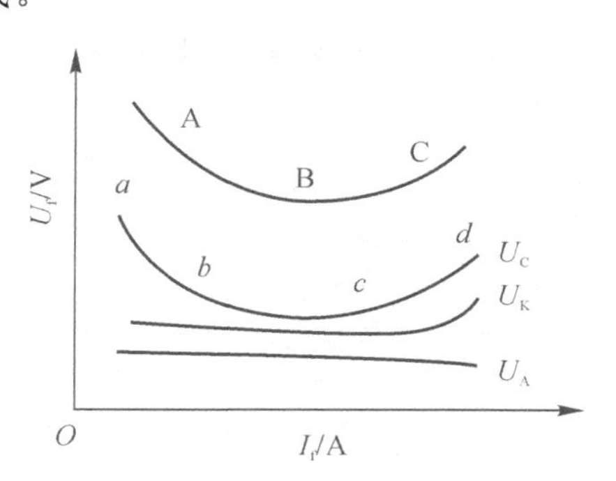

图 2－8　电弧各区域压降与电流的关系

当焊接电流 I_f 稍大时，焊丝金属将产生金属蒸气和等离子流。产生金属蒸气要消耗电弧的能量，等离子流也将对电弧弧柱产生附加的冷却作用，此时电弧弧柱的能量不仅有周边上的散热损失，而且还要与金属蒸气和等离子流消耗的能量相平衡，这些能量消耗也随焊接电流 I_f 的增加而增加。因此，在这一电流区间，不仅 J_C 基本不变，而且 γ_C 也不随温度增加而变化，因此，弧柱电压 U_C 为一常数，形成图 2－8 中 U_C 曲线的 bc 段。

当焊接电流 I_f 继续增大，金属蒸气的产生和等离子流冷却作用进一步加强，同时，因电磁力的作用，弧柱截面积 S_C 不能随焊接电流的增加相应地成比例增加，从而使 J_C 增大，电导率 γ_C 减小，导致 U_C 增加，所以此时的 U_C 曲线为上升形状，见图 2－8 中的 U_C 曲线的 cd 段。

综上所述，根据式(2－1)，将 U_A、U_K 和 U_C 累加得到电弧的 U 形静特性曲线。

(3)常用弧焊方法的电弧静特性。由于不同的焊接方法在焊接中所取的焊接电流范围有限，因此对于特定的焊接方法，根据其焊接电流的适用范围，其电弧静特性曲线只是整个电弧 U 形静特性曲线的某一部分。例如，焊条电弧焊、埋弧焊等焊接电弧基本工作在电弧静特性的水平段。钨极氩弧焊、等离子弧焊的焊接电弧也基本工作在电弧静特性的水平段，但当焊接电流很小时，如微束等离子弧焊、微束 TIG 焊的焊接电弧则工作在电弧静特性的下降段，熔化极气体保护焊(MIG 焊或 CO_2 焊等)和水下焊接等焊接电弧基本工作在电弧静特性的上升段。常用焊接方法的电弧静特性曲线如图 2－9 所示。

(4)焊接电弧静特性的影响因素。焊接电弧的弧长、电极直径等对焊接电弧的静特性都有很大的影响，主要影响如下：

1)电弧长度的影响。电弧长度改变时，主要是弧柱长度发生变化，则整个弧柱的压降也随之改变。当弧长增加时，电弧电压增加，电弧静特性曲线的形状不变，但其位置会提高(见图 2－6)。这表明焊接电流一定时，电弧电压随弧长的增加而增加。

2)电极直径的影响。电极直径改变时，主要影响 S_K 和 S_C 的变化，进而影响电弧静特性曲线。电极直径减小，则达到 S_K 和电极端部面积相等时所对应的焊接电流将减小，而且，S_C

随 I_f 成比例增大以及 S_C 扩大的极限值所对应的焊接电流都将减小。也就是说，整个电弧静特性曲线形状基本不变，但是将向焊接电流减小的方向移动(向左移动)。同理，如果电极直径增大，电弧静特性曲线则将向焊接电流增加的方向移动(向右移动)。气体保护焊中的气体介质种类、气体流量、气体介质压力等都会对电弧静特性产生影响，其影响请参考其他相关书籍。

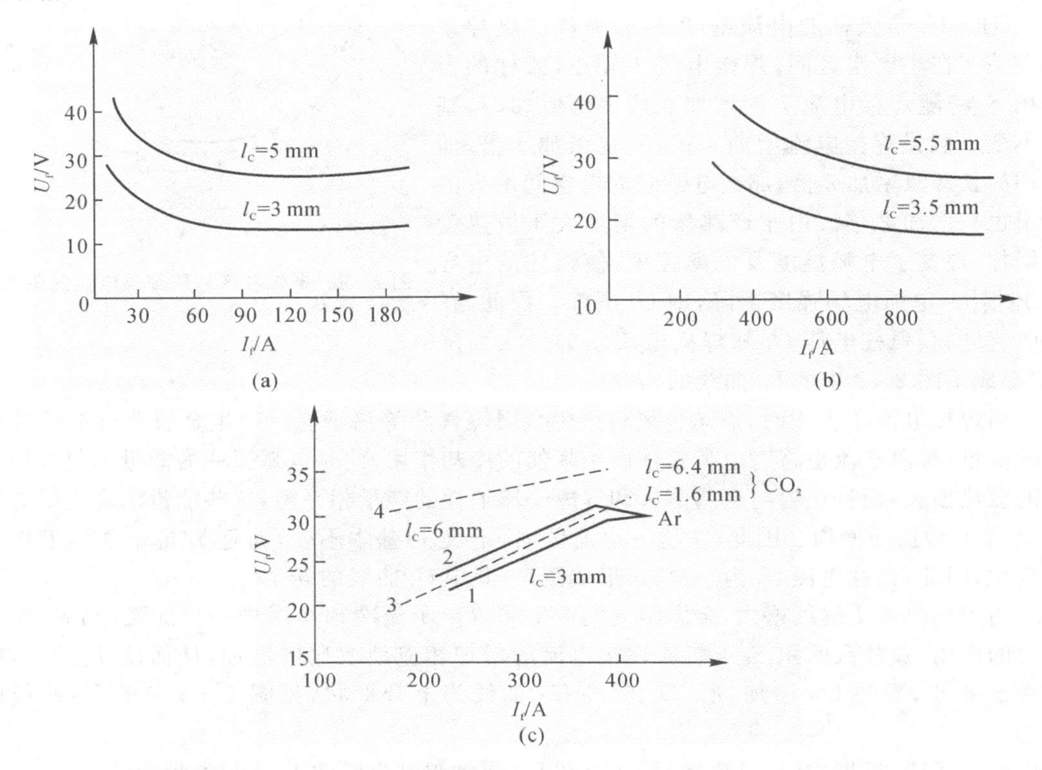

图 2-9 常用弧焊方法的电弧静特性曲线

(a)焊条电弧焊；(b)直流埋弧焊；(c)熔化极气体保护焊

2.1.4 焊接电弧的动特性

当电弧两端施加高速变动的电压时，电弧中带电粒子的密度以及弧柱半径和温度等都随之变化，使电弧达不到稳定状态，因而电弧电压、焊接电流都是时间的函数，它们之间的关系可以采用电弧动特性来描述。

(1)焊接电弧动特性的概念。对于一定弧长的电弧，当焊接电流以很快速度发生连续变化时，电弧电压瞬时值与焊接电流瞬时值之间的关系称为电弧动态伏安特性，简称为电弧动特性。电弧的动特性可以用下式表示：

$$U_f = f(i_f) \tag{2-4}$$

电弧动特性包含有三个变量——电弧电压、焊接电流和时间。直角坐标系中的电弧动特性曲线是一闭合曲线，称为电弧动特性闭合回线。

(2)动特性曲线形状。典型的交流电弧电压、焊接电流波形和动特性曲线如图 2-10

所示。

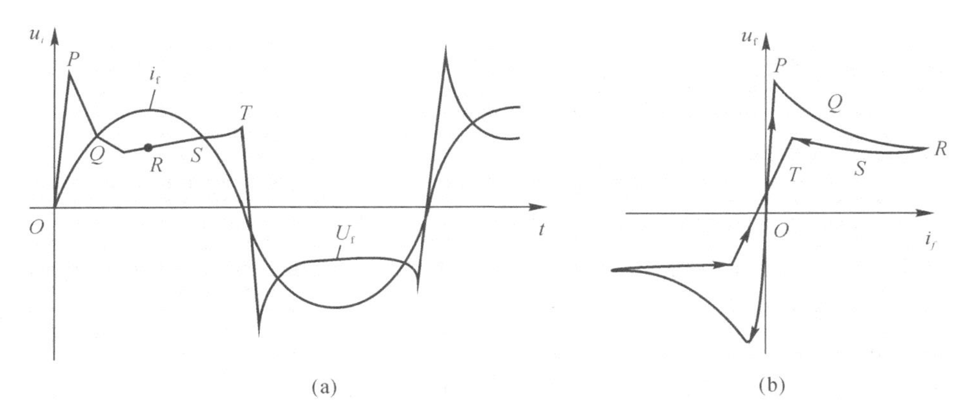

图 2-10　交流电弧电压、焊接电流波形和动特性曲线

(a)随时间变化的电弧电压和焊接电流波形；(b)动特性曲线

图 2-10(a)可见，电压曲线的 PQR 段是电流从零增加至最大值期间对应的电弧电压曲线，RST 段是电流从最大值降低至零期间对应的电弧电压曲线。

图 2-10(b)所示的动特性曲线可以看出，相应的 PQR 曲线段的电弧电压要比 RST 曲线段的电弧电压高。产生这种差异的根本原因在于电弧存在着热惯性，即由于电弧温度变化需要一定的时间，所以电弧弧柱温度及电导率的变化总是滞后于电流的变化。当焊接电流快速增加时，由于热惯性的存在，电弧弧柱的温度不能随之迅速升高到对应电流值所应达到的稳定状态下的温度，致使电弧弧柱的电导率降低，电弧电压升高；相反地，当焊接电流快速降低时，由于热惯性，弧柱温度不能随电流变化而迅速下降，弧柱电导率仍很高，致使对应于此时电流值的电弧电压可略低于相应的静特性曲线的电弧电压值。

焊接电流按不同规律变化时，将得到不同形状的动特性闭合曲线。图 2-11 所示为熔化极脉冲电弧的动特性曲线，由图 2-11 可见，在相同弧长下，脉冲峰值电流越大，其闭合回线越长。脉冲电流的变化速率越快，电弧热惯性就越大，闭合回线包围的面积也越大。

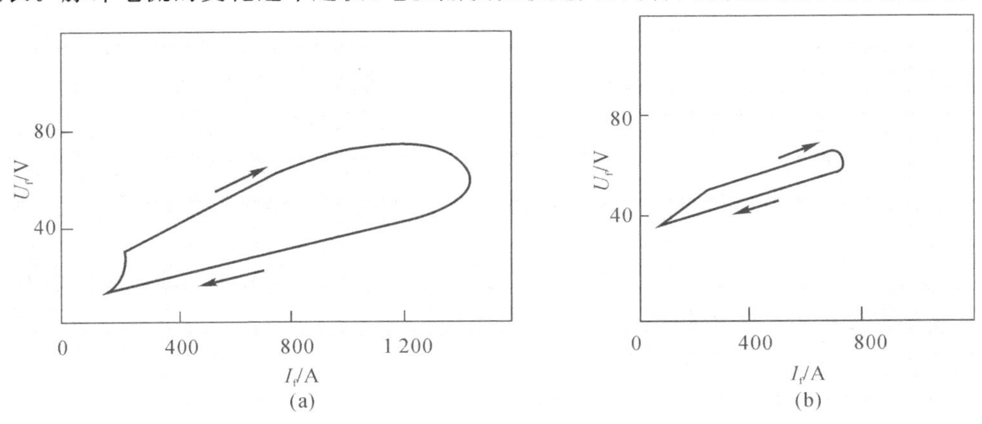

图 2-11　熔化极脉冲电弧动特性曲线

(a)电流峰值及电流变化率较大；(b)电流峰值及电流变化率较小

2.1.5 焊接电弧的负载特点

焊接电弧是一个特殊的负载，其主要特点如下：

(1)非线性负载。其静特性曲线形状为U形曲线。

(2)低电压，大电流。

(3)焊接电弧负载变化大。无论是在电弧引燃过程中还是在电弧焊接过程中，焊接电弧负载的短路、空载、燃弧等现象是经常出现的，而其电压、电流变化很大。

除焊接电弧所具有的一般特点之外，焊接电弧负载与焊接方法、电弧状态、电弧周围的介质以及电极材料等有关。

按照不同的方法，电弧可以有下述分类：

(1)按电流种类分类：直流电弧、交流电弧和脉冲电弧。

(2)按电弧形态分类：自由电弧和压缩电弧。

(3)按电极熔化情况分类：熔化极电弧和非熔化极电弧。

1. 直流电弧

直流电弧是指燃烧过程中，电极极性不发生变化的电弧。直流电弧最大的特点是电弧稳定性好。

根据焊接过程中电流变化的规律，直流电弧可以分为恒定电流的直流电弧和变动电流的直流电弧。

恒定电流的直流电弧是指在整个焊接过程中，焊接电流恒定不变；变动电流的直流电弧是指在焊接过程中，焊接电流随时间按照某种规律变化，弧焊电源按照事先设定的电流变化规律输出焊接电流进行焊接，例如，直流脉冲电弧焊接。

恒定电流的直流电弧是应用较为广泛。直流电弧也有熔化极电弧和非熔化极电弧。下面以直流电弧为例，进行非熔化极焊接电弧和熔化极焊接电弧特点的分析。

(1)非熔化极焊接电弧：焊枪一端的电极在焊接过程中不熔化，没有因电极熔化形成的金属熔滴过渡，通常采用惰性气体(如氩气、氦气等)作为保护气体。目前应用较多的是钨极氩弧焊(TIG焊或GTAW)和等离子弧焊，电极多采用钍钨极或铈钨极。

对于非熔化极电弧焊接，没有因电极熔化形成的金属熔滴过渡过程，故只要求弧焊电源能够保证电弧的稳定燃烧。其电弧稳定燃烧的主要影响因素是焊接电流、电弧电压和电弧长度。电弧长度主要取决于钨极尖端到工件的距离。在保持弧长(电弧电压)一定之后，影响电弧稳定燃烧的主要电参数只有焊接电流。在焊接过程中主要保证焊接电流的恒定，就能保证电弧的稳定燃烧。因此，非熔化极电弧焊接一般应采用恒流(垂直陡降特性)特性的弧焊电源。

(2)熔化极焊接电弧：焊枪(焊炬)一端的电极为金属焊丝(或焊条)，在焊接过程中，作为电弧一极的焊丝(或焊条)不断熔化，形成熔滴过渡到焊接熔池中去。熔化极焊接电弧，根据电弧是否可见又分为明弧和埋弧两大类。

1)明弧熔化极焊接电弧的电极主要有焊条、光焊丝和药芯焊丝。

由于焊条表面的药皮中含有大量的稳弧剂，所以焊条电弧比较稳定。焊条药皮成分不同，焊接电弧稳定性等也不同，因此所需要的弧焊电源种类也不同。

采用光焊丝的熔化极焊接电弧一般都要采用保护气体，可以选用Ar等惰性气体即MIG焊，也可以选用活性气体或者混合气体，如CO_2、CO_2+Ar、O_2+Ar、CO_2+O_2+Ar等，采用CO_2作为保护气体的就是CO_2焊接，其他活性气体保护焊称为MAG焊。

近年来，药芯焊丝的应用得到迅速发展。所谓药芯焊丝即焊丝的内部是药粉，而焊丝外部是金属皮。在药粉中含有大量的稳弧剂、造气剂等。药芯焊丝电弧焊有气保护的药芯焊丝电弧焊，也有不用气保护的药芯焊丝电弧焊，不用气保护的药芯焊丝电弧焊称为自保护药芯焊丝电弧焊。

采用光焊丝焊接的电弧一般采用直流弧焊电源或矩形波交流弧焊电源，采用活性气体保护的电弧一般需要选用直流弧焊电源；用惰性气体保护的电弧，则可选用脉冲弧焊电源、矩形波交流弧焊电源或正弦波交流弧焊电源（但后者应叠加高压脉冲或高频高压以稳弧）。

2）埋弧熔化极焊接电弧采用的也是光焊丝，但在焊接过程中要不断地往电弧周围送给颗粒状焊剂（或焊药），电弧被埋在焊剂下。因为焊剂中也含有稳弧元素，所以电弧燃烧很稳定。这种电弧焊既可以选用直流弧焊电源、矩形波弧焊电源，也可以选用正弦波交流弧焊电源。

由于熔化极焊接电弧焊中电极本身的不断熔化并过渡到熔池中去，电弧燃烧过程变得比较复杂，除了非熔化极电弧的三个基本参数（电弧电压、焊接电流和弧长）影响电弧及焊接过程的稳定外，还有一个电极熔化的因素。

在熔化极焊接电弧中，为了维持电弧的稳定燃烧，就必须以一定的速度向电弧区内送入焊丝以补充已熔化了的焊丝，即焊丝的熔化率必须与焊丝的进给速度（送丝速度）相等才能保证电弧弧长的稳定。如果没有新的电极金属送入电弧区域内，电弧间隙将由于电极熔化而变化。弧长增加将导致电弧静特性曲线的移动（即电弧静特性曲线由低的位置上升到高的位置）。当电弧弧长增加到一定程度，所需电弧电压很高而弧焊电源不能提供其所需电压时，就会断弧。电极熔化形成熔滴过渡也需要有一个过程，即熔滴长大的过程，而熔滴长大过程中体积的变化必然引起弧长的变化。在焊条电弧焊、CO_2气体保护（短弧）焊中，电弧经常被熔滴短路。这种经常被熔滴短路的电弧，不仅弧长发生剧烈的变化，更主要的是在熔滴短路并向熔池过渡之后必然有重新引燃电弧的问题。由此可见，熔化极焊接电弧是一个变化极快的动态负载，由于熔滴短路使电弧变得更加不稳定，因此需要对弧焊电源的动特性提出更高的要求。

2. 交流电弧

交流电弧是指电弧燃烧过程中，电极极性随时间周期性交替变化的电弧。

最常见的交流电弧是工频正弦波交流电弧。该电弧一般是由50 Hz按正弦规律变化的电源供电，每秒内焊接电流极性变换50次，经过电流的零点100次。电流经过零点的瞬间，电弧熄灭，过零点后电弧重新引燃。也就是说，电弧的熄灭和再引燃现象每秒要出现100次。再引燃电弧的过程称为再引弧，再引燃电弧所需的电压称为再引弧电压。

由于工频交流焊接电流的周期性变化，交流电弧放电的物理条件和电、热物理过程也随之改变，这对电弧的稳定燃烧和弧焊电源的特性有很大的影响。

假设弧焊电源等效内阻抗为电阻特性时，其交流电弧的电压电流波形如图2-12所示。

由图 2 - 12 可见，电弧引燃后，电弧电压 u_f 为一“恒定”值，当电源电压 u 低于该电压值时，焊接电流 i_f 为零，电弧熄灭，此时“电弧”电压 u_f 与电源电压 u 相等；当电源电压改变极性后重新达到再引弧电压 U_r 时，电弧才能再引燃，焊接电流 i_f 渐增，电弧电压 u_f 为另一“恒定”值。图 2 - 12 中的 t_e 为瞬时熄弧时间，瞬时熄弧时间越长，电弧越不稳定。

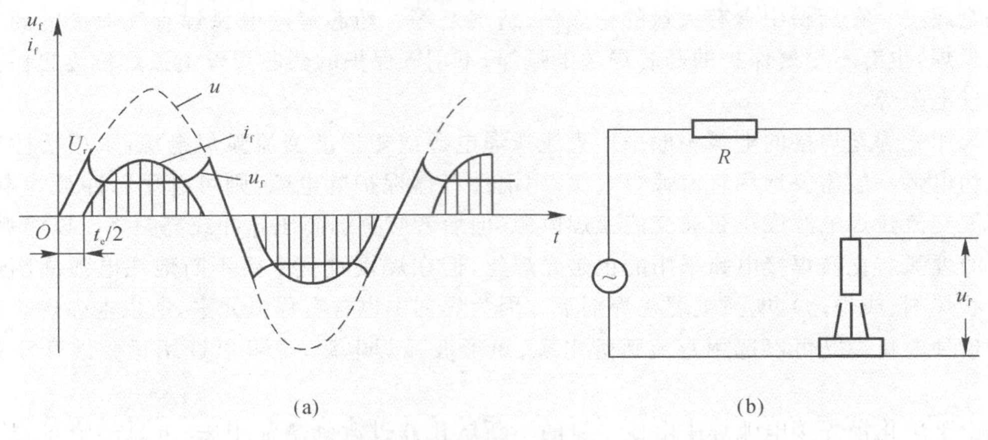

图 2 - 12　电阻电路交流电弧的电压电流波形

(a)波形图；(b)电路示意图

若弧焊电源等效内阻抗为电感-电阻特性时，相当于焊接回路中串入一个具有足够电感量的电抗器（见图 2 - 13）。由于焊接回路中串入了电感，焊接电流 i_f 的变化将滞后于电源电压 u 的变化。当焊接电流 i_f 为零时，下一个半波的电源电压 u 瞬时值已达到或超过电弧的再引弧电压 U_r，电弧熄灭瞬间便会迅速再引燃，只不过是焊接电流 i_f 已经反向。此种情况可以认为焊接电流是“连续”的，电弧燃烧稳定。由此可见，在交流电弧电路中有足够大的电感是保证交流焊接电流“连续”和电弧稳定燃烧的有效措施之一。

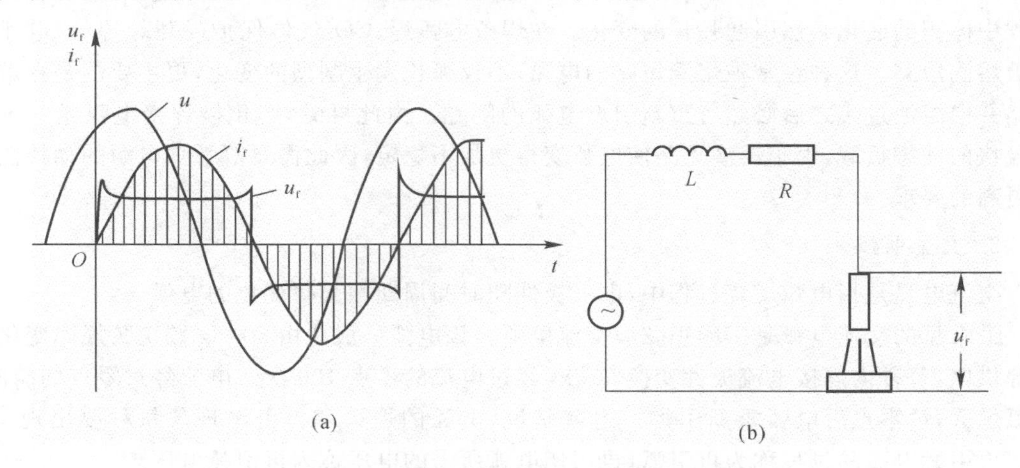

图 2 - 13　电感电路交流电弧电压电流波形

(a)波形图；(b)电路示意图

通过研究表明，采用工频正弦波交流电弧焊，为使焊接电流连续，应满足下列条件：

$$\frac{U_0}{U_f} \geqslant \frac{1}{\sqrt{2}} \sqrt{m^2 + \frac{\pi^2}{4}} \tag{2-5}$$

式中：$m=\frac{U_r}{U_f}$，对于交流焊条电弧焊，$m=1.3\sim1.5$；U_0为弧焊电源的空载电压(V)；U_f为交流电弧电压(交流电压的有效值)(V)；U_r为再引弧电压(V)。

再引弧电压的高低取决于电极材料、气体介质与电流过零点后的电流上升速率。热阴极和气体介质中含有低电离能元素，电流过零后上升速率高，再引弧电压低。

为了提高交流电弧的稳定性，目前在弧焊电源方面常采用以下措施：

(1)增加交流电弧焊接回路中的感抗。使焊接回路中具有一定的感抗是保证交流电弧稳定燃烧的最有效措施，例如，在弧焊变压器中，一般采用增加变压器自身漏磁的方法或者串联电抗器的方法来保证焊接回路中具有所需要的感抗，提高交流电弧的稳定性。

(2)提高电源的空载电压。提高空载电压能提高交流电弧的稳定性，但空载电压过高会降低操作的安全性、增加材料的消耗、降低电源的功率因数等，所以提高空载电压是有限度的。

(3)改善焊接电流的波形。如使焊接电流波形为矩形(或梯形)，增大电流过零点时的增长速度，从而可减小电弧熄灭的倾向。目前采用该方法比较多，方波交流弧焊电源可用于不加稳弧装置的交流钨极氩弧焊，也可以代替直流弧焊电源用于碱性焊条的焊接等。

(4)叠加高压电。在交流钨极氩弧焊焊接铝合金等材料时，钨极与铝合金工件两种材料在发射电子的能力、热物理性能以及几何尺寸上差别很大，造成电弧在正极性半周引弧容易，而在负极性半周引弧困难，因此往往需要在负极性半周再引弧时，加上一高压脉冲或高频高压脉冲使电弧能够可靠地再引燃，保证电弧燃烧稳定。

(5)提高弧焊电源频率。交流电流的频率越高，焊接电流过零点后的电流上升速率越大，电弧热惯性作用越大，再引弧电压越低，焊接电流越容易连续。但是提高交流焊接电流的频率在一般弧焊电源中很难实现。

除焊条电弧焊外，其他焊接方法的交流电弧不仅具有一般交流电弧的特点，还具有焊接方法决定的其他特点，这些特点在相关教材中有所介绍。

3. 脉冲电弧

焊接电流为脉冲波形的电弧称为脉冲电弧。根据电弧燃烧过程中，电极极性的变化情况可分为直流脉冲电弧和交流脉冲电弧。

脉冲电弧的电流波形有许多种形式，例如，矩形波脉冲、梯形波脉冲、正弦波脉冲和三角形波脉冲等，图 2-14所示为直流矩形波脉冲焊接电流波形。脉冲电弧与一般电弧的区别在于焊接电流周期性的变化，电弧形态和对工件的加热状态也是周期性的变化。以矩形波脉冲电弧为例，焊接电流在基本电流(维弧电流)和脉冲峰值电流之间周期性地跃变，相当于维持电弧和脉冲峰值电弧两种电弧的组合。维持电弧(或称基本电弧)主

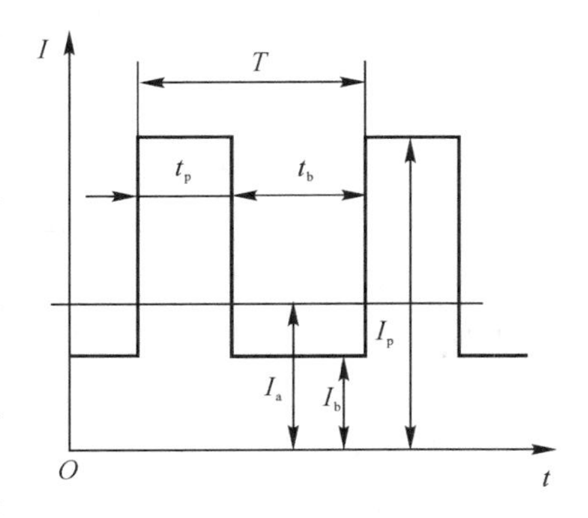

图 2-14 直流矩形波脉冲焊接电流波形

要保证电弧的连续燃烧,脉冲峰值电弧主要用于加热熔化工件和焊丝,并使熔滴从焊丝脱落和向工件过渡。

如图 2－14 所示,脉冲电弧的基本参数有:脉冲电流峰值 I_p(A);脉冲电流基值 I_b(A);脉冲峰值时间 t_p(s);脉冲基值时间 t_b(s);脉冲周期 T(s),$T=t_p+t_b$;脉冲频率 f(Hz),$f=1/T$;脉冲宽度比 D,也称占空位,$D=t_p/T$;脉冲平均电流 I_a(A),对于矩形波脉冲,$I_a=I_b+(I_p-I_b)K$;脉冲电流的上升率(脉冲前沿斜率),为 di_p/dt;脉冲电流的下降率(脉冲后沿斜率),为 $-di_p/dt$。

由于脉冲电弧的电流并非连续恒定的,而是周期性变化的,电弧的温度、电离状态、弧柱尺寸的变化,均滞后于电流的变化。脉冲电弧的电流与电压之间的关系往往由其动特性来决定(见图 2－10)。脉冲电流波形和频率不同,动特性曲线的形状也不同。此外,焊丝或电极材料、直径、保护气体的种类等都对脉冲电弧的动特性有一定影响。由于脉冲峰值和脉冲基值电流的较大差异,其电弧有时可能处于不同的静特性曲线段。在低频脉冲电弧焊时,为了满足焊接电弧的稳定及焊接工艺的需要,在脉冲峰值和脉冲基值时往往需要采用不同的弧焊电源特性。

2.2 弧焊电源的基本要求与分类

2.2.1 弧焊电源的基本要求

弧焊电源是一种供电装置,与普通的电力电源一样,要求具有结构简单、制造容易、消耗材料少、节省电能、成本低等特点,同时要求其使用方便、可靠、安全,性能良好和维修容易等。

除此之外,由于电弧是弧焊电源的负载,电弧的负载特性与一般的电阻、电动机等负载特性不同,因此,弧焊电源还应具有能够满足电弧负载要求的电气特性。

1. 弧焊电源的基本电气特性

弧焊电源与普通的电力电源一样,其基本电气特性主要有三个:

(1)弧焊电源的外特性:表征了稳态条件下弧焊电源的输出性能。

(2)弧焊电源的调节特性:表征了弧焊电源输出的可调节性能。

(3)弧焊电源的动特性:表征了动态变化条件下弧焊电源的输出性能。

2. 弧焊工艺对弧焊电源的基本要求

弧焊电源的电气特性不仅与电弧负载特性有关,而且与弧焊工艺方法有关。常用的电弧焊方法有焊条电弧焊(SMAW)、熔化极气体保护焊(GMAW 或 MIG 焊、MAG 焊)、钨极氩弧焊(GTAW 或 TIG 焊)、等离子弧焊(PAW)、埋弧焊(SAW)等。由于各种弧焊工艺方法对电源有不同的要求,因此应用于各种弧焊工艺方法的弧焊电源基本特性也有差异。

一般弧焊工艺对电源的基本要求有以下几点:

(1)保证电弧引燃容易。

(2)保证电弧燃烧稳定。

(3)保证电弧焊接过程中的焊接参数稳定。

(4)具有足够宽的焊接参数调节范围。

除此之外，在特殊环境下(如高原、水下和野外等)工作的弧焊电源，还必须具备相应的适应性。随着各种新的弧焊工艺的发展，对弧焊电源也提出了新的要求。

3. 弧焊电源中的相关电源技术

我国的工业电网基本上是采用三相五线制交流供电，频率为 50 Hz，线电压为 380 V，相电压为 220 V。从电弧的静态特性曲线可知，常用电弧焊的电弧电压约为 14～44 V，焊接电流在 30～1 500 A。因此，在工业电网与焊接电弧负载之间必须有一种能量传输与变换装置，这就是弧焊电源。

工业电网的电压远高于一般电弧焊的需要，将电网电压降低到适合电弧工作的电压是弧焊电源的基本功能之一。变压技术是弧焊电源的基本电源技术之一，弧焊电源中变压的基本方法是采用变压器。据变压器工作原理，降压变压器在降低电压的同时将提供大的输出电流，这也恰好满足焊接电弧大电流特性的要求。低电压、大电流是弧焊电源与电弧特性相适应的基本电特性之一。

弧焊电源中的变压器有两种基本形式，即工频变压器和中频变压器。直接将工业电网电压降低到焊接所需电压的变压器，称为工频变压器。工频变压器是传统弧焊电源的主要组成部分。在工频变压器中，独立作为交流弧焊电源使用的多数采用单相变压器；在整流式弧焊电源中，有单相变压器和三相变压器。中频变压器主要用于逆变弧焊电源，大多是单相变压器，其工作频率由几千赫兹到 100 kHz 甚至更高。由于中频变压器的工作频率较高，其体积、重量大大减少，同等功率弧焊电源中的 100 kHz 中频变压器的体积和重量小于工频变压器的十分之一。

在实际焊接工程中，根据需要可以采用直流或交流电弧进行焊接，其弧焊电源也相应地分为直流或交流弧焊电源。大多数直流弧焊电源都采用了整流技术，即利用整流器将交流电变换为直流电。整流器包括单相整流器和三相整流器。根据采用的整流器件不同，可以分为可控整流器与不可控(普通)整流器。

随着大功率半导体器件及逆变技术的发展，逆变弧焊电源已成为当代弧焊电源发展的主要趋势。直流逆变弧焊电源、变极性逆变弧焊电源得到了越来越广泛的应用。逆变弧焊电源使弧焊过程、熔滴过渡等控制技术得到了迅速发展，促进了弧焊工艺及质量过程控制技术的发展。逆变弧焊电源是现代弧焊电源发展的主流，逆变技术、电力电子控制技术是现代弧焊电源的核心。

2.2.2　弧焊电源的分类

弧焊电源的分类方法很多，不同的分类方法用途不同。按电源输出电流的种类分类，可分为直流弧焊电源、交流弧焊电源和脉冲弧焊电源；按电源内部的关键器件分类，可分为交流弧焊变压器、直流弧焊发电机、弧焊整流器和弧焊逆变器等；按弧焊电源的输出特性分类，可分为平特性(恒压特性)电源、缓降特性电源、垂直陡降(恒流)特性电源以及多特性电源等；按不同弧焊方法应用的弧焊电源分类，又可以分为焊条电弧焊电源、埋弧焊电源、氩弧焊电源、CO_2 焊电源、等离子弧焊电源等。

目前应用较多的是在按电源外特性控制机制分类的基础上，再根据电源电路及主要控制方式进行分类。图 2-15 所示为该种弧焊电源分类的结果。

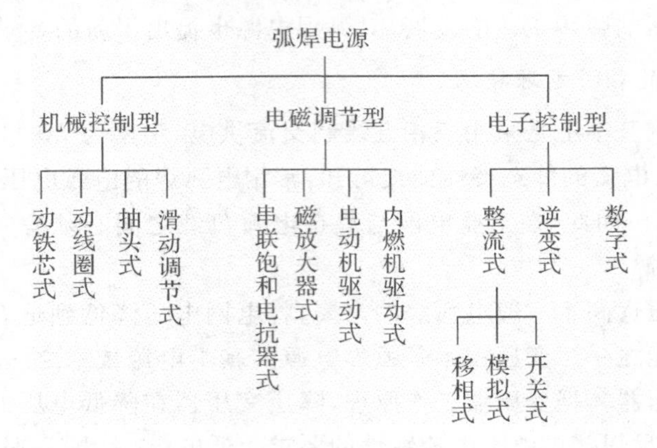

图 2-15　弧焊电源的分类

2.3 弧焊电源的外特性

外特性是电源的基本特性之一。选择合理的弧焊电源外特性是保证电弧稳定燃烧、焊接质量稳定的基本要求。

2.3.1 弧焊电源外特性的基本概念

弧焊电源的外特性是指在规定范围内，弧焊电源稳态输出电压 U_y 与输出电流 I_y 之间的关系。即在电源内部参数一定的条件下，改变负载，稳态输出电压 U_y 与稳态输出电流 I_y 之间的关系。

弧焊电源的外特性一般可以采用 $U_y=f(I_y)$ 来表示。相应地，$U_y=f(I_y)$ 曲线称为电源的外特性曲线。图 2-16 所示为焊条电弧焊电源中的一条外特性曲线。对于直流电源，U_y 和 I_y 为输出电压和电流的算术平均值；对于交流电源，则为输出电压和电流的有效值。

弧焊电源外特性的实质是电源的静态输出特性，又称为电源的静特性。不仅弧焊电源具有静特性，任何一种电源都具有静特性。一般电力系统直流电源的外(静)特性可以用下式表示：

$$U_y=E-I_y r_0 \tag{2-6}$$

式中：E 为直流电源的电动势；r_0 为电源内部等效电阻，可以称为内阻。

当内阻 $r_0>0$ 时，随着 I_y 增加，U_y 下降，电源的外特性是一条下倾直线，如图 2-17 所示。而且 R_0 越大，电源的外特性下倾程度越大。

当内阻 $R_0=0$ 时，则 $U_y=E$，即 U_y 为一恒定值，它不随 I_y 变化，电源的外特性是一条水平直线，称为平特性或恒压特性。

对于经常使用的电灯、电炉、电机等负载，要求其电源的内阻 r_0 越小越好，即外特性尽可能接近于平特性。这样，当负载变化时，其端电压变化小，并联运行的其他负载端电压变化也小，因此不会影响各种电器的正常运行。

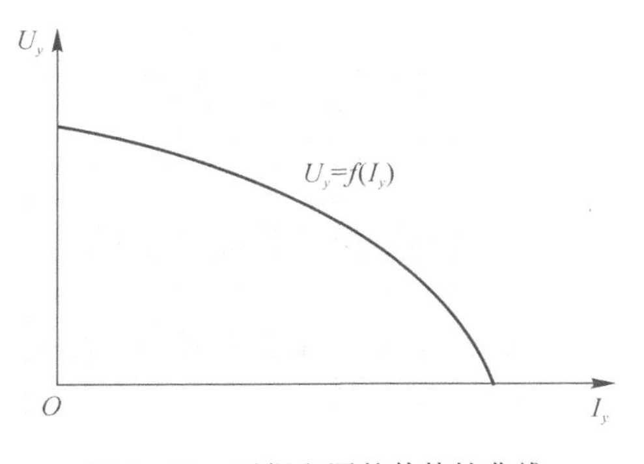

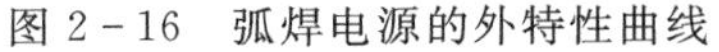
图 2－16　弧焊电源的外特性曲线

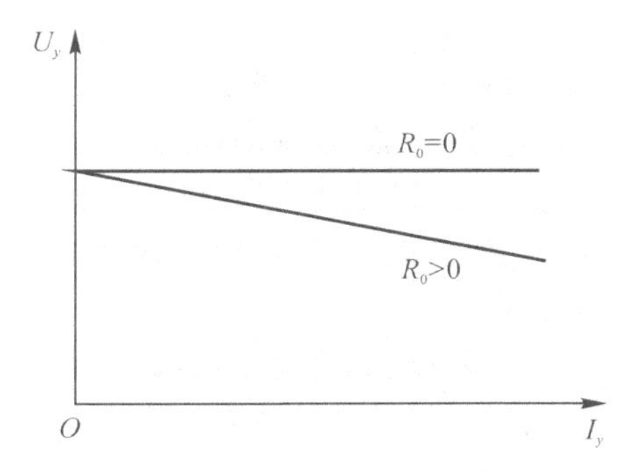

图 2－17　一般直流电源的外特性曲线

对于弧焊电源来讲，由于电弧的非线性，各种弧焊工艺方法、工艺过程的特殊性，其外特性形状也具有特殊性。弧焊电源外特性形状不是唯一的，常用弧焊电源的外特性主要有平特性、下降特性以及陡降特性等。

平特性的弧焊电源在电源输出电流变化时，输出电压基本不变或稍有下降，甚至稍有提高。在正常焊接范围内，焊接电流增大时，弧焊电源输出端电压降低小于 7 V/100 A 或电压增高小于 10 V/100 A 的外特性为平特性。当电源输出端电压接近于恒定不变时，又称其为恒压特性；对于焊接电流变化时，电源输出端电压稍有下降的平特性，又称为平缓特性，其曲线形状如图 2－18(a)所示。

下降外特性的弧焊电源是指，当焊接电流增加时，电源输出端电压“急剧”下降。在正常焊接范围内，焊接电流增大时，电源输出端电压降低大于 7 V/100 A 的外特性为下降特性。根据曲线斜率的不同，外特性可分为缓降特性和垂直下降(恒流)特性。

(1)缓降特性。当电流和电压变化接近于直线变化规律时，可称为斜特性，其曲线形状如图 2－18(b) 所示；当电流和电压变化接近于按 1/4 椭圆变化规律时，可称为缓降特性，其曲线形状如图 2－18(c)所示。

(2)垂直下降(恒流)特性。当电弧负载变化时，从输出电压 U_a 开始焊接电流基本不变，而只有电源输出端电压发生变化，其曲线形状如图 2－18(d)所示。图 2－18(e)所示的外特性是恒流带外拖特性，即当电弧电压高于拐点电压 U_a 并小于 U_a 时，弧焊电源的外特性为恒流特性，而当电弧电压低于拐点 A_0 电压时，弧焊电源的外特性为斜特性，也可以是其他特性，如缓降特性等。

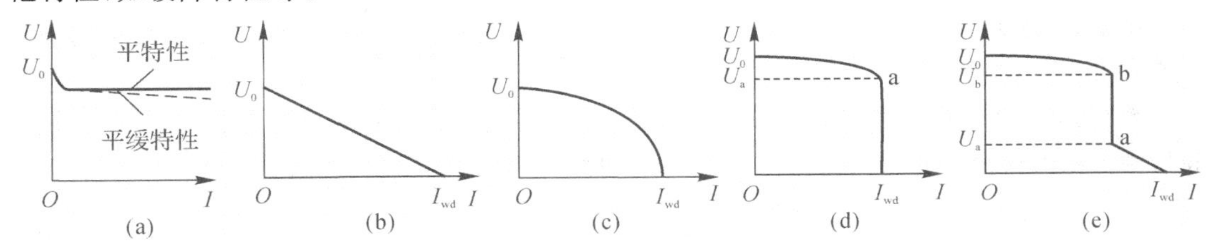

图 2－18　常用弧焊电源的外特性曲线

(a)平特性；(b)斜特性；(c)缓降特性；(d)恒流特性；(e)恒流带外拖特性

2.3.2 “电源-电弧”系统的稳定性

弧焊电源与电弧构成供电-用电系统。为了保证焊接电弧稳定燃烧和焊接参数稳定，必须保证“电源-电弧”系统的稳定。

“电源-电弧”系统稳定有以下两个方面的含义：

(1)无干扰时，能在给定负载电压和焊接电流下，保证电弧的稳定燃烧，系统保持静态平衡状态。

(2)当系统受到瞬时干扰，破坏了系统原有的静态平衡时，负载电压和焊接电流发生变化；干扰消失后，系统能够自动恢复到原来的平衡状态或者达到新的平衡状态。

系统处于静态平衡就是系统有一个静态工作点，即电源外特性曲线 $U_y=f(I_y)$ 与电弧静特性曲线 $U_f=f(I_f)$ 的交点。图 2-19(a)(b)中电源外特性与电弧静特性均相交于 A_0 点，A_0 是系统的一个静态工作点。在系统的工作点 A_0，U_y 和 I_y 分别等于电弧稳定时的电弧电压 U_f 和焊接电流 I_f，即 $U_y=U_f$，$I_y=I_f$。

但是在实际焊接过程中，操作的不稳定、工件表面的不平整、电网电压的波动等影响因素，都会破坏系统的平衡。

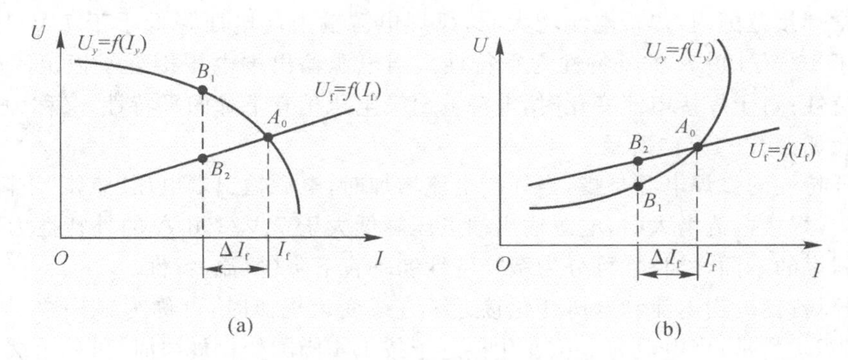

图 2-19　电源电弧系统稳定原理图

(a)稳定系统；(b)不稳定系统

如图 2-19(a)所示，如果系统受到某种干扰以后，焊接电流减小了 ΔI_f，电源工作点移至 B_1，电弧的工作点移至 B_2，此时，$U_{yB1}>U_{fB2}$，即供大于求，这就使电流增加，从而使干扰引起的焊接电流偏移量 ΔI_f 减小，直至恢复到原来的系统平衡点 A_0。同理，如果系统受到某种干扰以后，焊接电流增加了 ΔI_f，系统也能自动恢复到原来的平衡点 A_0。

可见，系统稳定的条件是特性 $U_y=f(I_y)$ 与特性 $U_f=f(I_f)$ 有交点，并且在交点的左边保证 $U_y>U_f$，在交点的右边保证 $U_y<U_f$。

系统稳定的条件也可以应用数学的方法来进行分析，分析的结果如图 2-20 所示，电弧静特性曲线在工作点的斜率($\partial U_f/\partial I=\alpha_a$)必须大于电源外特性曲线在工作点的斜率($\partial U_f/\partial I=\alpha_p$)。

系统稳定的程度可以由系统的稳定系数 K_w 来表示：

$$K_w=\left(\frac{\partial U_f}{\partial I}-\frac{\partial U_y}{\partial I}\right)_{I_f} \tag{2-7}$$

或者 $K_w=\tan\alpha_a-\tan\alpha_p$。当 $K_w>0$ 时，系统稳定。K_w 越大，系统越稳定。

由此可见，当电弧的静特性曲线形状一定时，系统的稳定性取决于电源的外特性曲线形状。也就是说，要保证“电源-电弧”系统的稳定，必须根据电弧的静特性曲线形状确定合适的弧焊电源的外特性曲线形状。弧焊电源外特性的形状不仅仅与焊接电弧的静特性形状有关，而且还与各种焊接工艺方法的特点有关。满足“电源-电弧”系统稳定性的要求是电源外特性选择的必要条件，同时所选择的外特性形状还需要满足各种焊接工艺特点对电源外特性形状的要求。

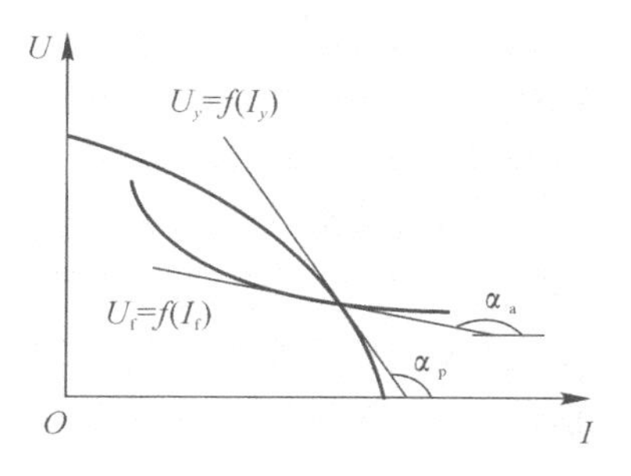

图 2-20　电源电弧系统稳定条件

2.3.3　电源外特性曲线的选择

电源的外特性曲线形状除了影响“电源-电弧”系统的稳定性之外，还影响着焊接参数的稳定。

所谓的焊接参数，是指焊接时为了保证焊接质量而选定的物理量，与弧焊电源密切相关的物理量是焊接电流、电弧电压等。假设由于某种干扰的影响，电弧弧长发生了变化，从而引起电源-电弧系统工作点移动，焊接电流、电弧电压出现静态偏差。为了获得良好的焊缝成形，希望焊接电流、电弧电压的静态偏差越小越好，亦即要求焊接参数稳定。

综上所述，在焊接过程中，在存在外界干扰的情况下，焊接参数变化量越小，说明焊接参数越稳定。

有时某种形状的电源外特性可以满足“电源-电弧”系统的稳定条件，但却不能保证焊接参数稳定的要求。因此在选择电源外特性时，不仅要考虑系统的稳定性，而且要结合各种弧焊方法的特点，考虑焊接参数的稳定性。此外，电源外特性形状还关系到电源的引弧性能、熔滴过渡过程和使用安全性等，这些都是确定电源外特性的依据。

在各种弧焊方法中，电弧放电的物理条件和焊接参数不同，电弧静特性曲线的形状不同，相应的弧焊电源外特性曲线形状也不同。为了便于分析，将弧焊电源的外特性曲线分为工作区段、空载点和短路区段三个部分。工作区段主要反映了外特性曲线的形状，空载点决定了电源的空载电压，短路区段主要反映了短路电流值。

1. 弧焊电源外特性工作区段形状的选择

弧焊电源外特性工作区段是指外特性上在稳定工作点附近的区段。

(1)焊条电弧焊。在焊条电弧焊中，电弧静特性是水平特性(或者说处于整个电弧静特性曲线的水平段)。根据“电源-电弧”系统稳定性的要求，可以选择下降外特性的弧焊电源。但是，在焊条电弧焊中，由于工件形状不规则或手工操作技能的影响，电弧弧长的变化是不可避免的。要保证焊接质量，希望在弧长变化时焊接参数稳定，特别是希望焊接电流稳定；同时需要保证电弧有一定的弹性(所谓电弧的弹性，是指电弧弧长在较大范围内变化时，电弧都能够稳定燃烧的性能。将弧长稍有变化，电弧就不能稳定燃烧，甚至熄灭的现象称为电弧弹性差)。

图 2-21 所示是采用不同外特性弧焊电源进行焊条电弧焊时，弧长变化时引起焊接电

流变化的示意图。当弧长 l_1 变化到 l_2 时，由于电源的外特性曲线形状的不同，原来的“电弧-电源”系统的稳定工作点 A_0 将分别移动到 A_1、A_2、A_3 点，产生的焊接电流偏差分别是 ΔI_1、ΔI_2 和 ΔI_3，而且 $\Delta I_1 < \Delta I_2 < \Delta I_3$。由此可见，当电弧长度发生变化时，电源外特性曲线下降陡度越大，即 K_w 值越大，则焊接电流偏差就越小。焊接电流偏差小不仅可以保证焊接电流的稳定，而且还可以增加电弧的弹性，因为弧长增加将使焊接电流减小，当焊接电流减小到一定程度就会导致熄弧，电源外特性下降陡度大，则允许弧长有较大程度的拉长，而不会使焊接电流减小过多而熄弧，即电弧弹性好。采用恒流外特性的电源，焊接参数是最稳定的，电弧弹性也是最好的。

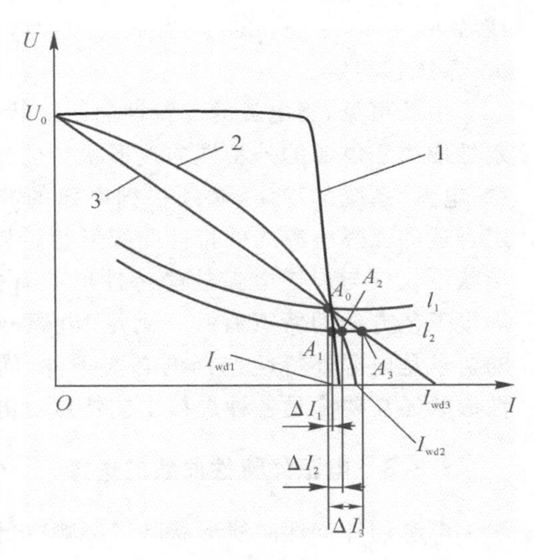

图 2-21　弧长变换引起的电流变化

1—恒流外特性；2，3—缓降外特性电源；

l_1，l_2—电弧静特性

(2)熔化极电弧焊。熔化极电弧焊包括埋弧焊、熔化极氩弧焊（MIG 焊）和 CO_2 气体保护焊与含有活性气体的混合气体保护焊（MAG 焊）等。对于这些弧焊方法，不仅要考虑其电弧静特性曲线的形状，而且还要考虑送丝的方式来选择弧焊电源外特性的形状。

根据送丝方式不同，熔化极电弧焊可分为两种：等速送丝的熔化极电弧焊和变速送丝的熔化极电弧焊。

1）等速送丝的熔化极电弧焊。它包括熔化极氩弧焊、CO_2 气体保护焊与含有活性气体的混合气体保护焊或细丝（焊丝直径 $\leqslant \phi 3$ mm）的埋弧焊，其电弧静特性均是上升特性。单纯从电弧静特性来看，这些焊接方法中采用下降、平、微升（上升的陡度需小于电弧静特性上升的陡度）外特性的弧焊电源都可以满足“电源-电弧”系统稳定条件。但是，不同形状的外特性对于焊接参数的稳定性影响却有很大不同。

由于等速送丝的熔化极电弧焊的焊丝直径较小，焊接电流密度较大，因而电弧的自身调节作用较强（所谓电弧的自身调节作用是指，当焊接弧长发生变化时，引起焊接电流和焊丝熔化速度的变化，从而可以使弧长自动恢复的作用）。假设弧长增加，则系统的稳定工作点左移，焊接电流减小，使焊丝熔化速度减慢，但是由于等速送丝控制中的送丝速度不变，因而弧长减小，使弧长自动恢复到初始值；假设弧长变短，则系统的稳定工作点右移，焊接电流增大，使焊丝加快熔化，同样，由于送丝速度不变，因此弧长增大，使弧长自动恢复到初始值。通过弧长自身调节作用原理分析还可知，当弧长发生变化时，焊接电流变化越大，焊丝熔化速度变化越明显，电弧自身调节作用越强，焊接参数稳定性越好。

图 2-22 所示是采用不同外特性弧焊电源进行熔化极电弧焊时，弧长变化引起焊接电流变化的示意图。

如图 2-22 所示，曲线 1 和 2 分别表示电源的平和下降外特性，曲线 3 是弧长为 l_1 时的电弧静特性。假设分别用平外特性和下降外特性电源进行焊接，初始弧长为 l_1，其稳定工作点都是 A_0。若干扰使弧长变短为 l_2，相应的电弧静特性为曲线 4，于是稳定工作点也分别移

至 A_1 和 A_2。对应 A_0 点、A_1 和 A_2 点的焊接电流都增大。因为采用平外特性电源产生的电流偏差 ΔI_1 大于用下降外特性电源的电流偏差 ΔI_2，所以前者的电弧弧长的自身调节作用强，弧长恢复得快。由此可知，在焊丝电流密度较大、电弧静特性为上升曲线的情况下，应尽可能采用平外特性的电源，这时电弧自调作用才足够强烈，容易使焊接参数稳定。此外，用平外特性电源还具有短路电流大，易于引弧、有利于防止焊丝回烧和粘丝等好处。采用微升外特性的电源固然可进一步增强电弧自身调节作用，但因其会引起严重的飞溅等原因而一般不宜采用。综上所述，在等速送丝的熔化极电弧焊中，一般选择平的或平缓下降的外特性弧焊电源。

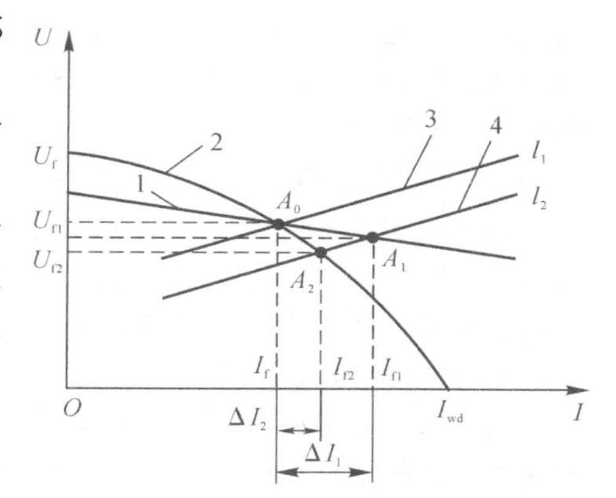

图 2-22　等速送丝熔化极气体保护焊

2）变速送丝控制系统的熔化极电弧焊。它包括埋弧焊（焊丝直径＞ϕ3 mm）和粗丝的熔化极气体保护焊，它们的电弧静特性是平特性。为满足 $K_w>0$，只能采用下降外特性的弧焊电源。因为焊丝直径较大，电流密度较小，电弧自身调节作用不强，不足以在弧长变化时维持焊接参数稳定，所以不宜采用等速送丝控制，而要采用图 2-23 所示的变速送丝控制系统。

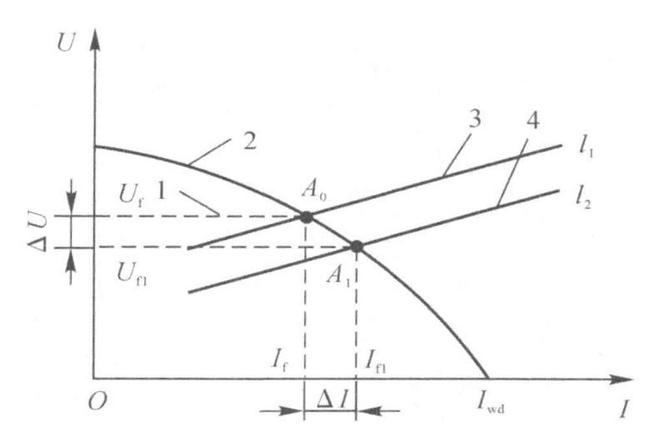

图 2-23　变速送丝熔化极气体保护焊

变速送丝控制往往是利用电弧电压作为反馈量来调节送丝速度，当弧长增大时，电弧电压增大，相应的电压反馈量增大，迫使送丝速度加快，使弧长得以恢复；当弧长减小时，电弧电压减小，相应的电压反馈量减小，迫使送丝速度减慢，使弧长得以恢复。电弧电压反馈送丝速度调节作用的强弱，与电弧电压的变化量及反馈控制有关。选择较陡降的外特性，在弧长变化时不仅有较大的电压变化，利于电弧电压反馈控制，而且电流偏差较小，有利于焊接参数的稳定。所以，在变速送丝的熔化极电弧焊中，一般选择较陡的下降外特性弧焊电源。

（3）非熔化极电弧焊。非熔化极电弧焊包括钨极氩弧焊、等离子弧焊等。它们的电弧静特性工作部分呈平的或略上升的形状。由于在不熔化极电弧焊中，电极本身没有熔滴过渡问题，因此，其焊接参数稳定主要是指焊接电流稳定，故最好采用恒流特性的电源。当弧长变化时，采用恒流特性的电流偏差最小。

（4）熔化极脉冲电弧焊。目前熔化极脉冲电弧焊主要用于熔化极氩弧焊或混合气体保护焊中，一般采用等速送丝，利用电弧自身调节作用来稳定焊接参数。由于脉冲电弧焊中维弧电流和脉冲峰值电流相差较大，因此在脉冲峰值电流和维弧电流阶段选择不同的外特性形状，图2-24所示为 4 种常用的脉冲电弧焊外特性组合方法。

1）恒压特性与恒压特性。如图 2-24(a)所示，脉冲峰值电流和维弧电流均由恒压特性的电源供电。这种外特性组合由于电弧自调节作用较强，因而适合等速送丝的熔化极脉冲电弧焊。但是，在平均电流较小时的维弧阶段，若电弧拉长了，很容易引起断弧，如图 2-24(a)中的 A_1 点；而在脉冲阶段时，由于电弧自调节作用过强容易引起焊接电流的波动，从而影响熔滴过渡的均匀性。

2)恒流特性与恒压特性。如图 2-24(b)所示，维弧电流由恒压特性的电源供电，而脉冲峰值电流由恒流特性的电源供电，因此改善了脉冲阶段电弧的稳定性，提高了熔滴过渡的均匀性。

3)恒流特性与恒流特性。如图 2-24(c)所示，脉冲峰值电流和维弧电流均由恒流特性的电源供电。脉冲峰值阶段焊接电流稳定，熔滴过渡均匀，电弧弹性好，但是电弧自调节作用较差，维弧阶段由于电流小，容易发生短路现象。

4)恒压特性与恒流特性。如图 2-24(d)所示，脉冲峰值电流由恒压特性的电源供电，维弧电流由恒流特性的电源供电。脉冲峰值阶段具有良好的电弧调节作用，但容易引起焊接电流的波动，而维弧阶段容易发生短路现象。

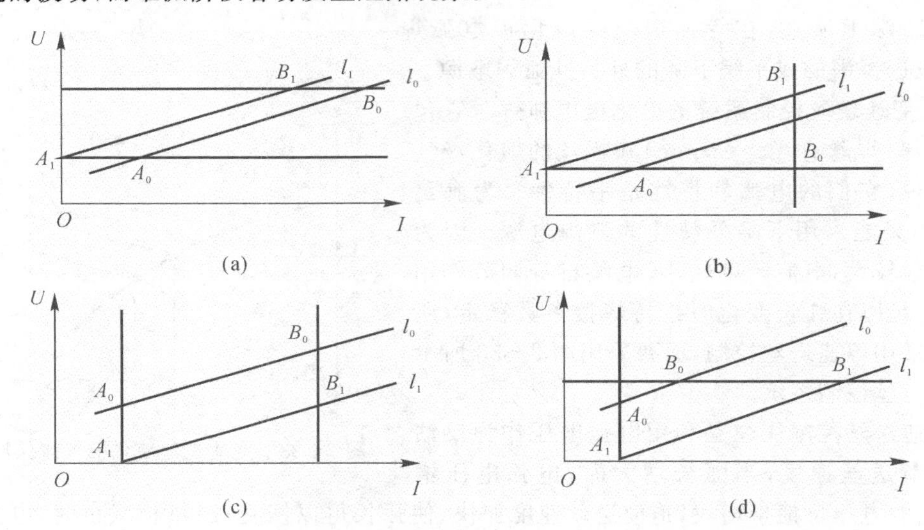

图 2-24　四种常用的弧焊电源外特性组合方法

(a)恒压-恒压特性；(b)恒流-恒压特性；(c)恒流-恒流特性；(d)恒压-恒流特性

由上述 4 种外特性组合方法的分析可知，每种方法都有优缺点。例如，恒压特性使电弧具有足够的自调节能力，但对熔滴的均匀过渡不利，而恒流特性则相反，能使熔滴过渡均匀，成形好，但电弧的自调节能力较差。

随着科学技术的发展，一些新的外特性组合方式不断出现，其中双阶梯外特性组合是熔化极脉冲气体保护焊中比较实用的方法之一。双阶梯外特性如图 2-25 所示。

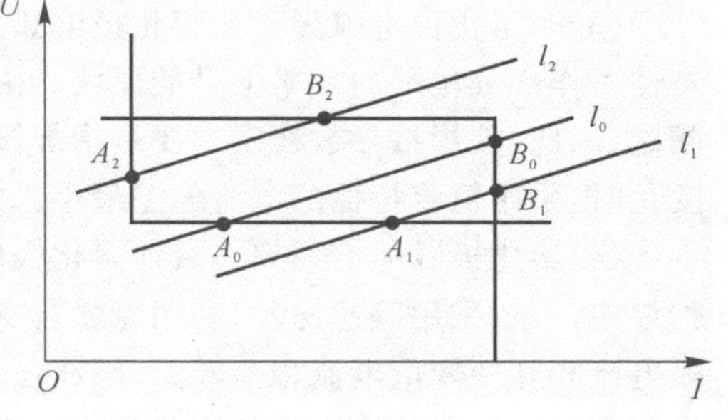

图 2-25　双阶梯外特性

如图 2-25 所示，脉冲电流由“┐”形特性供电，维弧电流由“└”形特性供电，两者构成方框特性。如图 2-25 所示，当弧长为 l_0 时，维弧工作在 A_0 点，脉冲电弧工作在 B_0 点。若受干扰影响，弧长变为 l_1 时，其维弧工作点将移至 A_1，脉冲电弧工作点将移至 B_1。由于在脉冲阶段电源具有恒流特性，因此熔滴过渡均匀；在维弧阶段电源具有恒压特性，使电弧弧长的自身调节作用增强而能防止短路。弧长增大为 l_2 时，其维弧工作点将移至 A_2，脉冲电弧工作点向左移至 B_2。其维弧阶段电源外特性为恒流部分，可保证小电流时不断弧；而脉冲电弧进入恒压特性段，增加了电弧弧长的自调节作用，可以自动恢复电弧的弧长。在正常工作情况下，脉冲电弧在 $B_1 \sim B_2$ 范围内工作，维持电弧在 $A_1 \sim A_2$ 范围内工作。在非正常工作情况下，电弧工作点可能超出 $A_1 \sim A_2$ 和 $B_1 \sim B_2$ 的范围，但不可能跳出方框之外。

严格地限制了焊接参数，并提供了良好的电弧自调节性能：在维弧阶段，基本上消除瞬间的断弧和短路现象，使电弧的稳定性提高；在脉冲峰值阶段，恒流特性使熔滴过渡均匀，又不会烧焊枪的焊嘴，并能保证焊缝成形。此外，不论在维弧阶段，还是在脉冲峰值阶段，双阶梯外特性都能产生较大的短路电流，因此，具有较好的引弧性能。显然，双阶梯外特性既综合了恒压特性（使电弧具有足够的弧长自调节能力）和恒流特性（保持恒定的熔滴过渡）的优点，又克服了恒压特性和恒流特性各自的缺点，实现了对焊接电弧的控制。

根据不同的焊接工艺要求，可以进行各种形状的外特性组合和切换，这就是所谓可控外特性。在外特性控制过程中电弧静特性与电源外特性的交点——稳定工作点，是不断变动的。可控外特性只有用新型电子控制弧焊电源才能得到，而采用传统的机械调节或电磁控制型弧焊电源是非常困难的，甚至是不可能实现的。

2. 弧焊电源的空载电压

弧焊电源的空载电压（U_0）是指电源输出为开路状态时，电源输出的电压值，或者说电源输出电流为零时，电源的输出电压值。

弧焊电源的空载电压对引弧、维持电弧的稳定燃烧有很大影响。例如，在熔化极电弧焊接触引弧时，焊条（或焊丝）和工件接触，因两者的表面往往有锈污或其他杂质，具有较大的接触电阻，只有较高的空载电压才能将其击穿，形成导电通路。此外，引弧时两极间隙的空气由不导电状态转变为导电状态，气体的电离和电子发射均需要较高的电场能，空载电压越高，则越有利。同样的道理，空载电压越高，对保证电弧的稳定燃烧越有利。但是，空载电压过高不仅对操作人员的安全不利，还使弧焊电源中的变压器体积、重量增大，能量损耗增加，效率降低，费材料和能量，在电子控制整流电源中甚至会影响小电流时焊接电流的纹波系数，从而影响电弧燃烧的稳定性。

确定弧焊电源的空载电压应遵循以下几项原则：

（1）保证引弧容易。

（2）保证电弧的稳定燃烧。在交流弧焊电源中为确保交流电弧的稳定燃烧，一般取 $U_0 > (1.8 \sim 2.25) U_f$。

（3）保证电弧功率稳定。为了保证正弦交流电弧功率稳定，一般要求：

$$2.5 > \frac{U_0}{U_f} > 1.57 \tag{2-8}$$

（4）要有良好的安全性和经济性。

综上所述，在设计弧焊电源确定空载电压时，应在满足弧焊工艺需要，确保引弧容易和电弧稳定的前提下，尽可能采用较低的空载电压，以利于人身安全和提高经济效益。

根据我国焊接电源安全的规定(GB/T 15579—1995),弧焊电源空载电压应符合以下要求:

对于危险工作环境,直流弧焊电源的U_0小于113 V;交流弧焊电源的空载电压峰值小于68 V,有效值小于48 V。

对一般工作环境,直流弧焊电源的U_0小于113 V;交流弧焊电源的空载电压的峰值小于113 V,有效值小于80 V。

目前通用的交流弧焊电源中,焊条电弧焊电源的$U_0=55\sim70$ V,埋弧焊电源$U_0=70\sim90$ V。由于直流电弧比交流电弧易于稳定,空载电压可以低一些,但为了引弧容易,一般也取接近于交流弧焊电源的空载电压,只是下限低10 V。

应当指出,上述空载电压范围是对于下降特性弧焊电源而言的。在一般情况下,用于熔化极自动、半自动弧焊的平特性弧焊电源可以具有较低的空载电压,而且要根据额定焊接电流的大小做相应的选择。另外,对一些专用性的弧焊电源,例如,带有引弧(或稳弧)装置的非熔化极气体保护焊电源,可以降低空载电压。在特殊条件下和危险工作环境中,例如在锅炉体内或其他窄小的容器内、用于焊条电弧焊的弧焊电源等,为了保证焊工的安全,电源的空载电压比较低,而为了提高引弧性能,可以附加专门的引弧装置。

3. *弧焊电源的稳态短路电流*

弧焊电源输出电压为零,即$U_y=0(U_f=0)$时所对应的稳态电流为稳态短路电流I_{wd}。

这里提到的稳态短路电流主要是指下降特性弧焊电源$U_y=0$时对应的稳态电流。在焊条电弧焊中,当电弧引燃和金属熔滴过渡到熔池时,经常发生短路,如果稳态短路电流过大,容易发生焊条过热、药皮脱落、薄板穿孔等现象,会使熔滴中存在大的积蓄能量而增加溶滴过渡时的金属飞溅;如果短路电流太小,会因电磁压缩推动力不足而使引弧和焊条熔滴过渡产生困难。因此,对于下降特性的弧焊电源,一般要求稳态短路电流I_{wd}和焊接电流I_f之比是

$$1.25<\frac{I_{wd}}{I_f}<2 \qquad (2-9)$$

显然,这个比值取决于弧焊电源外特性工作部分至稳态短路点之间的曲线形状(或斜率)。根据前面的分析可知,对于焊条电弧焊,为了使焊接参数稳定,希望弧焊电源外特性的下降陡度大,即K_w较大为好,最好采用恒流特性。但是,如果采用恒流特性,则其短路电流I_{wd}过小,造成引弧困难,而且电弧推力弱、熔深浅、熔滴过渡困难。

为了增大稳态短路电流,就要求恒流外特性的弧焊电源,在电压下降到一定值(10 V左右)之后,不再采用恒流特性,而采用比较缓降的特性,也就是采用恒流特性与缓降特性的组合,称为恒流(或陡降)带外拖的外特性。恒流与缓降特性的转换点称为外拖始点或拐点,缓降特性段即外拖始点到稳态短路点的区段为短路区段,可以称为外拖段。

焊条电弧焊最好采用恒流带外拖特性的弧焊电源,它既可以发挥恒流特性使焊接参数稳定的特点,又可以通过外拖增大短路电流,提高引弧性能和电弧熔透能力。可以根据焊条类型、板厚和焊接位置调节外特性的外拖拐点和外拖部分斜率,以使熔滴过渡具有合适的推力,从而得到稳定的焊接过程和良好的焊缝。

应当指出,恒流带外拖特性的弧焊电源需要借助现代的大功率电子器件和电子控制电

路，来实现外拖曲线特性的任意控制。图 2－26 所示为弧焊电源恒流带外拖外特性曲线示意图。外拖曲线形状主要有两种基本形式：图 2－26(a)外拖曲线为一下降斜线，图 2－26(b)外拖曲线为阶梯形状曲线。A_0、A_1是两个不同的拐点。

一般交流弧焊变压器中没有大功率电子器件和电子控制电路，其外特性通常为接近于 1/4 椭圆变化规律的缓降外特性或称陡降外特性，特性曲线形状是由弧焊变压器的结构所确定的。

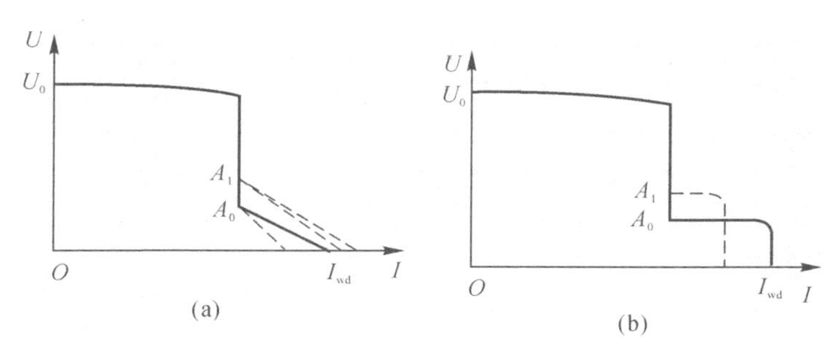

图 2－26　弧焊电源恒流带外拖外特性曲线

(a)外拖斜特性；(b)外拖恒流特性

对于非熔化极气体保护焊，如钨极氩弧焊或等离子弧焊，由于其电弧引燃需要专门的附加装置，其短路电流不需要增大，因此采用恒流电源，$I_{wd} \approx I_f$。

对于采用平缓特性弧焊电源的短路电流控制问题，则是弧焊电源动特性研究的内容。

4. 常用的外特性曲线及其应用

不同的弧焊工艺方法有不同的特点，因此需要采用不同外特性的弧焊电源。以上理论可以参考使用。

2.4　弧焊电源的调节特性

2.4.1　弧焊电源调节特性的概念

弧焊电源是提供焊接电流和电压的装置。不同材料、不同板厚、不同结构的焊接，需要选用不同的焊接电流、电压。因此，弧焊电源必须具备焊接电流或电压可调的性能，以适应各种焊接的需要。要求弧焊电源能输出不同的焊接电流、电压的可调性能称为弧焊电源的调节特性。

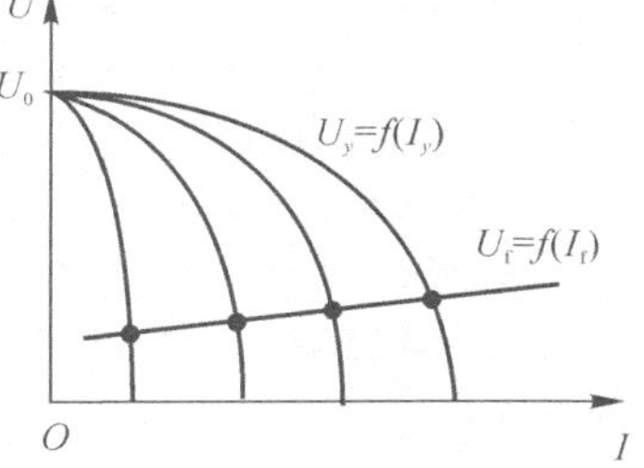

图 2－27　弧焊电源调节特性

如前文所述，电弧静特性和电源外特性曲线相交的稳定工作点决定了焊接电流和电压。对于一定弧长的电弧，只有一个稳定工作点。因此，根据焊接实际，要获得多组焊接电流和电压参数，必须有多条外特性，以与电弧静特性曲线有多个交点，如图 2－27 所示。弧焊电源输出电流或电压的调节是通过调节电源的外特性来实现的。也就是说,弧焊电源具有一组外特性曲线或者说具有无数条外特性曲线。外特性曲线的调节总是有一定的范围、精度和分辨率,这就是弧焊电源的调节特性。

2.4.2 弧焊电源的输出参数及调节范围

弧焊电源的负载不仅包括焊接电弧,而且还包括焊接回路的电缆等形成的阻抗。随着焊接电流的增大,电缆上的压降亦增大。为保证一定的电弧电压,要求工作电压随工作电流的增加而增大。正常工作条件下,弧焊电源负载的电压和电流之间的关系称为负载特性。由于焊接回路的电缆等形成的阻抗比较复杂,变化大,为了确定及比较弧焊电源的特性,根据生产经验对弧焊电源的负载特性进行了约定,符合约定关系的负载特性称为约定负载特性,相应的负载电压和负载电流称为约定负载电压(U_2)和约定焊接电流(I_2)。约定负载电压与约定焊接电流必须是在无感电阻下测定的。常用弧焊方法的约定负载特性如下:

(1)焊条电弧焊电源:

$$U_2=\begin{cases}20+0.04I_2(\text{V}), & I_2\leqslant 600\ \text{A}\\ 44(\text{V}), & I_2>600\ \text{A}\end{cases}$$

(2)TIG 焊电源:

$$U_2=\begin{cases}10+0.04I_2(\text{V}), & I_2\leqslant 600\ \text{A}\\ 34(\text{V}), & I_2>600\ \text{A}\end{cases}$$

(3)MIG 焊电源:

$$U_2=\begin{cases}14+0.05I_2(\text{V}), & I_2\leqslant 600\ \text{A}\\ 44(\text{V}), & I_2>600\ \text{A}\end{cases}$$

(4)埋弧焊电源:

$$U_2=\begin{cases}20+0.04I_2(\text{V}), & I_2\leqslant 600\ \text{A}\\ 44(\text{V}), & I_2>600\ \text{A}\end{cases}$$

根据电焊机的国家标准,在焊接过程中,弧焊电源输送的电流称为焊接电流,用 I_2 表示;弧焊电源在输送焊接电流时,其输出端之间的电压称为负载电压,用 U_2 表示。这就与约定负载特性曲线的电压、电流符号相一致了。

1. 下降特性弧焊电源的调节参数及范围

下降特性电源的可调参数如图 2-27 所示。

(1)额定最大焊接电流 $I_{2\max}$ 是指在约定焊接状态下,弧焊电源在最大调节位置时所能获得的约定焊接电流的最大值。

假设 I_{2r} 为额定焊接电流,则一般要求 $I_{2\max}\geqslant 100\%\ I_{2r}$。

(2)额定最小焊接电流 $I_{2\min}$ 是指在约定焊接状态下,弧焊电源输出的焊接电流最小值。

焊条电弧焊:$I_{2\min}\leqslant 20\%\ I_{2r}$;

TIG 焊:$I_{2\min}\leqslant 10\%\ I_{2r}$;

埋弧焊:$I_{2\min}\leqslant 40\%\ I_{2r}$。

(3)电流调节范围是指在约定负载特性条件下,通过调节所能获得的输出电流范围,即 $I_{2\min}\sim I_{2\max}$。

2. 平特性弧焊电源的输出参数及调节范围

平特性弧焊电源的可调参数如图 2-28 所示。

(1)额定最大负载电压 $U_{2\max}$ 是指在约定负载特性条件下,弧焊电源通过调节所能输出的电压最大值。

(2)额定最小负载电压 U_{2min} 是指在约定负载特性条件下，弧焊电源通过调节所能输出的电压最小值。

(3)电压调节范围是指在约定负载特性条件下，通过调节所能获得的输出电压范围，即 $U_{2min} \sim U_{2max}$。

3. 弧焊电源空载电压 U_0 的调节

一般地，弧焊电源的空载电压是确定的，在电流或电压调节时，空载电压不变。但是，在小电流焊接时，电子热发射能力弱，需要靠强电场作用才容易引燃电弧和保持电弧的稳定燃烧。因此，在小电流焊接时，往往需要较高的 U_0；在大电流焊接时，电子热发射能力强，可以降低 U_0 以提高功率因数，节省电能。因此，在有些弧焊电源中，根据弧焊工艺的要求，空载电压随焊接电流或电压的调节而调节(见图 2-29)，从而具有更好的调节特性。

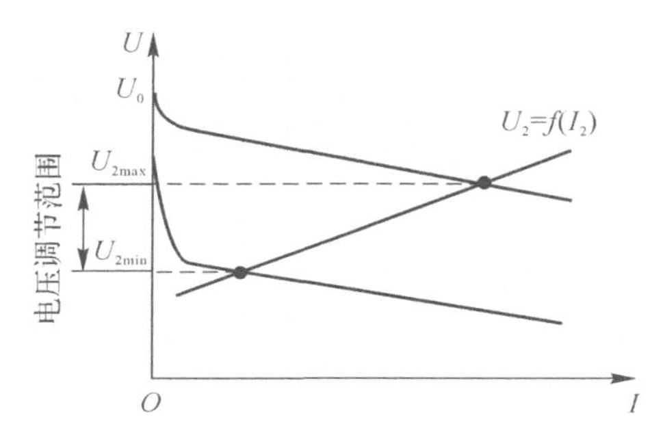

图 2-28　平特性弧焊电源的可调参数

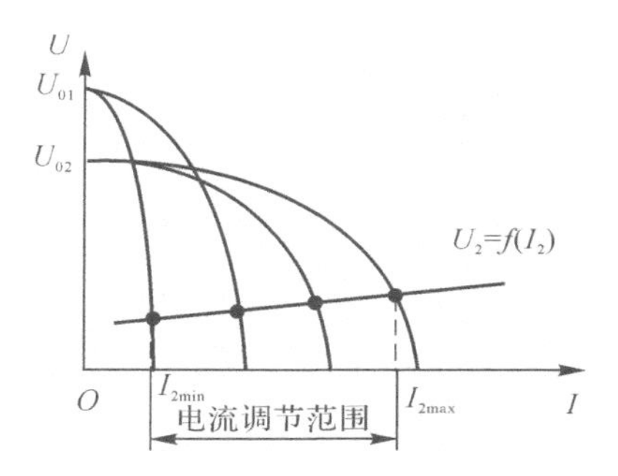

图 2-29　弧焊电源电压 U_0 调节

2.4.3　弧焊电源的负载持续率与额定值

弧焊电源的输出功率与它的温升有密切关系。温升过高，弧焊电源的绝缘会被破坏，甚至会烧毁有关器件和整机。对于不同绝缘级别，在弧焊电源标准中规定了相应的允许温升。

弧焊电源的温升除取决于输出电流的大小外，还决定于负荷的状态，即长时间连续通电还是断续通电。例如，使用相同的焊接电流，长时间连续焊接，温升自然要高些；断续焊接时，温升就会低些。同一容量的电源在断续焊时，弧焊电源允许使用的电流就大些。对于不同的负荷状态，弧焊电源规定了不同的输出电流。弧焊电源在断续工作时，可以用负载持续率 X 来表示其负荷状态，即

$$X=\frac{\text{负载持续运行时间}}{\text{负载持续运行时间}+\text{休止时间}}\times 100\%=\frac{t}{T}\times 100\% \qquad (2-10)$$

式(3-1)中：T 为弧焊电源的工作周期，等于负载持续时间 t 与休止时间之和。国家标准弧焊设备第 1 部分：焊接电源(GB/T 15579.1—2013)规定，一个工作全周期时间为 10 min。常用的弧焊电源额定负载持续率 X_r 为 20%、35%、60%、80%、100%等。

弧焊电源的额定电流 I_{2r} 就是额定负载持续率、约定负载特性条件下，允许输出的最大电流值。与额定焊接电流相对应的工作电压为额定工作电压 U_{2r}。常用弧焊电源额定电流 I_{2r}(A)分档为 10、16、25、40、63、100、125、160、200、250、315、400、500、630、800、1 000、

1 250、1 600、2 000 等。

实际焊接中，弧焊电源经常工作在非额定负载持续率的状态下，实际工作时间与工作周期之比称为实际负载持续率 X。不同实际负载持续率条件下允许使用的最大输出电流可按下式计算：

$$I_2=\sqrt{\frac{X_r}{X}}I_{2r} \tag{2-11}$$

式中：X_r 为额定负载持续率；X 为实际负载持续率；I_{2r} 为弧焊电源额定焊接电流(A)；I_2 为实际负载持续率下，允许输出的最大焊接电流(A)。

第 3 章　弧焊电源的常用功率器件

通过对弧焊电源中各种功率器件的控制，电源输出需要的电压和电流波形，实现高质量焊接。随着各种功率器件的不断发展，弧焊电源的性能得到了相应的提升。弧焊电源会用到的功率器件主要包括电感变压器等磁性器件以及各种半导体开关器件。

3.1　磁性器件基础知识

3.1.1　磁场的建立

在载流导线周围存在磁场(magnetic field)，磁场与建立该磁场的电流之间的关系可由安培环路定理来描述。建立磁场的电流称为励磁电流(或激磁电流)。磁路分析的一个重要内容是分析磁路中的磁通与励磁电流之间的关系。在进行这种分析时，经常采用的是安培环路定理的简化形式，还需要知道铁磁材料的特性，以下介绍相关内容。

1. 安培环路定理及其简化形式

安培环路定理(Ampère's circuital theorem)也称为全电流定律，可借助图 3－1 对其进行描述：沿空间任意一条闭合回路 $\boldsymbol{l}$，磁场强度 $\boldsymbol{H}$(magnetic field intensity)的线积分等于该闭合回路所包围的电流 i 的代数和。用公式表示，有

$$\oint_l H \cdot \mathrm{d}l = \sum i \qquad (3-1)$$

式(3－1)中，若电流的正方向与闭合回线的方向符合右手螺旋关系，i 取正号，否则取负号。显然，图 3－1 中 i_1 与 i_2 为正，而 i_3 为负。

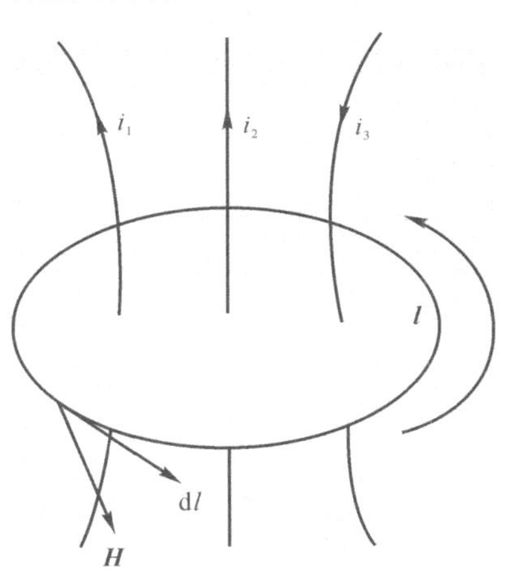

图 3－1　安培环路定理

如图 3－2(a)所示，由均匀密绕螺管线圈构成的磁路，设有向回路 $\boldsymbol{l}$ 与磁柱的中心圆重合，则该磁路为均匀磁路，即沿着回线，磁场强度 $\boldsymbol{H}$ 的大小处处相等，且其方向处处与回线切线方向相同。考虑到闭合回线所包围的总电流由通有电流 i 的 N 匝线圈提供，所以，对于这种类型的磁路，式(3－1)可简化成

$$Hl = Ni \qquad (3-2)$$

式中：H 为磁场强度的大小(A/m)；l 为回路的长度，(m)；Ni 为作用在磁路上的安匝数，称为磁路的磁动势或磁势(Magneto Motive Force，MMF)，单位为安匝，通常直接用“安”表示，这是安培环路定理的一种广泛采用的简化形式。

图 3-2(b)是带气隙的铁芯磁路，设其四周横截面积相等，且气隙长度 δ 远远小于两侧的铁芯截面的边长，则可以近似地认为这是分段均匀磁路，即沿铁芯中心线(长度为L_{Fe})处处磁场强度大小相等，沿气隙长度 δ 各处的磁场强度的大小也是彼此相等的，于是，安培环路定理可以简化为

$$F=Ni=H_{Fe}l_{Fe}+H_{\delta}\delta \tag{3-3}$$

式中：F 为磁路的磁动势；$H_{Fe}l_{Fe}$和$H_{\delta}\delta$ 分别为铁芯和气隙上的磁压降，可见，作用在磁路上的总磁动势等于该磁路各段磁压降之和。

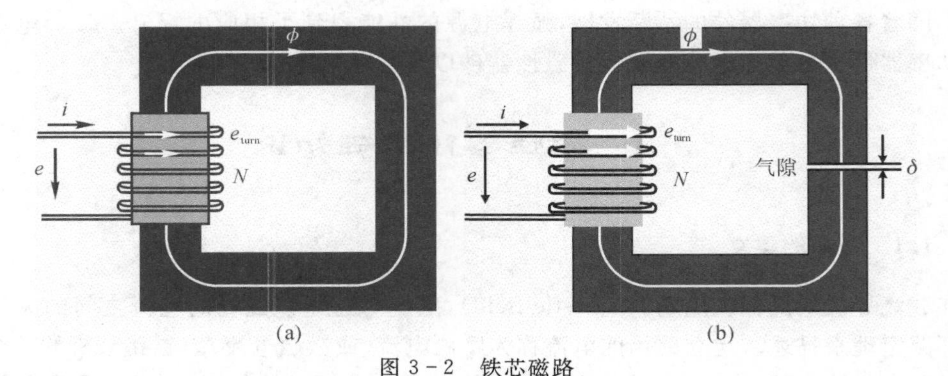

图 3-2　铁芯磁路

(a)带绕组的铁芯磁路；(b)带气隙的铁芯磁路

若图 3-2 所示铁芯上绕有匝数分别为N_1与N_2两个绕组，分别通入电流i_1与i_2的情况，作用于磁路上的总磁动势则为两个线圈安匝数的代数和。于是，全电流定律的形式相应地变为

$$F=\pm N_1i_1\pm N_2i_2=Hl \tag{3-4}$$

对于一般的情况需要仔细判断各线圈电流的方向，以便正确选择磁动势求和的正负号，图 3-3 所示为永磁磁路。

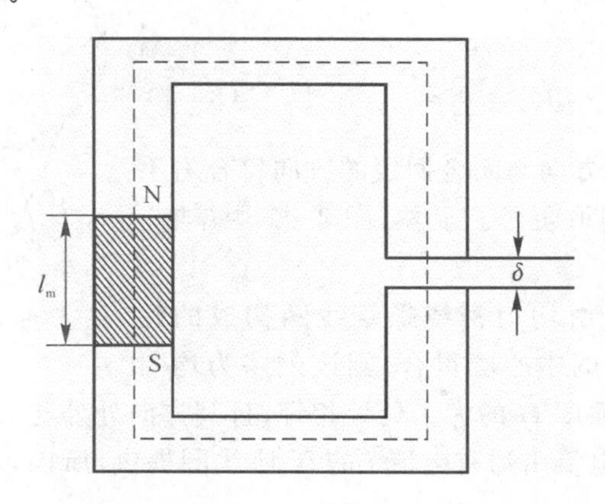

图 3-3　永磁磁路

3.1.2 磁路的欧姆定律

在安培环路定理简化形式的基础上，通过定义磁阻及磁导，可以进一步得到描述磁动势与磁通之间关系的磁路的欧姆定律。

1. 均匀磁路的欧姆定律

对于图 3-2(a)所示铁芯磁路，设铁磁材料的磁导率为μ_{Fe}，且$\mu_{Fe} \gg \mu 0$(真空的磁导率$\mu_0 = 4\pi \times 10^{-7}$ H/m)，则可忽略经过线圈周围空气而闭合的磁通φ_σ(称为漏磁通)，而认为磁路各部分磁通相等，进一步假设 4 个铁芯柱的横截面积相等且铁芯柱的长度远远大于其横截面的边长，于是可以近似认为在铁芯横截面上的磁通密度 B(magnetic flux density)处处相等且磁力线垂直于铁芯横截面，则其磁通量 Φ 就等于磁通密度 B 乘以横截面积 A，即

$$\Phi = BA \tag{3-5}$$

式中：B 为磁通密度(T)；Φ 为磁通量(Wb)。

分析可知，通常可以认为 B 与 H 之间满足 $B = \mu H$，于是式(3-2)可改写为如下形式

$$Ni = \frac{B}{\mu} l = \Phi \frac{l}{\mu A} \tag{3-6}$$

定义磁路的磁阻R_m(magnetic reluctance)为

$$R_m = \frac{l}{\mu A} \tag{3-7}$$

其单位为 A/Wb。

再定义Λ_m为磁路的磁导，有

$$\Lambda_m = \frac{1}{R_m} = \frac{\mu A}{l} \tag{3-8}$$

其单位为 Wb/A，则可得到磁路的欧姆定律

$$F = R_m \Phi \text{ 或 } \Phi = F \Lambda_m \tag{3-9}$$

这说明，作用于磁路上的磁动势等于磁阻乘以磁通。显然，磁阻R_m和磁导Λ_m取决于磁路的尺寸和构成磁路的材料的磁导率。需注意的是，铁磁材料的磁导率μ_{Fe}通常不是一个常数，所以由铁磁材料构成的磁路的磁阻和磁导通常也不是常数，它们随磁通密度大小的变化而具有不同的数值，这种情况称为磁路的非线性。铁磁材料的特性将在后面介绍。

2. 分段均匀磁路的欧姆定律

对于图 3-2(b)所示分段均匀的磁路，根据式(3-3)可以得到磁路欧姆定律的形式为

$$F = \Phi \frac{l_{Fe}}{A_{\mu_{Fe}}} + \Phi \frac{\delta}{A\mu_0} = \Phi(R_{mFe} + R_{m\delta}) \tag{3-10}$$

式中：R_{mFe}、$R_{m\delta}$分别是铁芯部分和气隙部分对应的磁阻。

组成该磁路的各分段的磁通是同一个磁通，这种磁路称为串联磁路。显然，串联磁路的总磁阻等于各段磁阻之和。

3.1.3 铁磁材料及其磁化特性

1. 铁磁材料的磁化特性

磁性材料的磁通密度 B 与磁场强度 H 之间的关系曲线，称为 $B-H$ 曲线（$B-H$ characteristic），是磁性材料最基本的特性，也被称为材料的磁化曲线（magnetization curve）。

假设图 3-2 所示铁芯磁路中原来没有磁场，现在施加一个直流电流且逐步增大电流，则其中磁场强度 H 与磁通密度 B 逐渐增大。相应的曲线 $B=f(H)$就称为起始磁化曲线，如图 3-4 所示的曲线 $Oabcd$。

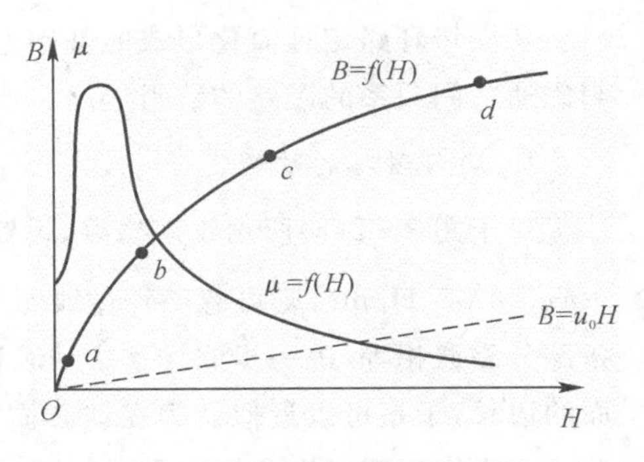

图 3-4 铁磁材料的起始磁化和场强磁导率曲线

图 3-4 中线段 Oa 为起始段，开始磁化时，B 随 H 的增大而缓慢增加，所以，磁导率较小。继续增大 H，到达线段 ab，此时可以近似认为磁导率迅速增大至保持基本不变，$B-H$ 曲线便可近似看作直线，称为线性区。若外磁场继续增加，B 值增加越来越慢，如 bc 段，这种现象称为饱和。达到饱和以后，磁化曲线基本上与非铁磁材料的特性（图 3-4 中虚线）相平行，如线段 cd 所示。磁化曲线开始拐弯的点（图 3-4 中的 b 点），称为膝点。通常，电机磁路中的铁磁材料工作在膝点附近。

由于铁磁材料的磁化曲线不是直线，所以$\mu_{Fe}=B/H$ 也随 H 值的变化而变化，图 3-4 显示出了曲线$\mu_{Fe}=f(H)$。

若将铁磁材料进行周期性磁化，例如在图 3-2(a)中电流为交流，$B-H$ 曲线则为封闭曲线，称为磁滞回线，如图 3-5 所示。

为了理解磁滞回线所反映的物理现象，令图 3-2(a)中的励磁电流从零上升到最大值后开始减小，则磁场强度 H 和磁通密度 B 也相应减小。可以发现，当 H 从某数值H_m减小到零时，相应地，$B-H$ 曲线不沿原来的曲线从点 1 返回 0 点，而是从点 1 到达点 2，即当电流与相应的 H 从正的最大值减小到零值时，B 并不减小到零值，而仅仅减小到一个正值B_r；只有当电流从零值向反方向变化，达到某一负值，使 H 也达到某一负值，即图中的$-H_c$时，磁通密度 B 才从B_r减小到零。可见，磁通密度的变化落后于磁场强度的变化，亦即磁通落后于励磁电流。从图 3-5 中可以看出，在 H 从负的最大值增加到零，再继续增加的过程中，磁通密度的变化也落后于磁场强度的变化。这种磁通密度落后于磁场强度，亦即磁通落后于励磁电流的现象，称为磁滞现象。去掉外磁场之后[见图 3-2(a)]，对应于 $i=0$ 的情况)，铁磁材料内仍然保留的B_r，称为剩余磁通密度，简称剩磁。要使 B 从B_r减小到零，所需施加的负的磁场强度H_c，称为矫顽力。

剩磁B_r和矫顽力H_c较小的铁磁材料，称为软磁材料；而剩磁B_r和矫顽力H_c较大的铁磁材料，称为硬磁材料。变压器及大部分电感的磁路均由软磁材料制成。硬磁材料可用于制造永久磁铁。

对同一铁磁材料，选择不同的H_m进行反复磁化，可以得到一系列大小不同的磁滞回线，如图3-6所示，再将各磁滞回线顶点连接起来，所得曲线称为基本磁化曲线或平均磁化曲线。基本磁化曲线不是起始磁化曲线，但二者相差不大。

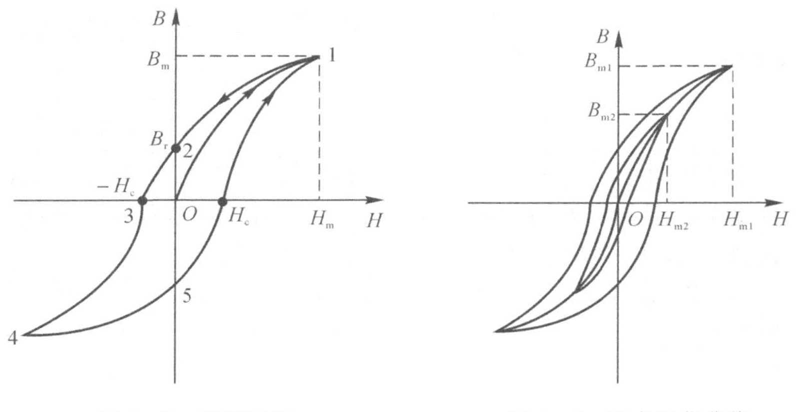

图3-5　磁滞回线　　　　图3-6　基本磁化曲线

在分析励磁电流与磁通之间关系时，通常采用基本磁化曲线。在必须应用磁滞回线进行分析的情况下，由于B与H之间已不是单值函数，所以一般不用磁导率的概念。

2. 铁磁材料的磁化特性与铁芯磁路的磁化曲线的关系

根据铁磁材料的磁化特性，即$B-H$曲线，在铁芯磁路的几何尺寸及线圈匝数已知的情况下，可以方便地得到均匀及分段均匀磁路的磁化曲线。

先看均匀磁路的情况，以图3-2(a)所示单线圈磁路为例予以说明。在图3-7中，设已知材料的磁化特性$B-H$曲线为曲线1，根据$\Phi=BA$及$Ni=Hl$可知，Φ与B之间以及i与H之间均为正比例关系。于是，只要将铁磁材料的$B-H$曲线的纵、横坐标，分别乘以一定的比例系数，就可以将该曲线作为铁芯磁路的磁化曲线$i-\Phi$。

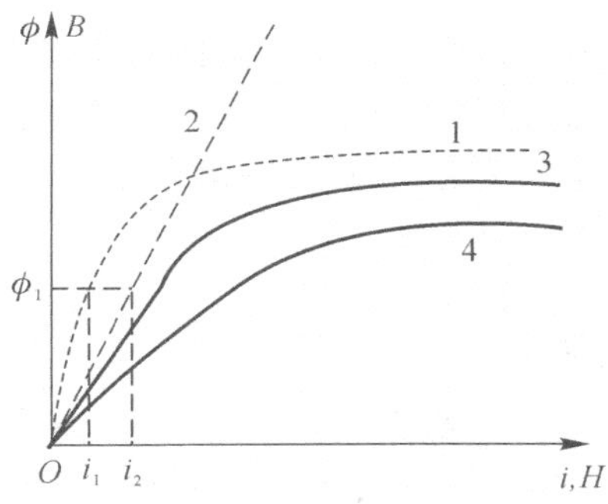

图3-7　带气隙磁芯磁路的磁化曲线

对于分段均匀的情况，例如图3-3中，磁路中带有微小气隙δ的情况，从式(3-3)可知磁路中的总磁动势等于铁芯磁压降与气隙磁压降之和，即

$$F=Ni=H_{Fe}l+H_{\delta}\delta \tag{3-11}$$

为了便于分析，现将励磁电流i表示为两部分之和，分别记为i_{Fe}与i_{δ}，即

$$i=i_{Fe}+i_{\delta} \tag{3-12}$$

令i_{Fe}满足

$$Ni_{Fe}=H_{Fe}l=R_{mFe}\Phi \tag{3-13}$$

i_{δ}满足

$$Ni_{\delta}=H_{\delta}\delta=R_{m\delta}\Phi \tag{3-14}$$

于是i_{Fe}与i_{δ}就有了明显的物理意义：i_{Fe}是在磁路中没有气隙的情况下，为产生一定的磁通，铁芯磁路所需的励磁电流；而i_{δ}是在忽略铁芯磁压降的情况下，为产生同样大小的磁通，气隙磁路所需的励磁电流。可以将i_{Fe}与i_{δ}分别称为铁芯励磁电流与气隙励磁电流。显然，在

有气隙且不能忽略铁芯磁压降的情况下，总的励磁电流等于铁芯励磁电流和气隙励磁电流之和。这样，在图 3-7 中，对于任一给定磁通 Φ，从铁芯磁路的磁化曲线 1 上查出铁芯励磁电流后，只要加上对应的气隙励磁电流，就可得到总的励磁电流。根据式(3-7)与式(3-14)，气隙励磁电流为

$$i_\delta=\frac{\delta}{\mu_0 NA}\Phi \tag{3-15}$$

从式(3-15)可见，Φ 与 i_δ 成正比，于是，可以在图 3-7 中画出相应的气隙磁化曲线 2。这样，对于磁通 Φ 的不同给定值，就不必逐点计算气隙励磁电流，只需将曲线 1 与曲线 2 上对应的横坐标相加，即可得到铁芯磁路中有气隙时的磁化曲线 3。

显然，若气隙增大，按式(3-15)求出的气隙励磁电流较大，于是整个磁化曲线向右偏斜，如图中曲线 4 所示。

3. *永磁磁路*

硬磁材料一经磁化，就能长时间保持磁性，故可以用于制造永久磁铁(Permanent Magnet)。图 3-3 表示包含一块永久磁铁和一段气隙的简单永磁磁路。图中上下两块为普通软磁铁芯，左侧中间深色块为永久磁铁，其极性已经标示在图中。现在分析如何确定该磁路永久磁铁中的磁通密度与磁场强度。

永久磁铁的磁化特性位于第二象限，如图 3-8 所示的圆弧曲线，通常将这一段曲线称为去磁磁化曲线。以下确定磁路工作于去磁曲线上的哪一点，即确定该磁路中永磁体中的磁通密度。设永久磁铁的长度为 l_m、磁密为 B_m，气隙的长度为 δ、截面积为 A、磁通密度为 B_δ，忽略漏磁通和气隙的边沿效应，认为永久磁铁与铁芯的截面积均为 A。假设铁芯的磁导率为无穷大，根据安培环路定理，对图 3-3 所示的回路方向有

$$\sum F = H_m l_m + H_\delta \delta = 0$$

即 $H_m=-\dfrac{\delta}{l_m}H_\delta$。

这说明在永磁体内部，磁场强度的方向与回路方向相反。根据磁通连续性原理可知 $B_\delta=B_m$，且两者的方向均与回路方向相同。这说明在永磁体内部，磁通密度的方向与磁场强度的方向相反，前者为正，后者为负，即工作点位于图 3-8 的去磁曲线(由 B_r 点到 a 再到 H_c 点的曲线)上。此外，B_m 与 H_m 还满足以下关系

$$B_m=B_\delta=\mu_0 H_\delta=-\mu_0\frac{l_m}{\delta}H_m \tag{3-16}$$

式(3-16)所建立的 B_m 和 H_m 间的直线关系，称为工作线，即图 3-8 中的直线 Og。图 3-8 表示永久磁路工作图。由于永磁磁路总是工作在永磁磁铁的去磁曲线上，同时，工作点的位置又应当在工作线 Og 上。所以，工作线与去磁曲线的交点 a 就是永磁磁路的工作点。可以看出，当外磁路中气隙长度 δ 变化时，工作线的斜率相应变化，工作点以及对应的 B 和 H 亦将随之改变。例如，当磁路中无气隙，即 δ

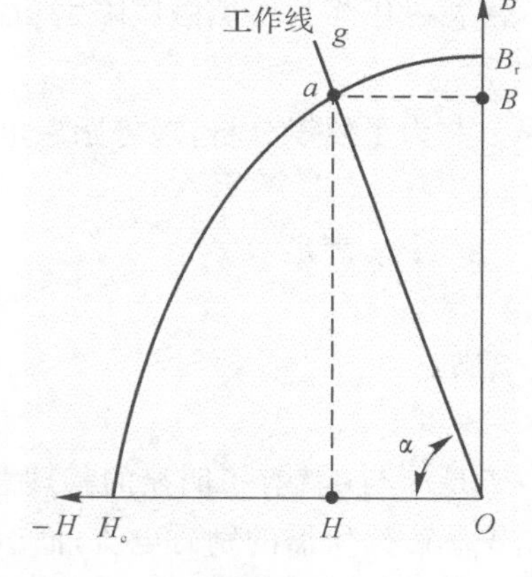

图 3-8　永磁磁路工作图

=0时，工作点为图中的剩磁点；当δ逐渐增大时，工作点就会沿着去磁曲线下移。由此可见，作为一个磁动势源，永久磁铁对外磁路提供的磁动势$H_m l_m$并非恒值，而与外磁路有关，这是永久磁铁的一个特点。

3.2　交流磁路和变压器原理

3.2.1　交流磁路分析

考虑到交流磁路的电压、励磁电流及相应的磁通随时间交变，所以本节不但要研究这三个量的大小，还要研究稳态情况下它们随时间变化的波形和相位，所以下面继续分析磁通与电流及电压的关系。

1. *电压与磁通的关系*

首先分析电压与磁通之间的关系，包括大小、相位及波形三个方面。交流磁路中，通常外加电压u为正弦波，忽略线圈电阻与漏磁通，有

$$u \approx -e \tag{3-17}$$

在稳态情况下，磁通没有恒定分量，所以根据电磁感应定律式

$$e = -\frac{d\psi}{dt} = -N\frac{d\phi}{dt} \tag{3-18}$$

磁通也为正弦波。

设$\phi = \Phi_m \sin\omega t$，则

$$e = -N\frac{d\phi}{dt} = -\omega N\Phi_m \cos\omega t$$

$$= \omega N\Phi_m \sin(\omega t - \frac{\pi}{2}) = E_m \sin(\omega t - \frac{\pi}{2}) \tag{3-19}$$

式中：$E_m = \omega N\Phi_m$。

用向量表示式(3-19)则有

$$\dot{\boldsymbol{E}} = \frac{\dot{\boldsymbol{E}}_m}{\sqrt{2}} = -\boldsymbol{j}\frac{\omega N\dot{\Phi}_m}{\sqrt{2}} = -\boldsymbol{j}\frac{2\pi f N\dot{\Phi}_m}{\sqrt{2}} \approx -\boldsymbol{j}4.44fN\dot{\Phi}_m \tag{3-20}$$

可见，电动势的有效值为

$$\boldsymbol{E} \approx 4.44fN\Phi_m \tag{3-21}$$

根据(3-17)，有

$$\boldsymbol{U} \approx 4.44fN\Phi_m \tag{3-22}$$

式(3-21)和式(3-22)是表示磁通最大值与电势、电压的有效值之间的关系。之所以采用磁通的最大值而不用有效值，是因为磁路的饱和程度是由相应磁通的最大值，即磁通密度的最大值确定的。因此，为了方便地掌握磁路的饱和程度，在电气工程中常常用磁通与磁通密度的最大值来表示磁通和磁通密度的大小。

2. *磁通与励磁电流之间的关系*

(1)磁路不饱和且不计铁芯损耗时的情况。

当磁路不饱和且不计铁芯损耗时，磁化曲线是直线，即磁通与励磁电流之间是线性关系，故磁通为正弦波时，电流也是正弦波，且相位相同，反之亦然。根据安培环路定理可以方便地得到其大小之间的关系。显然，磁通（最大值）与电流（有效值）之间满足

$$\sqrt{2}NI=R_{\mathrm{m}}\Phi_{\mathrm{m}}$$

（2）磁路饱和而不计铁芯损耗时的情况。

磁通为正弦波时，若铁芯中主磁通的幅值使磁路达到饱和，不计铁芯损耗，则可按铁芯的基本磁化曲线分析励磁电流的大小、波形与相位。图 3－9(a)表示主磁通随时间正弦变化。当时间 $t=t_0$时，可查出磁通ϕ_0，由图 3－9(b)查出对应的电流i_0；同理可以确定其他瞬间的电流，从而得到励磁电流 i，如图 3－9(c)所示。从图 3－9 可以看出，当主磁通随时间正弦变化时，由磁路饱和而引起的非线性，将导致电流成为与磁通同相位的尖顶波；磁路越饱和，磁化电流的波形越尖，即畸变越严重。

假设励磁电流为正弦波，当磁路饱和时，铁芯中磁通为平顶波。由随时间变化的平顶波磁通所感应的电动势为尖顶波，其最大值可能明显大于基波电压的幅值，可能对电气设备的绝缘带来不利影响。

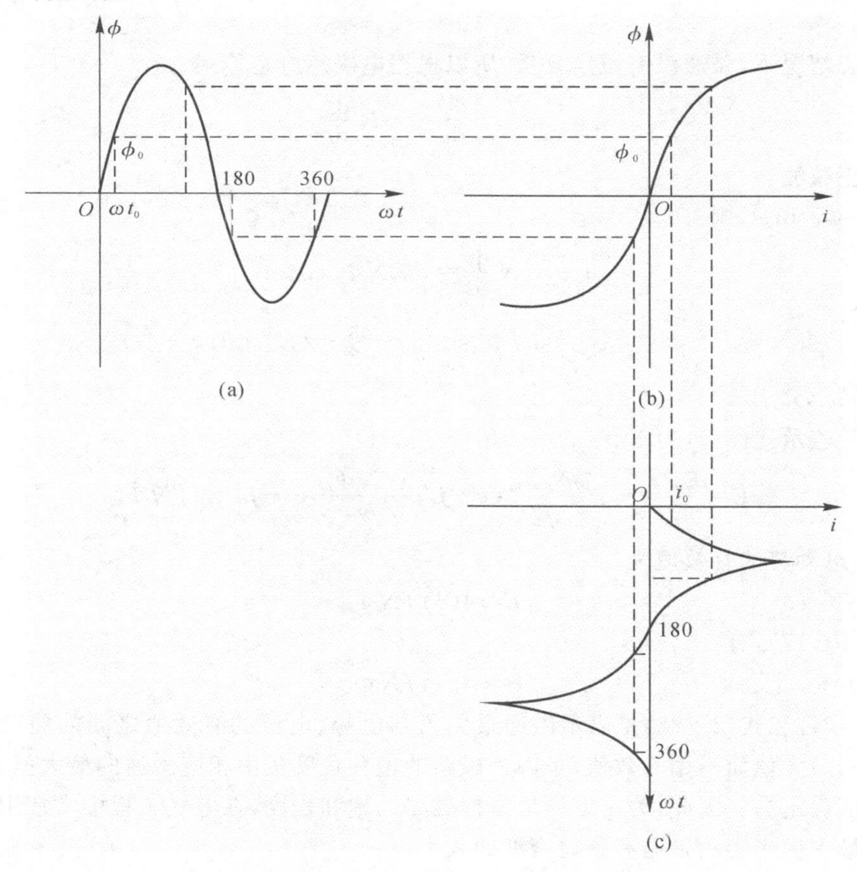

图 3－9　磁通为正弦波时，磁路饱和对励磁电流的影响

(a)主磁通随时间正弦变化；(b)对应电流；(c)励磁电流

(3)磁路饱和且计及铁芯损耗时的情况。若考虑铁芯损耗，$B-H$ 曲线应为磁滞回线。当磁通为正弦波时，利用图解法可得到电流为超前于磁通某一角度的尖顶波。

根据前面分析可知，不计铁芯的磁滞效应而仅仅考虑其饱和效应时，磁通 ϕ 和电流 i 的基波分量同相位；考虑磁滞现象时，磁通 ϕ 滞后于电流 i 的基波分量。

3. 等效正弦波与铁芯损耗

在工程上，为了方便地分析交流磁路中电压、电流、磁通的相互关系，常引入等效正弦波来表示非正弦量，其频率与对应非正弦量的基波频率相等。最常见的情况是引入等效正弦波来表示尖顶波的励磁电流，这样就可以用正弦电路的分析方法来分析电压、电流及磁通的大小和相位。

假设尖顶波励磁电流用i_0表示，等效正弦波用相量$\dot{I}_0$表示。等效正弦波的有效值 $I=\sqrt{I_{01}^2+I_{03}^2+I_{05}^2+\cdots}$，其中$I_{01}$、$I_{03}$、$I_{05}$分别为励磁电流$i_0$的基波、3次、5次谐波的有效值。在相位上，若不考虑铁芯损耗，向量$\dot{\boldsymbol{I}}_0$与主磁通向量同相位，若考虑铁芯损耗，向量$\dot{\boldsymbol{I}}_0$超前于主磁通向量一个很小的角度，通常称为铁耗角，记为α_{Fe}，向量图如图3-10所示。在图中同时画出外加电压和励磁电势。

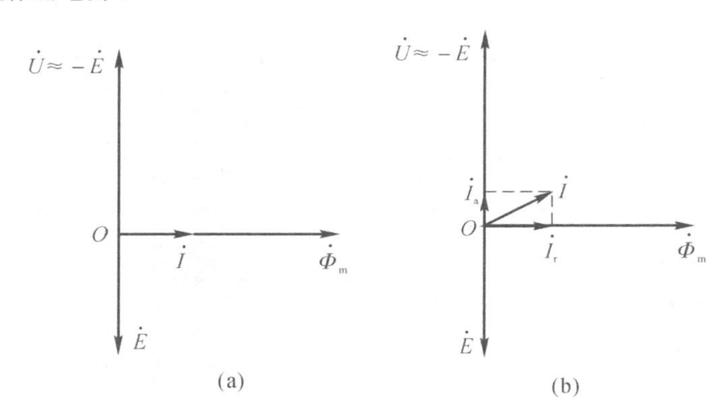

图3-10　交流磁路的相量图

(a)不考虑铁芯损耗；(b)考虑铁芯损耗

由图3-10(a)可知，不考虑铁芯损耗时，电源仅提供无功功率，相应地电流只起建立磁场的作用，故该电流也叫磁化电流。由图3-10(b)可知，在考虑铁芯损耗的情况下，等效正弦波相量包括两个量：一个是与磁通同相位的磁化电流分量，记为$\dot{I}_r$；一个是超前磁通90°的分量，记为$\dot{I}_a$。由于$\dot{I}_a$的出现，电源就会向铁芯线圈输入有功功率，这部分功率就是铁芯损耗，与此对应的电流$\dot{I}_a$称为铁耗电流。

铁芯损耗包括磁滞损耗和涡流损耗。磁滞损耗是由于磁滞效应所致。因为铁芯可以导电，故当通过铁芯的磁通随时间变化时，根据电磁感应定律，除了在线圈中产生感应电动势外，在铁芯中也将产生感应电动势，并因此在其中产生电流，称为涡流。涡流在铁芯中引起的损耗，称为涡流损耗。考虑涡流效应后，磁滞回线面积变大。

为了减小铁芯损耗，在工频变压器中常用厚度为0.5 mm甚至更薄的硅钢片制造铁芯。对于工频变压器常用的硅钢片，在正常的工作磁通密度(1 T＜B_m＜1.8 T)范围内，铁芯损耗的近似公式为

$$p_{Fe}=C_{Fe}f^{1.3}B_m^2G \tag{3-23}$$

式中：C_{Fe}为铁芯的损耗系数；G为铁芯质量；f为交变磁场的频率；B_m为最大磁通密度。

3.2.2 变压器的空载运行

变压器(transformer)的一个绕组与电网连接，称为原绕组(也称为原边或一次绕组)；另一个绕组与负载相连，称为副绕组(也称为副边或二次绕组)。通常将原绕组的电磁量加以下标“1”，副绕组的电磁量加以下标“2”。在电气工程中广泛使用单相变压器与三相变压器。下面以单相变压器为例，介绍变压器的基本分析方法。在没有特殊说明的情况下，从电源施加到原边的电压总认为是正弦稳态电压。

由于变压器的各物理量都是交变量，在列方程时需要首先规定它们的正方向。通常按习惯方式选择正方向。如图 3-11 所示，通过原副边对比的方式，将各物理量正方向的规定归纳如下：

(1)原绕组看成所接电源的负载，表示吸收功率，电压和电流正方向一致；

(2)磁通的正方向与电流的正方向之间符合右手螺旋关系；

(3)绕组的感应电动势与所交链的磁通正方向之间符合右手螺旋关系；

(4)副绕组看成所接负载的电源，表示释放功率，电压和电流正方向相反。

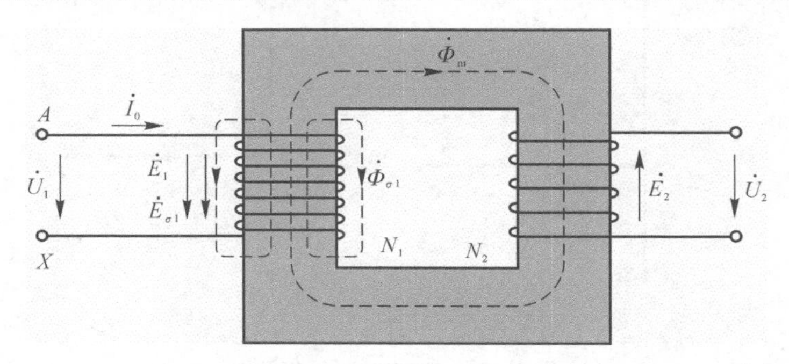

图 3-11 变压器空载运行

变压器空载运行是指原边接在电源上，副边开路的情况，此时原绕组流过的励磁电流又称之为空载电流。变压器在这种状态下的物理过程与上述交流磁路的情况相同，区别在于副边有感应电动势。找出原副边感应电动势之间的关系，关键是找出同时与它们交链的磁通，但是原边励磁电流产生的磁通并不是全部与副边交链，如图 3-11 所示。为分析方便起见，在变压器分析中将磁通分为主磁通和漏磁通。由电流$\dot{I}_0$产生的互感磁通$\dot{\Phi}_m$，称为主磁通，其所走的路径为主磁路。显然，主磁路是铁芯磁路。由电流$\dot{I}_0$产生的漏磁通$\dot{\Phi}_{\sigma1}$通过的路径为漏磁路，原边的漏磁路可以看作是由部分铁芯和变压器油(或空气)构成的串联磁路，其总的磁阻为两部分磁路的磁阻之和。由于铁磁材料的磁导率很大，磁阻很小，因此原边漏磁路的磁阻几乎完全由后者决定。与主磁路的磁阻相比，漏磁路的磁阻要大得多。因而漏磁通远远小于主磁通，通常在空载时两者相差数千倍。

1. 忽略绕组电阻与漏磁通时的电压关系

因为外加电压为正弦波时，变压器铁芯中的磁通随时间做正弦变化，所以主磁通在原、副绕组中产生的感应电动势，可以写成如下向量形式：

$$\left.\begin{aligned}\dot{\boldsymbol{E}}_1 &= -\boldsymbol{j}4.44fN_1\dot{\Phi}_m \\ \dot{\boldsymbol{E}}_2 &= -\boldsymbol{j}4.44fN_2\dot{\Phi}_m\end{aligned}\right\} \tag{3-24}$$

将式(3-24)和式(3-25)相除，得到

$$k=\frac{\boldsymbol{E}_1}{\boldsymbol{E}_2}=\frac{4.44fN_1\Phi_m}{4.44fN_2\Phi_m}=\frac{N_1}{N_2} \tag{3-25}$$

式中：k 称为变压器的变比，即原、副边电动势大小之比，它等于原、副边匝数之比。

忽略绕组电阻与漏磁通时，根据电路的基尔霍夫定律，空载运行的变压器原、副边的关系为

$$\left.\begin{aligned}\dot{\boldsymbol{U}}_1 &\approx -\dot{\boldsymbol{E}}_1 \\ \dot{\boldsymbol{U}}_{20} &= \dot{\boldsymbol{E}}_2\end{aligned}\right\} \tag{3-26}$$

所以

$$\frac{\boldsymbol{U}_1}{\boldsymbol{U}_{20}}\approx\frac{\boldsymbol{E}_1}{\boldsymbol{E}_2}=\frac{\boldsymbol{N}_1}{\boldsymbol{N}_2}=k \tag{3-27}$$

可见，在忽略绕组电阻与漏磁通时，原副边端电压之比等于感应电动势之比，即等于变比 k。

2. 空载运行电压方程式

考虑原绕组电阻和漏磁通的作用，原边电压、电动势的关系为

$$\dot{U}_1=\dot{I}_0r_1-\dot{E}_1-\dot{E}_{\sigma1} \tag{3-28}$$

式中：$\dot{E}_1$、$\dot{E}_{\sigma1}$ 分别为主磁通和漏磁通产生的感应电动势。

考虑到漏磁通随时间作正弦交变，即 $\phi_{\sigma1}=\Phi_{\sigma1m}\sin\omega t$，所以它产生的感应电动势为

$$e_{\sigma1}=-N_1\frac{\mathrm{d}\phi_{\sigma1}}{\mathrm{d}t}=\omega N_1\Phi_{\sigma1m}\sin(\omega t-\frac{\pi}{2})=E_{\sigma1}\sin(\omega t-\frac{\pi}{2}) \tag{3-29}$$

式中：$E_{\sigma1}=\omega N_1\Phi_{\sigma1m}$，为漏磁电动势的幅值。

将式(3-29)写成向量形式

$$\dot{\boldsymbol{E}}_{\sigma1}=\frac{\dot{\boldsymbol{E}}_{\sigma1m}}{\sqrt{2}}=-\boldsymbol{j}\frac{\omega N_1}{\sqrt{2}}\dot{\Phi}_{\sigma1m}=-\boldsymbol{j}4.44fN_1\dot{\boldsymbol{\Phi}}_{\sigma1m} \tag{3-30}$$

由于漏磁路的磁阻近似认为是个常数，所以漏磁通与励磁电流大小成正比，相位相同。这样就可以用一个电感系数来表示二者之间的关系，即

$$L_{\sigma1}=\frac{N_1\Phi_{\sigma1m}}{\sqrt{2}I_0} \tag{3-31}$$

显然，$L_{\sigma1}$ 是原绕组的漏电感系数，它是一个不随励磁电流的大小变化的常数。将式(3-31)代入式(3-30)，由于 $\dot{I}_0$ 与 $\dot{\Phi}_{\sigma1m}$ 同相位，故得出

$$\dot{\boldsymbol{E}}_{\sigma1}=-\boldsymbol{j}\dot{I}_0\omega L_{\sigma1}=-\boldsymbol{j}x_1\dot{\boldsymbol{I}}_0 \tag{3-32}$$

式中：$x_1=\omega L_{\sigma1}$ 是原绕组的漏电抗。

式(3-32)说明，原绕组漏磁通在原绕组上感应的电动势 $\dot{\boldsymbol{E}}_{\sigma1}$，可以看作励磁电流在漏电抗上产生的负的电压降 $-\boldsymbol{j}\dot{I}_0x_1$。将式(3-32)代入式(3-28)得

$$\dot{U}_1=\dot{I}_0r_1-\dot{E}_1-\dot{E}_{\sigma1}$$

$$=\dot{I}_0(r_1+\boldsymbol{j}\,x_1)-\dot{E}_1=\dot{I}_0 z_1-\dot{E}_1 \tag{3-33}$$

式中：$z_1=r_1+j\,x_1$，称为原绕组的漏阻抗。

式(3－33)即为变压器原边电压方程式。

3. 空载运行相量图

根据式(3－33)，可以在图 3－10 所示交流铁芯磁路相量图的基础上，画出变压器空载运行相量图如图 3－12 所示。实际上$\dot{\boldsymbol{I}}_0 r_1$和 $j\,\dot{\boldsymbol{I}}_0 x_1$的数值都很小，为了清楚起见，图 3－12 中把它们放大了。

图 3－12 中先画出主磁通$\dot{\Phi}_m$，其初相位为 0°，再画出感应电动势$\dot{E}_1$，它落后于主磁通 90°，而感应电动势$\dot{E}_2$与$\dot{E}_1$同相位，大小相差 k 倍。$\dot{\boldsymbol{I}}_0$超前于$\dot{\Phi}_m$一个很小的铁耗角。为了得到原边电压，先画出$-\dot{E}_1$，再加上与$\dot{\boldsymbol{I}}_0$同相位的$\dot{\boldsymbol{I}}_0 r_1$，再加上相位领先$\dot{\boldsymbol{I}}_0$ 90°的 $\boldsymbol{j}\,\dot{I}_0 x_1$，三相量之和等于$\dot{U}_1$。

如图 3-13 所示，电源电压$\dot{U}_1$与励磁电流$\dot{I}_0$之间的夹角为θ_0，是空载运行的功率因数角。由于$\dot{U}_1\approx-\dot{E}_1$，且铁耗角$\alpha_{Fe}$的数值也很小，所以，通常$\theta_0\approx 90°$，说明变压器空载运行时功率因素($\cos\theta_0$)很低，即从电源吸收很大的滞后性的无功功率。

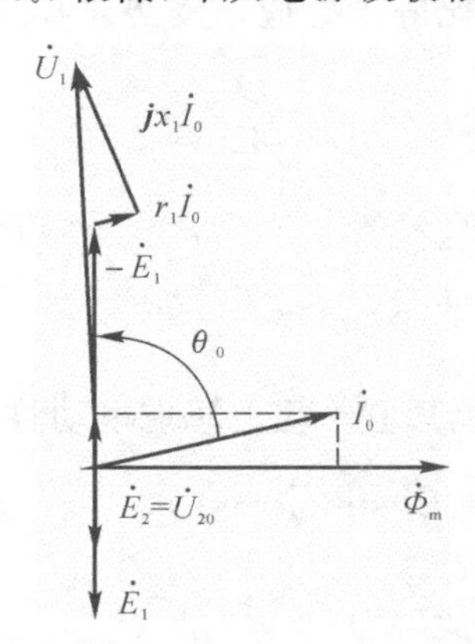

图 3－12　变压器空载运行向量图

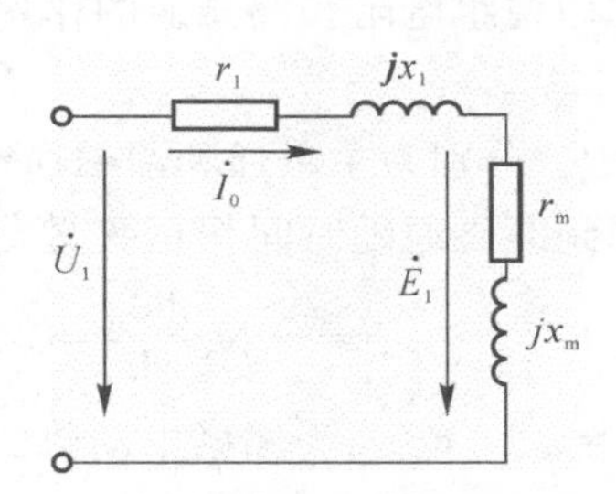

图 3－13　变压器空载运行等效电路

4. 变压器空载运行的等效电路

如果把主磁路的励磁电势$\dot{E}_1$看成电抗压降，也可以引出励磁电抗的概念。

考虑主磁通会在铁芯中引起铁耗，故不能单纯引入一个电抗，而应引入一个阻抗z_m把$\dot{E}_1$和$\dot{I}_0$联系起来，即$-\dot{E}_1$为$\dot{I}_0$流过z_m时所引起的阻抗压降，即

$$-\dot{E}_1=\dot{I}_0 z_m=\dot{I}_0(r_m+j\,x_m) \tag{3-34}$$

式中：$z_m=r_m+\boldsymbol{j}\,x_m$称为变压器的励磁阻抗；$r_m$称为励磁电阻，是对应铁耗的等效电阻，$I_0^2 r_m$等于铁耗；$x_m$称为励磁电抗，是表征铁芯磁化性能的一个集中参数。

将式(3－34)代入式(3－33)，得

$$\dot{U}_1=-\dot{E}_1+\dot{I}_0 z_1=\dot{I}_0 z_m+\dot{I}_0 z_1=\dot{I}_0(z_m+z_1) \tag{3-35}$$

由此可画出相应的等效电路(equivalent circuit)如图 3－13 所示，空载运行的变压器，可看成两个阻抗串联的电路。

现在通过一个实例，了解图 3－13 中各元件的相对大小。由于主磁路的磁导远远大于漏磁路的磁导，所以，变压器的励磁电抗x_m远远大于其一次绕组的漏电抗x_1。以电力系统

中向居民供电的容量为100 kVA的S9系列三相配电变压器为例，其励磁电抗x_m大约50 kΩ，励磁电阻r_m大约1 kΩ，而一次绕组的漏电抗大约20 Ω，电阻大约7.5 Ω。需要指出的是，由于铁芯磁路存在饱和现象，如果变压器的电压发生显著变化，则磁路中的磁通大小及磁通密度、铁磁材料的磁导率都会相应变化，这会导致励磁电抗x_m和励磁电阻r_m也随工作电压的变化而变化；但在实际运行中，电源电压的变化不大，铁芯中主磁通的变化也不大，所以z_m的数值基本上可以认为不变。

3.2.3　变压器的负载运行

变压器原边接入交流电源，副边接上负载的运行方式称为变压器的负载运行状态，如图3-14所示。

变压器负载分析的目的是要找出原副边电压、电流之间的关系，以便在已知某些量时，求出另外一些量。例如，已知原边电压与副边阻抗求副边电压，就是变压器分析中要解决的一个典型问题。

1. 负载运行时的基本方程式

通过将磁通分为主磁通与漏磁通，主磁通对应于原、副边感应电动势，而漏磁通感应的电势则用漏电抗压降表示，这样就很容易列出原、副边电压方程。

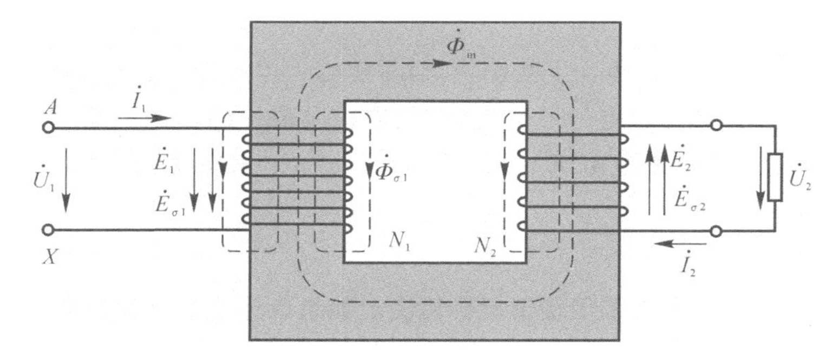

图3-14　变压器的负载运行

(1)原、副边及负载电压方程为

$$\dot{U}_1=\dot{I}_1 z_1-\dot{E}_1 \tag{3-36}$$

$$\dot{U}_2=\dot{E}_2-\dot{I}_2 z_2 \tag{3-37}$$

$$\frac{E_1}{E_2}=k \tag{3-38}$$

$$\dot{U}_2=\dot{I}_2 z_L \tag{3-39}$$

(2)原、副边及负载电流关系。

负载运行时，根据全电流定律，原、副边电流的代数和是产生磁通的合成磁动势，记为$\dot{F}_m$，根据图3-14所示正方向，有

$$\dot{F}_m=\dot{I}_1 N_1+\dot{I}_2 N_2$$

由于变压器原绕组的漏阻抗z_1很小，使得漏阻抗压降$\dot{I}_1 z_1$也很小，即使在额定运行条件下，一般也只有额定电压的2%～6%，所以，$\dot{U}_1$与$\dot{I}_1 z_1$向量相减时所得$-\dot{E}_1$与$\dot{U}_1$相差甚微，故可认为负载运行时仍有$\dot{U}_1\approx-\dot{E}_1$，因此，从空载到满载，只要电源电压不变，就可以认为

主磁通$\dot{\Phi}_m$和产生它的磁动势基本不变，即$\dot{F}_m=\dot{F}_0$。因此，负载运行时的磁动势平衡关系方程式可写成

$$\dot{F}_1+\dot{F}_2=\dot{F}_0\text{或}\dot{I}_1N_1+\dot{I}_2N_2=\dot{I}_0N_1 \tag{3-40}$$

将式(3-40)变化形式，可得

$$\dot{I}_1=\dot{I}_0+\left(-\frac{N_2}{N_1}\dot{I}_2\right)=\dot{I}_0+\left(-\frac{\dot{I}_2}{k}\right)=\dot{I}_0+\dot{I}_L \tag{3-41}$$

式中：$\dot{I}_L$的取值为$-\frac{\dot{I}_2}{k}$。

式(3-41)说明，变压器负载运行时原绕组的电流$\dot{I}_1$由两个分量组成。一个分量$\dot{I}_0$用来产生主磁通$\dot{\Phi}_m$，是励磁分量；另一个分量$\dot{I}_L$用来抵消副绕组的电流$\dot{I}_2$对主磁通的影响，以便在副边出现电流之后，仍然维持铁芯中的磁通基本不变，该分量称为负载分量。

(3)主磁通产生的感应电动势与负载电流励磁分量的关系。

根据空载运行分析所得结果可知

$$\dot{E}_1=-z_m\dot{I}_0 \tag{3-42}$$

由于假设负载运行时主磁通产生的感应电动势仍然近似等于电源电压，所以，用以描述负载励磁电势$\dot{E}_1$与负载电流励磁分量$\dot{I}_0$之间的关系所用的阻抗Z_m，通常就直接采用空载运行时的励磁阻抗z_m。

式(3-36)～式(3-39)，再加上式(3-41)与式(3-42)，这6个方程就是变压器的基本方程。其中包括原副边电压、电势及电流，以及原边电流中的励磁分量，共计7个物理量。在知道变压器的参数(即各个阻抗)与变比的情况下，只要给定一个量，就可以求出其余各量。

2. 折合算法

为了得到等效电路，通常采用绕组折合算法。如果以原边电路为基准，需要将副边量折合到原边；反之要将原边折合到副边。以下介绍如何通过将副边量折合到原边而得到等效电路。

在变压器中，原、副边之间没有直接的电联系，只有磁的联系。从式(3-40)可以看出，副边与原边之间磁的联系是通过磁动势F_2实现的。如果把副边的匝数N_2和电流i_2换成另一匝数和电流值，只要保持副边的磁动势F_2不变，那么，从原边观察副边的作用是完全一样的，即仍有同样的电流和功率从电源输入，并有同样功率传递到副边。这种保持一个绕组的磁动势不变而把电量转换到匝数不同的另一个绕组上进行分析的方法，叫作折合算法。为了消除变比k造成的计算不方便，可以把副绕组匝数换成N_1的匝数。所谓换成N_1的匝数，可以想象为实际的副绕组被另一个匝数为N_1的等效副绕组替代，即常说的将副边折算到原边。为此副绕组的各个物理量数值都应相应改变，这种改变后的量称为折算值，用原来符号加“′”表示。下面导出各量的折算关系。

(1)电动势的折算关系。

由于电动势和匝数成正比，故得出

$$\frac{\dot{E}_2'}{\dot{E}_2}=k\text{ 或}\dot{E}_2'=k\dot{E}_2 \tag{3-43}$$

(2)电流的折算关系。

要折算后的变压器能产生同样的$\dot{F}_2$，即要求$N_1\dot{I}_2'=N_2\dot{I}_2$，故可得

$$\dot{I}_2'=\frac{N_2}{N_1}\dot{I}_2=\frac{1}{k}\dot{I}_2 \tag{3-44}$$

(3)阻抗的折算关系。

从电势和电流的关系，可找出阻抗的关系。要在电动势$\dot{E}_2'$下产生电流$\dot{I}_2'$，则副边的阻抗折算值

$$z_2'+z_L'=\frac{\dot{E}_2'}{\dot{I}_2'}=\frac{k\dot{E}_2}{\dot{I}_2/k}=k^2(z_2+z_L)=k^2z_2+k^2z_L \tag{3-45}$$

从式(3-45)可以看出，副边回路的电阻和漏电抗，以及负载的电阻和电抗都必须分别乘以k^2才能折算到原边回路。

(4)副边电压的折算关系。

$$\dot{U}_2'=\dot{E}_2'-\dot{I}_2'z_2'=k\dot{E}_2-\frac{1}{k}\dot{I}_2k^2z_2=k(\dot{E}_2-\dot{I}_2z_2)=k\dot{U}_2 \tag{3-46}$$

采用折算法后，变压器负载运行时的基本方程式变为如下形式：

$$\left.\begin{aligned}
&\dot{U}_1=-\dot{E}_1+\dot{I}_1z_1\\
&\dot{U}_2'=\dot{E}_2'-\dot{I}_2'z_2'\\
&\dot{U}_2'=\dot{I}_2'z_L'\\
&\dot{E}_1=\dot{E}_2'\\
&\dot{I}_1=\dot{I}_0+(-\dot{I}_2')\\
&\dot{I}_0=-\dot{E}_1/z_m
\end{aligned}\right\} \tag{3-47}$$

3. 等效电路与向量图

(1)等效电路。

根据折算后的基本方程可以导出变压器负载运行时的等效电路，如图 3-15 所示。由于它正确地反映了变压器内部的电磁关系，故称为变压器的等效电路，又称为 T 形等效电路。

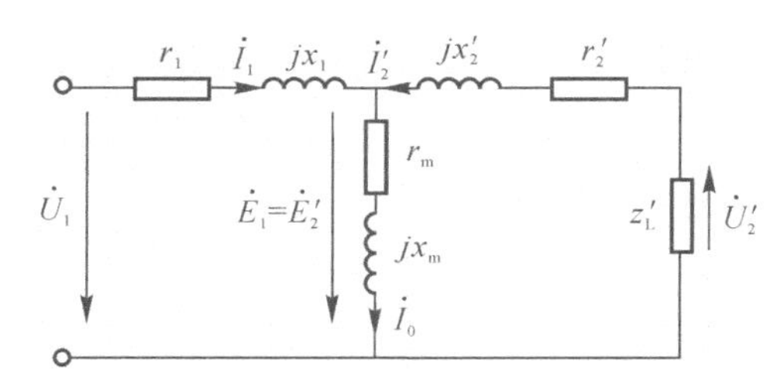

图 3-15　变压器负载运行等效电路

在对变压器负载运行进行分析时，所关心的问题是原边与副边电压、电流之间的关系。例如已知原边电压和负载阻抗，要计算负载电压。由于r_m+jx_m较大，$\dot{I}_0$较小，I_0在原边漏阻抗Z_1上产生的压降很小，所以通常可以忽略I_0，即去掉励磁支路，从而得到一个更简单的串联电路，称为变压器的简化等效电路，也称为“一字形”等效电路，如图 3-16 所示。其中

原副边漏阻抗合并在一起后，代表副边短路时从原边观察得到的等效阻抗，称为短路阻抗，记为z_k，且$z_k=r_k+jx_k$。其中，$r_k=r_1+r_2'$，称为短路电阻，$x_k=x_1+x_2'$，称为短路电抗。

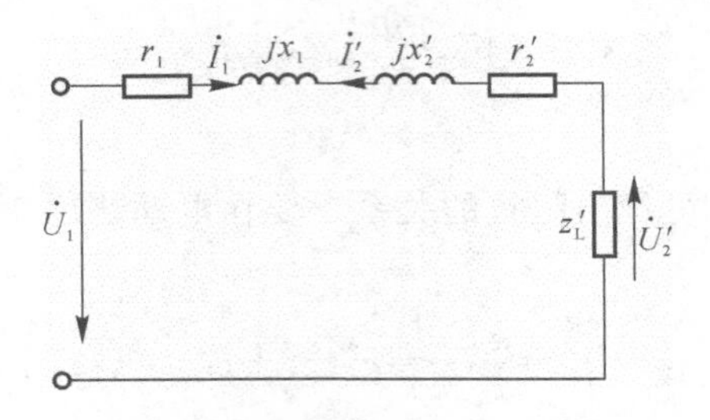

图 3-16　变压器的简化等效电路

(2)向量图。

变压器的向量图包括三个部分：①副边电压向量图；②电流向量图；③原边向量图。画向量图时，认为电路参数为已知，且负载已给定。具体作图步骤如下：

1)首先选定一个参考向量。常以$\dot{\boldsymbol{U}}_2'$为参考向量，根据给定的负载性质画出负载电流向量$\dot{\boldsymbol{I}}_2'$。

2)根据副边电压平衡式$\dot{\boldsymbol{U}}_2'=\dot{\boldsymbol{E}}_2'-\dot{\boldsymbol{I}}_2'z_2'$，可画出向量$\dot{\boldsymbol{E}}_2'$，由于$\dot{\boldsymbol{E}}_1=\dot{\boldsymbol{E}}_2'$，因此也可以画出向量$\dot{\boldsymbol{E}}_1$。

3)主磁通$\dot{\Phi}_m$应超前$\dot{\boldsymbol{E}}_1$ 90°，励磁电流$\dot{\boldsymbol{I}}_0$又超前$\dot{\Phi}_m$一铁耗角$\alpha_{Fe}=\arctan(r_m/x_m)$。

4)由磁动势平衡式$\dot{\boldsymbol{I}}_1=\dot{\boldsymbol{I}}_0+(-\dot{\boldsymbol{I}}_2')$，可求得$\dot{\boldsymbol{I}}_1$。

5)由原边电压平衡式$\dot{\boldsymbol{U}}_1=-\dot{\boldsymbol{E}}_1+\dot{\boldsymbol{I}}_1Z_1$，可求得$\dot{\boldsymbol{U}}_1$。

3.3　半导体功率器件

在电力电子变换器中，通过开通和关断对电能进行变换或控制的电子器件称为功率半导体器件，它是电力电子技术的基础。本节将从应用的角度，重点介绍功率二极管、双极型功率晶体管、功率场效应晶体管、宽禁带半导体场效应晶体管和绝缘栅双极型晶体管等常用高频功率半导体器件的基本特性和额定参数，为设计电力电子变换器并正确选用功率半导体器件打下基础。

3.3.1　功率二极管

1. 二极管的稳态特性

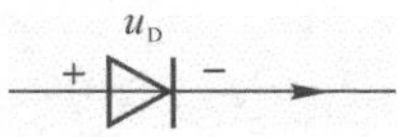

功率二极管的稳态特性主要是伏安特性，即流过二极管的电流与其两端电压之间的关系。如图 3-17 所示，给出二极管的电压和电流的参考方向，稳态时二极管的两端电压 u 与流过的电流 i 之间的关系为

u_D
\+　−

图 3-17　二极管的电压和电流参考方向

$$i=I_S(e^{\frac{u}{U_T}}-1) \tag{3-48}$$

式中：I_S为反向饱和电流；U_T为温度电压当量，在常温 27 ℃时为 26 mV。

当 u 为正值并大于 0.1 V 时，根据式(3-48)可得二极管流过正向电流i_F近似为

$$i_F \approx I_s e^{\frac{u}{U_T}} \tag{3-49}$$

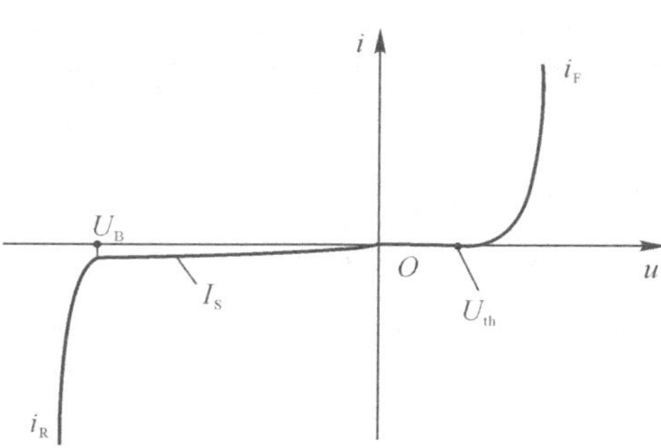
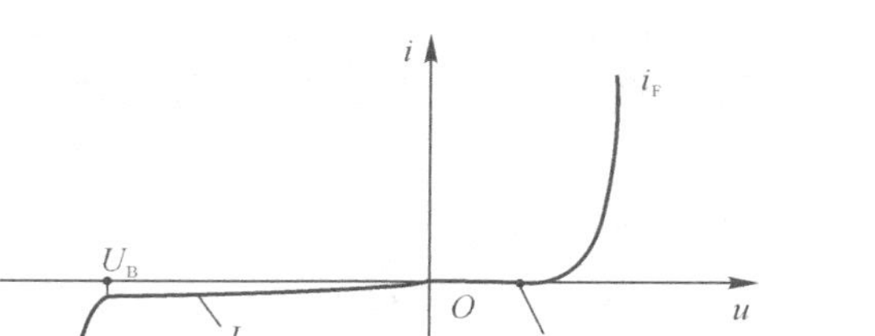

图 3-18　功率二极管伏安特性曲线

由式(3-49)可知，i_F随着其两端电压的增加呈指数上升，这就是二极管的正向偏置特性，或称为正向导通特性。功率二极管的实际特性与其理论特性有所不同，如图 3-18 所示。当外加电压大于门槛电压U_{th}时，二极管才开始导通，此后电流迅速上升。如果外加电压小于U_{th}，那么外电场还不足以削弱内电场，此时正向电流为零。一般功率二极管的门槛电压约为 0.2～0.5 V。

当 PN 结施加反向电压时，u 为负值，二极管流过反向电流 i_R。类似地，当 u 小于－0.1 V时，根据式(3-48)可得i_R的近似表达式为

$$i_R = -I_S \tag{3-50}$$

由式(3-50)可知，i_R近似为恒定电流，称为漏电流，一般很小，在几微安到几毫安之间。当反向电压超过击穿电压U_B后，二极管将被击穿，反向电流迅速增加。

功率二极管的伏安曲线受温度影响较大。温度每升高 10 ℃左右，反向饱和电流将增大一倍。此外，温度升高时，二极管的正向伏安特性曲线左移，正向导通压降减小，呈现出负温度系数，这对大电流场合下多个二极管并联时的均流是不利的。

2. 二极管的动态特性

由于结电容效应的存在，功率二极管在正向导通和反向截止之间的转换不是瞬间完成的，而是要经历一个过渡过程。在此过程中，二极管的电压-电流特性与前述伏安特性不同，这就是功率二极管的动态特性。

二极管一个重要的动态特性就是反向恢复特性。当处于正向导通的二极管突然施加反压时，它不能立即关断，而是需经过一段时间才能恢复反向阻断能力并进入完全关断状态，这个过程称为反向恢复。

图 3-19 给出了二极管在反向恢复过程中的电压和电流波形图，图 3-20 给出了考虑结电容效应后二极管在反向恢复过程中的等效电路图，其中C_J为二极管的结电容，Q 为结电容存储电荷，L 为回路中的电感(串联电感或寄生电感)。

在t_1时刻之前，二极管处于正向导通状态，其正向导通压降为U_F，如图 3-20(a)所示。

在t_1时刻，二极管外加电压U_{dc}突然反向，二极管电流开始下降。由于存在电感 L，二极

管电流不会瞬时下降到零，仍然处于导通状态，如图 3－20(b)所示。在t_2时刻，二极管电流下降至零。此时，结电容存储的电荷 Q 并不能立即消失，二极管两端电压u_D仍为正向导通压降U_F。此后，在反向电压U_{dc}的作用下，反向电流从零开始增加，如图 3－20(c)所示。在t_3时刻，反向电流达到最大值I_{RP}，该反向电流使存储电荷逐渐消失，u_D下降至零。

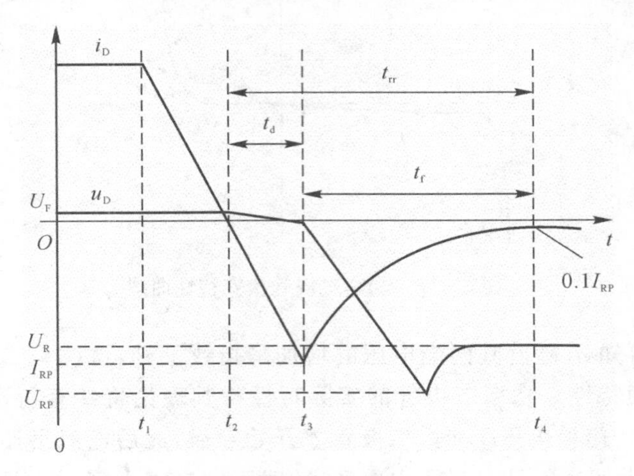

图 3－19　功率二极管反向恢复过程的电压和电流波形

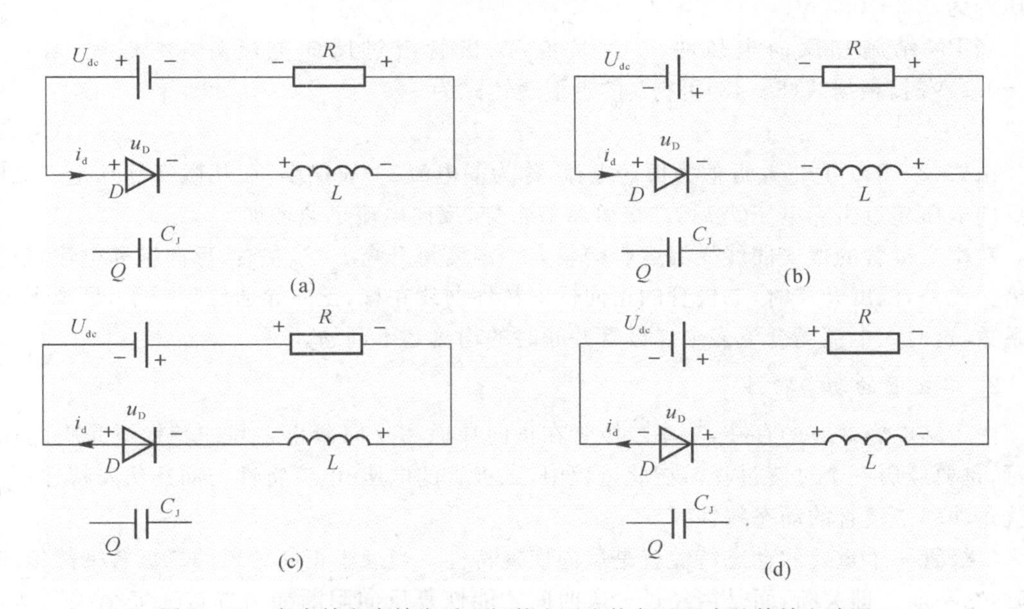

图 3－20　考虑结电容效应后二极管在反向恢复过程中的等效电路图

(a)$[t_0, t_1]$；(b)$[t_1, t_2]$；(c)$[t_2, t_3]$；(d)$[t_3, t_4]$

此后，如图 3－20(d)所示，二极管反向阻断能力逐渐恢复，反向等效电阻迅速增大，u_D反向增大到最大值U_{RP}后逐渐减小至稳态值U_R。反向电流则从I_{RP}逐渐衰减，当反向电流降至约 10%I_{RP}时，近似认为反向恢复过程结束。定义二极管正向电流下降到零时起，到反向电流下降至反向峰值电流I_{RP}的 10%为止的时间间隔，称为二极管的反向恢复时间(t_{rr})，如

图 3-19 所示。反向恢复时间由两个分量组成：t_d 称为延迟时间，t_f 称为下降时间。t_f/t_d 称为柔度系数 S_F，即

$$S_F = t_f / t_d \tag{3-51}$$

S_F 越小意味着电流下降越快，即 di/dt 越大。通常在二极管电路中不可避免地有寄生电感和电容存在，这样过高的 di/dt 不仅会造成严重的电磁干扰，而且还会因反向过冲电压太高而损坏二极管或电路中其他器件。因此，使用时希望采用 S_F 稍大的二极管。

除反向恢复外，二极管也有正向恢复过程。如果二极管原先反向偏置，空间电荷区加宽，势垒电容充入一定的电荷。当突然施加正向电压时，迫使二极管正向导通。但是二极管在 PN 结正偏前必须将势垒电容的电荷放掉，然后正向电压上升到门槛电压以上，PN 结才有正向电流流过，这就需要一定的时间，称为正向恢复时间。

3. 二极管类型

根据制造工艺和反向恢复特性，功率二极管通常分为三类：普通二极管、快恢复二极管和肖特基二极管。

(1)普通二极管。

普通二极管典型反向恢复时间较长，一般在 5 μs 以上，电流定额由小于 1 A 至数千安，电压由数十伏至数千伏以上。普通二极管一般用于 1 kHz 以下的整流电路，这类应用场合对反向恢复时间要求不高。

(2)快恢复二极管。

快恢复二极管通常指反向恢复时间小于 5 μs 的二极管，用于高频整流、直流变换和逆变。其电流由 1 A 到数百安，电压由数十伏到数千伏。采用外延法生产的快恢复二极管具有更快的开关速度，它们都用掺金或铂来减小反向恢复时间，使其小于 50 ns，这种二极管称为快恢复外延二极管(Fast Recovery Epitaxial Diode，FRED)。

(3)肖特基二极管。

肖特基二极管是将金属沉积在 N 型半导体的薄外延层上，利用金属和半导体之间的接触势垒获得单向导电作用，又称为肖特基势垒二极管。

肖特基二极管工作时仅取决于多数载流子，没有多余的少数载流子复合，所以电容效应非常小，其反向恢复时间远小于相同定额的其他二极管。在相同耐压情况下，肖特基二极管正向导通压降也比较小，明显低于快恢复二极管。

根据半导体材料的不同，肖特基二极管可分为硅肖特基二极管和 SiC 肖特基二极管两种。

1)硅肖特基二极管：以 N 型硅材料为衬底，反向恢复时间小于 30 ns。导通压降一般小于 1 V，且随着额定电压的增大而增大。其额定电压值较低，一般小于 150 V，因此适用于 200 V 以下、低压大电流场合。

2)SiC 肖特基二极管：以 N 型 SiC 材料为衬底，相比于硅快恢复二极管，SiC 肖特基二极管具有更加理想的反向恢复特性。在关断过程中，几乎没有反向恢复电流。反向恢复时间一般小于 20 ns，甚至小于 10 ns。因此，SiC 肖特基二极管尤其适用于高频场合。

与硅肖特基二极管相比，SiC 肖特基二极管由于击穿电场高而具有更高的额定电压值。目前，商用 SiC 肖特基二极管的额定电压值介于 600～1 700 V 之间。

SiC 肖特基二极管正向导通压降为正温度系数。随着温度的上升，其导通压降逐渐增大，这与硅功率二极管正好相反。因此，SiC 肖特基二极管适合并联使用。

此外，SiC 肖特基二极管最高工作结温也高于硅二极管，其最高工作结温超过 175 ℃，而硅二极管的最高工作结温一般为 150 ℃。

4. 二极管的主要参数。

(1)正向导通压降U_F

它通常是指在某一温度下，二极管流过某一稳态正向电流时对应的正向导通压降。对于硅基二极管，该压降具有负温度特性，即温度越高，U_F越小。

(2)额定正向平均电流I_F。

它是指在指定结温、规定散热条件下二极管允许流过的最大工频正弦半波电流的平均值。在此电流下，由正向导通压降引起的损耗使得结温升高，此温度不得超过允许结温。由定义可知，功率二极管与晶闸管相同，都是按照电流有效值相等的原则来选择额定电流。

(3)反向重复峰值电压U_{RRM}。

它是指二极管工作时所能重复施加的反向最高峰值电压(即额定电压)，通常是反向雪崩击穿电压U_B的 2/3。使用时，通常按电路中二极管电压应力(即关断时所承受的最高反向电压)的 1.5 倍来选取二极管额定电压。

(4)反向恢复时间t_{rr}。

它是指从正向电流过零到反向电流下降到其峰值 10%的时间间隔，与反向电流上升率、结温和关断前最大正向电流有关。

(5)最高允许结温T_{jM}。

结温是指 PN 结的平均温度，最高允许结温是指 PN 结不损坏所能承受的最高平均温度。硅二极管最高允许结温一般为 150 ℃，宽禁带二极管结温最高可达 175 ℃以上。

3.3.2 双极型功率晶体管

双极型功率晶体管简称功率晶体管，大功率晶体管也称巨型晶体管(Giant Transistor, GTR)。双极型功率晶体管是一种用基极电流控制集电极电流的电流控制型全控器件，其特点是耐高压、大电流，适用于大功率场合。

1. 基本结构与工作原理

双极型功率晶体管由三层半导体、两个 PN 结构成，分为 NPN 型和 PNP 型两类。NPN 型双极型功率晶体管结构在重掺杂的N^+硅衬底上，用外延法生长一层N^-漂移区，然后在漂移区上扩散 P 基区，接着扩散N^+发射区。基极与发射极在一个平面上，做成叉指型以减少电流集中，提高器件的电流处理能力。N^-漂移区的电阻率和厚度决定器件的阻断能力，电阻率高和厚度大则有较高的阻断能力，但也增大了导通饱和电阻，并降低了器件的电流增益，一般大功率双极型功率晶体管电流增益很低($\beta=5\sim20$)。在大电流时，由发射极注入基区的载流子(电子)扩散经J_1结达到漂移区，其浓度可能超过漂移区的背景杂质，使得饱和电阻比漂移区电阻要低。NPN 型和 PNP 型双极型功率晶体管的电气符号分别如图 3-21(a)(b)所示。

双极型功率晶体管在实际应用时一般有三种接法：共射极、共基极和共集电极。常用的是 NPN 型双极型功率晶体管组成的共射极电路，如图 3－22 所示，如果采用 PNP 型双极型功率晶体管，电源极性和电流方向与 NPN 型相反。

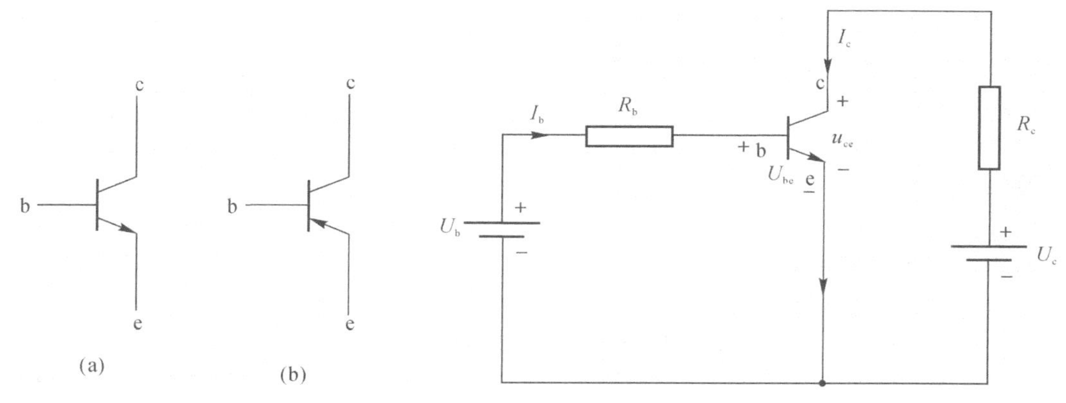

图 3－21　双极型功率晶体管结构图与电气符号
(a)NPN 型；(b)PNP 型

图 3－22　NPN 型双极型功率晶体管共射极电路

2．双极型功率晶体管的稳态特性

双极型功率晶体管的稳态特性主要是指输入特性和输出特性，即基极电流 i_b 与基射极电压 u_{be}、集电极电流 i_c 与集射极电压 u_{ce} 之间的对应关系，图 3－23 分别给出双极型功率晶体管的输入特性曲线 $i_b=f(u_{be})|U_{ce}$ 和输出特性曲线 $i_c=f(u_{ce})|I_b$。

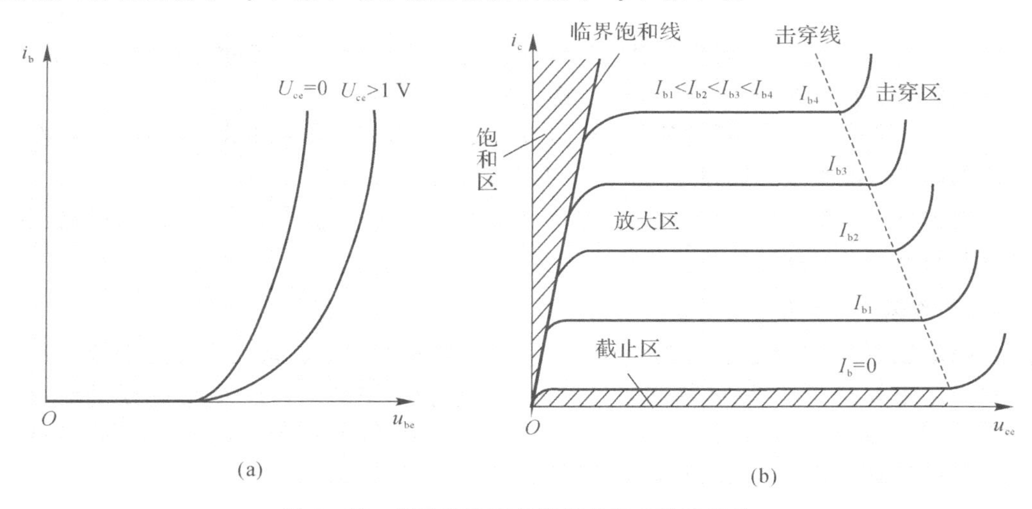

图 3－23　双极型功率晶体管的输入输出特性
(a)输入特性；(b)输出特性

(1)输入特性。

它是指 U_{ce} 为定值时 i_b 与 u_{be} 之间的函数关系曲线，它与二极管 PN 结的正向伏安特性曲线相似，如图 3－23(a)所示。当 U_{ce} 增大时，输入特性曲线向右移动；当 $U_{ce}>2$ V 后，U_{ce} 数值的改变对输入特性曲线影响很小。

(2)输出特性。

它是指 I_b 为定值时 i_c 与 u_{ce} 之间的函数关系曲线。根据基极驱动情况，它有 4 个工作区：

截止区、放大区、饱和区和击穿区。

在截止区，双极型功率晶体管基极电流为零，两个 PN 结都反偏，集电极流过很小的漏电流，如图 3-23(b)中$I_b=0$曲线与横坐标之间的区域。

在放大区，基极电流大于零，b-e 结正偏，b-c 结反偏，i_c正比于I_b，如图 3-23(b)中$I_b>0$和临界饱和线以及击穿线之间的部分。在该工作区内，图 3-22 中双极型功率晶体管的基极电流为

$$I_b=(U_b-U_{be})/R_b \tag{3-52}$$

集电极电流为

$$I_c=\beta I_b=(U_b-U_{be})\beta/R_b \tag{3-53}$$

式中：β为电流放大倍数。

因此，集-射极电压

$$u_{ce}=U_c-I_cR_c=U_c-(U_b-U_{be})\beta R_c/R_b \tag{3-54}$$

如果I_b增加，I_c随之增加，集电极电阻R_c压降增大，u_{ce}下降。当I_b增加到使u_{ce}恰好下降到临界饱和线时，$u_{ce}=u_{be}$，b-c 结零偏，双极型功率晶体管工作在临界饱和状态。定义此时的临界饱和集电极电流为I_{cs}，则相应的临界饱和基极电流为

$$I_{bs}=I_{cs}/\beta \tag{3-55}$$

为减小饱和导通压降U_{ces}，降低导通损耗，实际上I_b比I_{bs}大。将实际驱动电流I_b与I_{bs}之比称为过驱动系数 ODF，即

$$ODF=I_b/I_{bs} \tag{3-56}$$

当继续增大I_b，u_{ce}将下降到临界饱和线以左的区域，此时u_{ce}下降很小或不再下降，双极型功率晶体管工作在饱和区，两个 PN 结都正偏。

在I_b为一定值时，当u_{ce}超过某一数值以后，双极型功率晶体管将发生雪崩击穿，发生雪崩击穿的u_{ce}与I_b的大小有关，$I_b=0$时击穿电压最大。

在电力电子变换器中，双极型功率晶体管工作在开关状态，即工作在截止区或饱和区。但在开关过程中，一般要经过放大区。

3. *双极型功率晶体管的动态特性*

PN 结正偏时主要为扩散电容，反偏时主要为势垒电容。这些电容通常等效为双极型功率晶体管中 b-e 结和 b-c 结的结电容。当双极型功率晶体管开关时，由于结电容的存在，开关过程不能瞬时完成，图 3-24 给出了双极型功率晶体管开通和关断过程中基极电压u_b、基极电流i_b和集电极电流i_c的理想波形。

如图 3-24 所示，当基极电压u_b由$-U_{b(off)}$变化到$U_{b(on)}$时，i_b立即上升到稳态值$I_{b(on)}$，它也是 b-e 结电容的充电电流。在 b-e 结电压达到正向开启电压之前，i_c一直为零。当 b-e 结电容充电到大于开启电压后，i_c才开始增加。从施加基极电流开始到i_c上升至其稳态值的 10%所对应的时间称为延迟时间(t_d)。此后经过上升时间t_r后，i_c上升至其稳态值的 90%。延迟时间t_d和上升时间t_r之和称为开通时间(t_{ON})。

稳态导通时，驱动电流通常大于I_{bs}，因此过多的少数载流子将存储在基区。ODF 越大，基区存储电荷越多。当u_b由$U_{b(on)}$变化到$-U_{b(off)}$时，i_b也由$I_{b(on)}$变到$-I_{b(off)}$，即基极电流反向，此电流将抽取基区过剩的存储电荷。在过剩的存储电荷抽走之前，双极型功率晶体管仍

维持饱和导通。反向基极电流越大，存储电荷越容易被复合，恢复时间越短；如无反向基极电流，存储电荷靠非平衡载流子与多数载流子复合而消失，所需要的恢复时间长。存储电荷的恢复时间称为存储时间（t_s）。此后，经过下降时间t_f后，i_c下降到稳态值的 10%。存储时间t_s和下降时间t_f之和称为关断时间（t_{OFF}）。

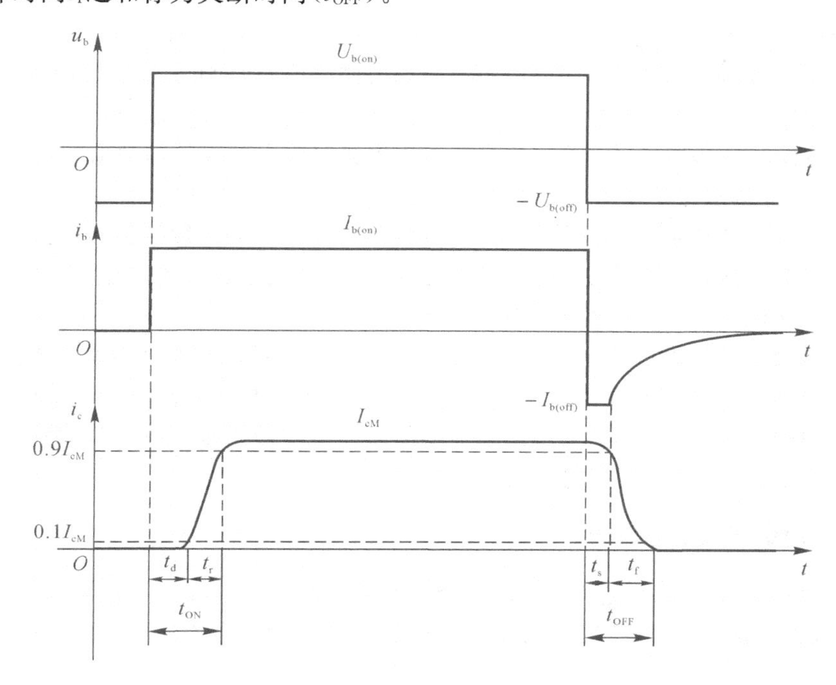

图 3-24　双极型功率晶体管开通和关断过程中的电压、电流波形

4. 双极型功率晶体管的主要参数

(1)额定电压$U_{(BR)CE}$。

它是指集电极-发射极之间的正向击穿电压值。同一个双极型功率晶体管的集电极-发射极击穿电压大小与基极状态有关。基极开路时的集电极-发射极击穿电压值$U_{(BR)CEO}$最低。在实际使用双极型功率晶体管时，为了确保不损坏，最高工作电压要小于$U_{(BR)CEO}$，且要留有一定裕量。

(2)额定电流（最大允许电流）I_{CM}。

I_{CM}通常指当电流增益（或电流放大倍数）下降到规定值的 1/3～1/2 时所对应的I_C值。实际使用时要留有裕量，一般根据最大集电极电流的 1.5 倍来选择额定电流。

(3)饱和压降U_{CES}。

它是指在规定集电极电流和基极电流（或 ODF）下的集电极-发射极之间的饱和压降。它与集电极电流、饱和深度以及结温有关，这一参数直接影响双极型功率晶体管的导通损耗。

(4)最大耗散功率P_{CM}。

它是指在最高工作温度下允许的耗散功率。产品手册中在给出P_{CM}时通常会同时给出壳温T_C,间接表示了最高工作温度。

(5)二次击穿曲线与安全工作区(Safe Operation Area,SOA)。

二次击穿是双极型功率晶体管特有的现象。当双极型功率晶体管的集电极电压升高至前文所述的击穿电压时,集电极电流迅速增大,首先发生的击穿是雪崩击穿,称为一次击穿。此时只要集电极电流不超过最大允许耗散功率对应的限定值,双极型功率晶体管一般不会损坏。但如果集电极电流没有得到有效限制,双极型功率晶体管在较短的时间内吸收的能量超过某一限额,在芯片上产生局部的过热点。此过热点产生恶性循环,使PN结局部损坏而出现二次击穿。它表现为集电极-发射极间电压突然减小到很低的数值,与此同时集电极电流迅速增大,导致双极型功率晶体管的永久性损坏。

二次击穿按照双极型功率晶体管的偏置状态分为两类:①发射结正向偏置、双极型功率晶体管工作于放大区的二次击穿,称为正偏二次击穿;②发射结反向偏置、双极型功率晶体管工作于截止区的二次击穿,称为反偏二次击穿。

将不同基极电流下的二次击穿临界点连接起来,就构成了二次击穿临界线。厂家一般把最大击穿电压$U_{(BR)CEO}$、集电极最大允许电流I_{CM}、集电极最大耗散功率P_{CM}和二次击穿临界线画在双对数坐标上,标示安全工作区提供给用户。在使用时,双极型功率晶体管的工作点不应在安全工作区以外,否则将有可能损坏。

3.3.3 功率场效应晶体管

双极型功率晶体管是电流控制型器件,大功率双极型功率晶体管的β很低,一般在20以下,大电流时β就更小。因此,大功率双极型功率晶体管的驱动功率大。虽然可以组成达林顿管以减少驱动电流,但这又使得器件的导通压降显著增加。再者,双极型功率晶体管开关速度较慢,开关损耗大。场控器件,如MOSFET、IGBT等,克服了上述BJT的诸多不足,开关速度快且驱动功率小,是现阶段最为常用的功率器件。

场效应晶体管(Field Effect Transistor,FET)导通时只有一种极性的载流子参与导电,因而也称为单极型晶体管,目前广泛应用的是硅基场效应晶体管。场效应晶体管通过改变栅极(Gate,简称G)-源极(Source,简称S)之间的电场,控制漏极(Drain,简称D)-源极之间"沟道"的电导,从而改变漏极电流的大小。如果是通过外加电场控制场效应晶体管栅-源之间PN结耗尽区的宽度来控制沟道电导的,称为结型场效应晶体管(JFET)。如果场效应晶体管栅-源之间是用硅氧化物介质将金属电极和半导体隔离,利用外加电场控制半导体中感应电荷量的变化控制沟道电导的,称为金属-氧化物-半导体场效应晶体管(MOSFET)。在MOSFET中,根据导电载流子带电极性的不同,分为N(电子型)沟道MOSFET和P(空穴型)沟道MOSFET;根据导电沟道形成机理不同,MOSFET又可分为增强型和耗尽型两类。

1. MOSFET的稳态特性

(1) 输出特性。

MOSFET的输出特性是在恒定栅-源电压U_{GS}下,漏极电流i_D和漏-源电压u_{DS}之间的关系,即$i_D=f(u_{DS})|U_{GS}$。图3-25(a)给出了N沟道MOSFET的输出特性曲线,整个输出特性分为如下四个区域:

1)可变电阻区$u_{DS}<U_{GS}-U_T$。在这个区域内,u_{DS}增加时,i_D线性增加。场效应晶体管相当于一个电阻,此电阻随U_{GS}的增大而减小。MOSFET导通时即工作在这个区域。

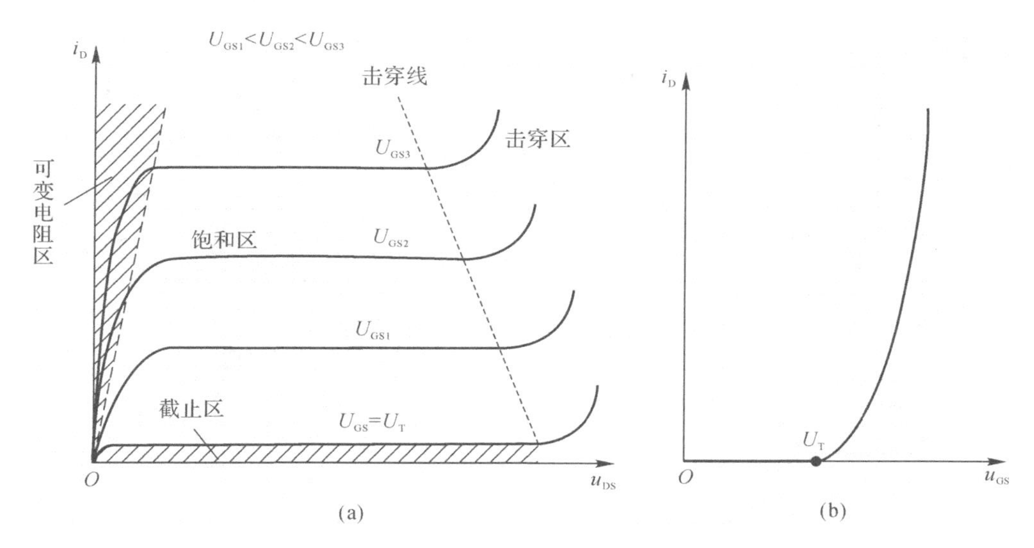

图3-25　N沟道MOSFET的输出特性与转移特性

(a)输出特性；(b)转移特性

2)截止区$U_{GS}<U_T$。在截止区，漏极电流$i_D=0$。对应图3-25(a)中$U_{GS}=U_T$曲线以下的区域。

3)击穿区。在相当大的漏-源电压u_{DS}区域内，漏极电流近似为一个常数。但当u_{DS}加大到一定数值以后，漏极附近PN结发生击穿，漏极电流迅速增大，曲线上翘，进入击穿区。

4)饱和区$u_{DS}>U_{GS}-U_T$。上述三个区域包围的区域即为饱和区，也称为恒流区或放大区。这里"饱和"的意义与双极型功率晶体管是完全不同的，它对应双极型功率晶体管的放大区。

(2)转移特性。

MOSFET的转移特性是恒定漏-源电压下，漏极电流i_D与栅-源电压u_{GS}的关系，可直接由输出特性得到，如图3-25(b)所示。

2. MOSFET的动态特性

MOSFET的极间寄生电容，尤其是栅极侧的寄生电容，对MOSFET的开关特性影响显著。由于寄生电容的存在，在开关过程中一定伴随着寄生电容的充放电过程。因此，开通和关断均不是在瞬间完成。图3-26给出了MOSFET动态特性的测试电路图，其中R_g为栅极驱动电阻，u_{dri}为驱动脉冲电压源，D_{FW}为续流二极管，和电感L一起组成负载。假设L值较大，在开关过程中可将电感近似认为是恒流源，其大小为I_L。图3-27给出了MOSFET在开通和关断过程中的电压、电流波形，其中$[t_0, t_4]$时段对应开通过程，$[t_5, t_8]$时段对应关断过程。

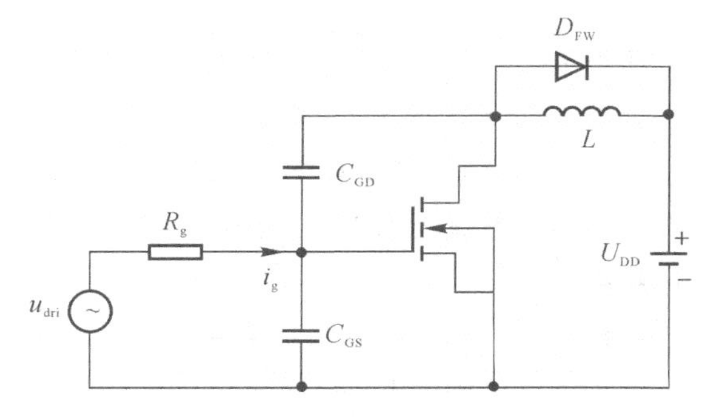

图3-26　MOSFET开关过程的测试电路图

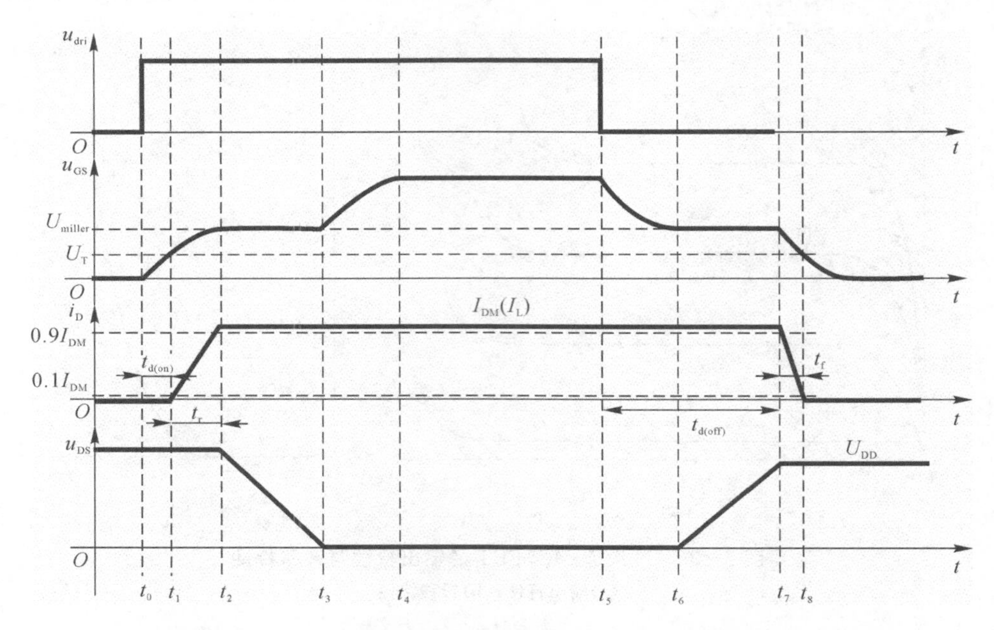

图 3－27　MOSFET 开关过程的测试电路图与工作波形

图 3－28 给出了 MOSFET 开通过程中的等效电路图。假设在 MOSFET 开通之前，电感电流i_L沿着D_{FW}续流。在t_0时刻，u_{dri}变为高电平，并通过R_g为C_{GS}充电，栅-源电压u_{GS}呈指数曲线上升，其等效电路如图 3－28(a)所示。由于u_{GS}小于开启电压U_T，MOSFET 尚未开通。

在t_1时刻，u_{GS}上升到U_T，MOSFET 的导电沟道形成，产生漏极电流i_D。在i_D尚未达到电感电流i_L的过程中，D_{FW}维持导通，漏-源电压u_{DS}基本保持不变，u_{GS}继续呈指数曲线上升，其等效电路如图 3－28(b)所示。

在t_2时刻，i_D与i_L相等，D_{FW}关断，u_{DS}开始下降。由于u_{DS}下降速度快，因此驱动电流中的大部分先为C_{GD}放电(此时C_{GD}电压极性为上正下负)，进而再为C_{GD}反向充电(此时C_{GD}电压极性为下正上负)。C_{GS}所在支路电流很小，可近似忽略，因此u_{GS}基本保持不变，呈现一段平台波形，称为密勒平台。该过程等效电路如图 3－28(c)所示。

在t_3时刻，u_{DS}下降到零，MOSFET 完全导通，由于u_{DS}不再变化，因此C_{GD}所在支路电流很小。驱动电流中的大部分继续为C_{GS}充电，其等效电路如图 3－28(d)所示，直至t_4时刻u_{GS}达到稳态值。

在关断过程中，当u_{dri}下降沿到来时，C_{GS}通过R_g放电，u_{GS}呈指数规律下降。当u_{GS}下降到U_{miller}时，u_{DS}开始上升，驱动电流主要为C_{GD}充电，u_{GS}出现密勒平台。当u_{DS}上升到稳态电压U_{DD}时，i_D开始减小。此后u_{GS}从U_{miller}继续下降，当$u_{GS}<U_T$时，MOSFET 导电沟道消失，$i_D=0$，MOSFET 关断。

在图 3－27 中，开关时间定义如下：

$t_{d(on)}$——开通延迟时间，它是驱动电压u_{dri}施加时刻起，至漏极电流上升到通态最大电流 10%所需的时间。

t_r——上升时间，漏极电流由通态最大值的 10%上升到 90%所需的时间。

$t_{d(off)}$——关断延迟时间，它是从栅极电压关断时刻起，至漏极电流由稳态值下降到其 90%所需的时间。

t_f——下降时间，它是漏极电流由稳态值的 90%下降到 10%所需的时间。

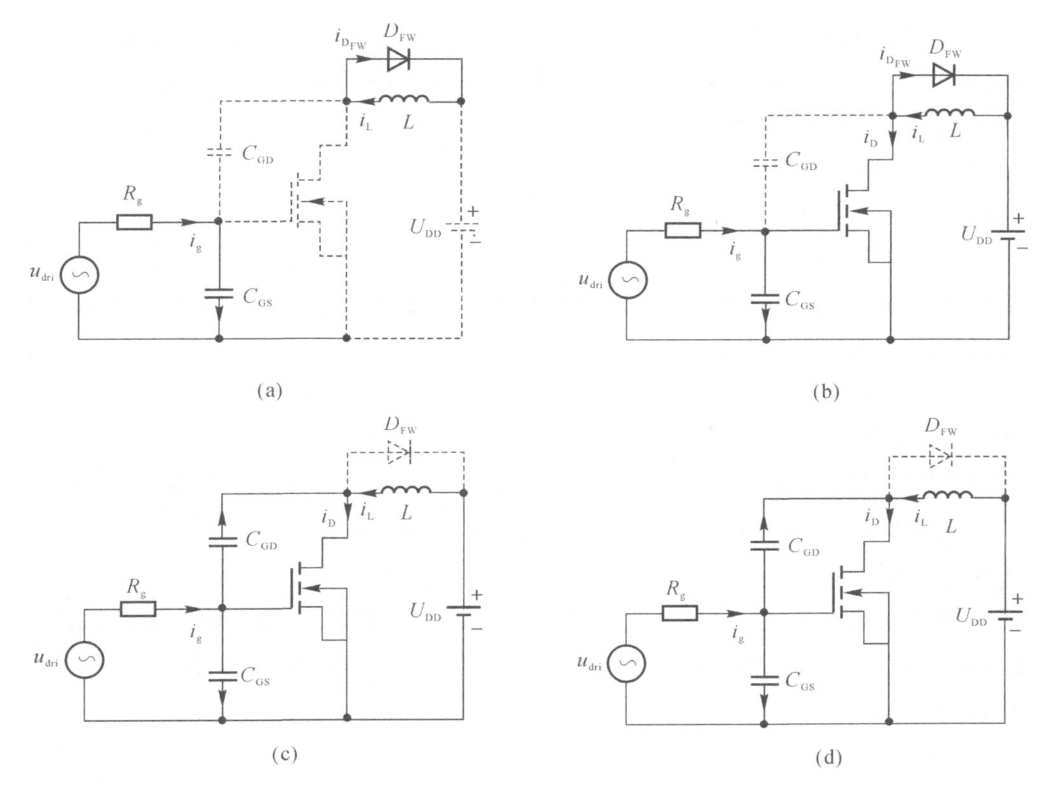

图 3 - 28　MOSFET 开通过程中的等效电路图

(a)$[t_0,t_1]$；(b)$[t_1,t_2]$；(c)$[t_2,t_3]$；(d)$[t_3,t_4]$

3. MOSFET 的主要参数

(1) 导通电阻 $R_{DS(on)}$。

导通电阻的大小决定了器件的导通损耗。它由许多部分组成，其中最重要的是沟道电阻和漏极 N^- 漂移区电阻 R_D。在低电压定额器件中，漏极漂移区很窄，决定导通电阻的主要是沟道电阻。由于工艺水平的限制，导通电阻的下降是有限的。

如果要提高电压定额，就要加厚 N^- 漂移区。此时，导通电阻主要由漏极电阻 R_D 决定，它与漏-源击穿电压的关系可用下式表示

$$R_D = k\,U_{(BR)DS}^{1.8\sim2.7} \tag{3-57}$$

可见，随着电压定额的提高，导通电阻 $R_{DS(on)}$ 几乎以电压的二次方增大。要减小导通电

阻，需要增大芯片面积，但提高了器件成本；或者提高工艺水平，在单位面积上集成更多的单元。此外，导通电阻还与漏极电流及栅极电压有关。

导通电阻随着温度的升高而增加，是正温度特性。该特性对并联有利，在大电流场合，可直接将 MOSFET 并联使用。

(2)开启电压U_T。

开启电压又称为阈值电压。它是指在一定的漏-源电压U_{DS}下，增加栅-源电压使漏极电流由零达到某一指定电流(例如 1 mA)时的栅-源电压值，即为U_T。由于沟道是由本体中少子产生的，在温度升高时，少子增加，产生沟道容易，因此开启电压下降，其温度系数是负值，大约为−6.7 mV/℃。

(3)漏-源击穿电压$U_{(BR)DS}$。

决定 MOSFET 的最高工作电压是漏-源击穿电压$U_{(BR)DS}$。它主要由漏极对本体 PN 结的雪崩电压决定，也会受到栅极对沟道和漏极电场的影响。通常按电路中 MOSFET 电压应力的 1.5 倍选取该电压定额。

(4)栅-源击穿电压$U_{(BR)GS}$。

栅-源击穿电压$U_{(BR)GS}$是栅极和源极之间绝缘层的击穿电压，通常约为±20 V。由于绝缘层绝缘性能好，电容量又很小，很少一点感应静电荷就可能引起很高的电压，应用时应当注意防静电击穿，一般通过在栅-源极间并联电阻实现静电泄放。

(5)最大允许漏极电流I_{DM}。

饱和漏极电流与场效应晶体管的结构有关。因 MOSFET 一般是短沟道结构，决定最大允许漏极电流的主要限制是沟道宽度。在使用时，通常按电路中 MOSFET 电流应力的 1.5 倍选取该电流定额。

(6)最大允许功率损耗P_{DM}。

这个参数与双极型功率晶体管一样，它是在环境温度$T_a=25$ ℃时，在规定的散热条件下，最高结温不超过晶体管的最高允许结温T_{jM}时的允许功耗值。当环境温度大于 25 ℃时，随温度的升高要降低最大允许功耗使用，按下式计算

$$P_{DM}=\left(\frac{T_{jM}-T_a}{T_{jM}-25}\right)P_{DMT} \tag{3-58}$$

式中：P_{DMT}是T_a为 25 ℃时的最大允许功耗。

(7)安全工作区(SOA)。

MOSFET 数据表中通常给出的是正偏直流安全工作区，如图 3-29 所示，为一族对应不同脉冲宽度的曲线，其由 4 条边界组成：①左上方的边界斜线为 MOSFET 导通电阻限制线，其限制了器件的工作电流；②最右边的垂直边界为最大漏-源击穿电压$U_{(BR)DS}$；③最上方水平线为最大脉冲漏极电流I_{DM}；④右上方近似平行的一组斜线为等功耗线P_{DM}，对应不同脉冲宽度下的功率损耗限制。

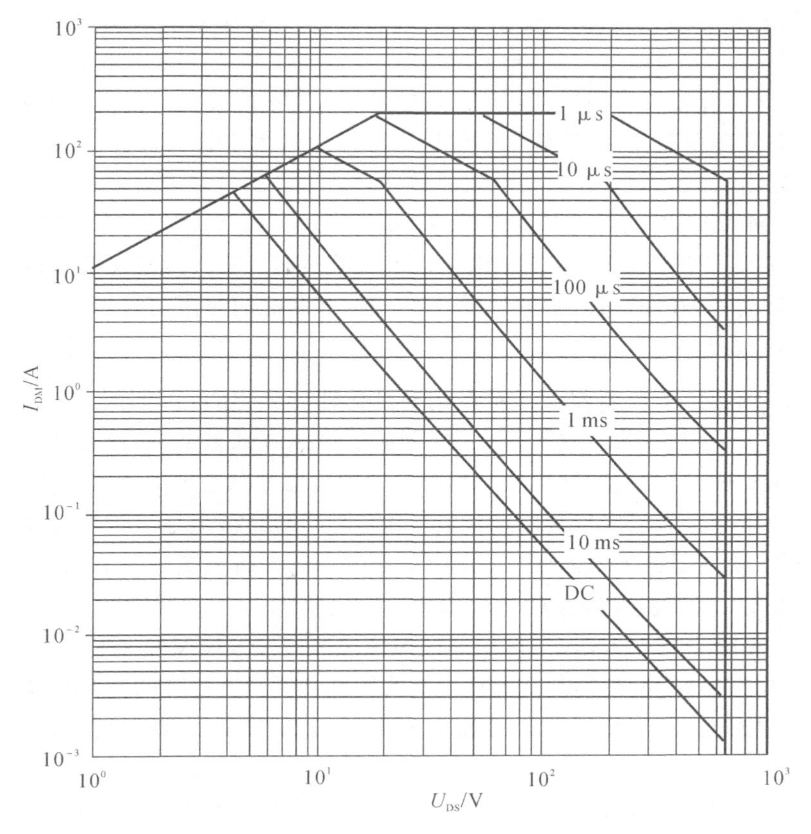

图 3－29　MOSFET 安全工作区

3.3.4　宽禁带半导体场效应晶体管

近年来，以 SiC 和 GaN 为代表的新型宽禁带半导体材料发展迅速。现阶段，以 SiC 和 GaN 为半导体材料的场效应晶体管主要有两种：SiC MOSFET 和 GaN 高电子迁移率晶体管(High Electron Mobility Transistor，HEMT)。

1. SiC MOSFET

SiC MOSFET 以 SiC 材料为衬底，通常有平面栅和沟槽栅两种结构。平面栅结构中，SiC/SiO_2界面质量较差，N 型反型层沟道中电子迁移率低。沟槽栅结构中导电沟道从水平的晶面改进为竖直的晶面，大大提高了表面电子迁移率，具有更高的沟道密度和更低的导通电阻。

同硅 MOSFET 相比，SiC MOSFET 具有如下特性：

(1)低电阻特性。在相同电压和电流等级下，SiC MOSFET 的导通电阻要显著小于硅 MOSFET，且 SiC MOSFET 的封装体积小，有利于提高电路功率密度。

(2)高速工作特性。SiC 器件饱和电子漂移速率约为 Si 器件的 3 倍，此外 SiC MOS-

FET 的体二极管与 SiC 肖特基二极管相同，具有快速恢复性能。因此 SiC MOSFET 工作频率更高。

(3)高温工作特性。SiC MOSFET 比硅 MOSFET 更适用于高温工作环境，一方面是由于 SiC MOSFET 自身损耗小，发热量小，温升相对较小；另一方面，SiC MOSFET 的热导率高，更有利于散热。

此外，SiC MOSFET 的驱动相对较简单，现有的硅 MOSFET 或者 IGBT 的驱动电路一般可以直接用于 SiC MOSFET。基于以上，SiC MOSFET 被认为是现阶段硅 MOSFET 或 IGBT 的理想替代者，在中高压、高频大功率场合具有良好的应用前景。

2. GaN HEMT

与 SiC 材料不同，GaN 材料除了可以用于制作器件外，还可以利用 GaN 所特有的异质结构制作高性能器件。GaN 晶体管以 GaN 异质结场效应管为主，又称为 GaN HEMT。

常规的 GaN HEMT 由于材料极化特性，即使不加任何栅极电压，器件也处于常通状态，即为耗尽型器件。为了实现关断功能，必须施加负的栅极电压。但实际中，从安全和节能等角度都要求功率器件为常断状态。因此，现在大量的研究工作都在致力于实现增强型 GaN HEMT 器件。目前，增强型的 GaN HEMT 已有栅下注入氟离子、MOS 沟道 HEMT 以及 GaN 基 P 型栅等实现方法，均已研制出额定电压高于 600 V 的器件。另一种实现常断状态的方法是由高压常通型 GaN HEMT 和低压硅 MOSFET 级联构成的共源共栅(Cascode)结构，通过控制低压 MOSFET 的栅极来开通关断器件，该类器件的耐压等级目前也为 600 V。

GaN HEMT 器件的结电容很小，开关速度非常快，可以在几个纳秒时间内完成开关过程，所以其开关损耗也非常小。工作频率可以达到兆赫兹级别，能够大幅提高电路的功率密度，特别适合高频、超高频中小功率应用场合。

3.3.5 绝缘栅双极型晶体管

MOSFET 的最大优点是开关速度很快，栅极驱动电流小，导通电阻为正温度系数，易于并联。但它的导通电阻较大，尤其是高压器件更加明显。而双极型功率晶体管正好相反，开关速度慢，电流型驱动，驱动功率大，但导通压降较小。将 MOSFET 和双极型功率晶体管复合起来，利用各自的优点，这就形成了绝缘栅双极型晶体管(Insulated Gate Bipolar Transistor，IGBT)。同 MOSFET 相比，IGBT 具有更高的额定电压和额定电流，在中大功率(数千瓦～数百千瓦)、高频(数十千赫兹)场合应用非常广泛。

1. 基本结构与工作原理

在制造 IGBT 时，首先在重掺杂P^+衬底(集电极，Collector，简称 C)上生长一层N^-漂移层，再用相似于前述 MOSFET 的工艺，在漂移层上制造出栅极(Gate、简称 G)和源极，这里源极就作为 IGBT 的发射极(Emitter，简称 E)。为了降低 IGBT 的导通压降，在P^+和N^-之间增加一层N^+缓冲层。由于有了N^+缓冲层，载流子浓度高，导通电阻下降。

IGBT 的集电极-发射极间存在一个P^+、N(N^+和N^-统一来看)、P 三层结构，可等效为一个 PNP 晶体管，其基极到集电极有一个 MOSFET 控制的沟道，只要形成沟道，就向 PNP

晶体管提供基极电流，PNP 晶体管的发射极成比例发射空穴，形成 IGBT 的集电极电流。可见，栅-发射极电压越高，沟道越宽，基极电流越大，集电极电流也越大。因此，IGBT 可以等效为一个 MOSFET 与 PNP 型 BJT 组成的达林顿结构，如图 3-30(a)所示，其中R_{MOD}为 BJT 基区内的调制电阻。图 3-30(b)给出了 IGBT 的电气符号图。

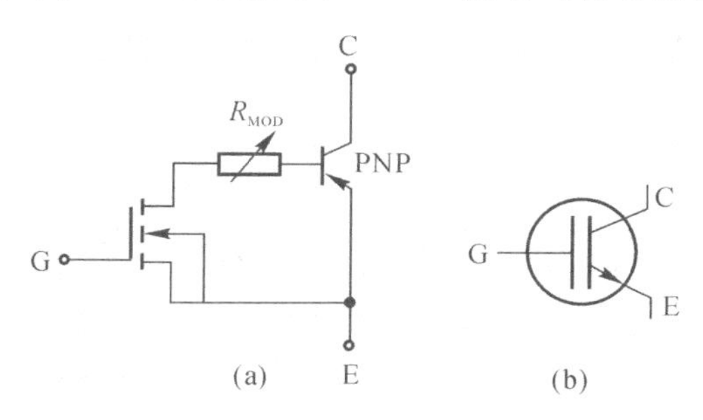

图 3-30　N 沟道 IGBT 等效电路图与电气符号图

(a)等效电路图；(b)电气符号图

IGBT 中集电极-发射极间还存在一个P^+、N、P、N^+四层结构，这与晶闸管结构相似。如果N^-漂移层做得太薄，相当于 PNP 晶体管的基区窄，使得β大。在较大电流时，将形成晶闸管效应，集电极电流变为不可控，这是不希望的。因此，既希望 IGBT 内部具有较大的基区调制效应，降低导通电阻，又不能调制过大，而成为晶闸管。

IGBT 的结构赋予了 IGBT 特殊的特性。首先，IGBT 的导电是两种载流子，电阻率较小，使得 IGBT 的导通电阻比相同电压定额的 MOSFET 小，但比 BJT 导通电阻大；其次，由于内部存在晶闸管，因此当流过 IGBT 的电流超过一定值时，触发了晶闸管，发生擎住效应，此时电流不再受栅-发射极电压控制。当擎住效应发生以后，集电极电流增大，器件会由于功耗过大而损坏；最后，由于两种载流子参与导电，少数载流子需要复合时间，IGBT 的开关速度变慢了。

IGBT 的导通压降由两部分组成：①PN 结的正向压降；②MOSFET 导通压降。PN 结为负温度系数；MOSFET 的导通电阻具有正温度系数。小电流时 PN 结正向压降占主导地位，IGBT 为负温度系数；大电流时 MOSFET 导通电阻占主导地位，IGBT 呈现正温度系数。

2. IGBT 的基本特性

(1)静态特性。

IGBT 的静态特性主要包括输出特性和转移特性。图 3-31(a)给出了其输出特性图，即伏安特性，它描述的是在恒定栅-射电压u_{GE}下，集电极电流i_C与集电极-发射极电压u_{CE}之间的关系，即$i_C=f(u_{CE})|U_{GE}$。当$u_{CE}<0$时，IGBT 为反向工作状态，只有很小的集电极漏电流流过，U_{RM}是 IGBT 能够承受的最高反向阻断电压。由于 IGBT 的反向阻断能力很低，一般只研究 IGBT 的正向输出特性。IGBT 的输出特性分为正向阻断区、线性放大区、饱和区和正向击穿区。其中，饱和区是以 MOSFET 特性为主，u_{GE}越高，饱和电流越大；线性放大区则以 BJT 特性为主，电压和电流都很大，损耗也大。在电力电子变换器中，IGBT 工作在开关状态，即工作在正向阻断区或饱和区。但在开关过程中，一般要经过线性放大区。

IGBT 的转移特性是在恒定集-射电压U_{CE}下，集电极电流i_C和栅-射电压u_{GE}之间的关系，即$i_C=f(u_{GE})|U_{CE}$，如图 3-31(b)所示，该曲线与 MOSFET 转移特性类似。当u_{GE}小于开启电压$U_{GE(th)}$时，IGBT 处于关断状态；当$u_{GE}>U_{GE(th)}$时，IGBT 才开始导通。$U_{GE(th)}$随温度升高略有下降，温度每升高 1 ℃，其值下降 5 mV 左右，在 25 ℃时，一般为 2～6 V。最高栅-射电压受最大集电极电流的限制，一般选取在 15 V 左右。

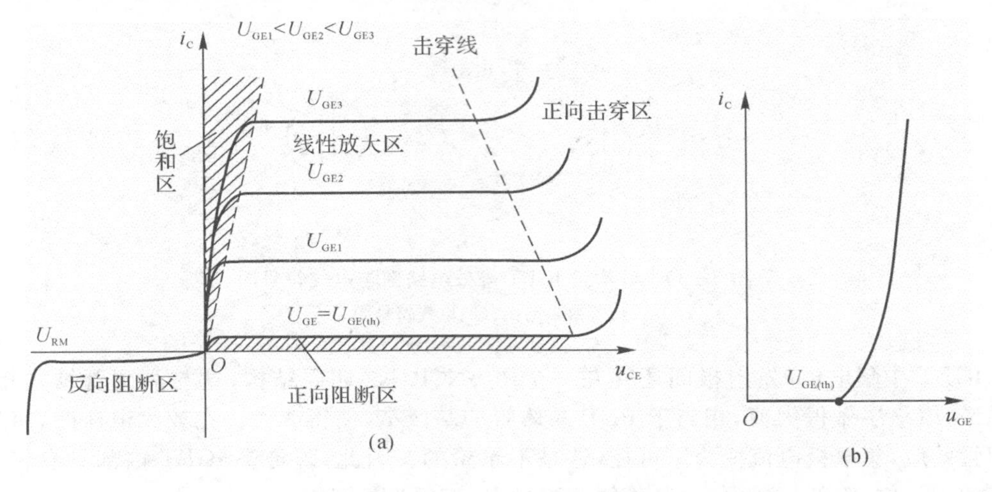

图 3-31　IGBT 的静态特性

(a)输出特性；(b)转移特性

(2)动态特性。

IGBT 的开关特性与 MOSFET 相似，图 3-32 给出了 IGBT 在开通和关断过程中的电压、电流波形。

当栅-射极之间施加阶跃驱动电压时，由于驱动电路中不可避免存在阻抗，当驱动电压为高电平时，驱动电路对 IGBT 的输入电容充电。从栅-射电压u_{GE}的前沿上升到其幅值的 10%时刻起，到集电极电流i_C上升至其稳态电流I_{CM}的 10%的时刻为止，这段时间称为开通延迟时间$t_{d(on)}$。i_C由 10%I_{CM}上升到 90%I_{CM}所需时间称为电流上升时间t_{ri}。集电极-发射极电压u_{CE}的下降过程分为两段，即t_{fv1}和t_{fv2}。t_{fv1}为 IGBT 中 MOSFET 单独工作的电压下降过程时间，由于 MOSFET 的密勒效应，该过程中u_{GE}基本保持不变；t_{fv2}为 MOSFET 和 PNP 晶体管同时工作的电压下降过程时间，由于u_{CE}下降时 IGBT 中的 MOSFET 密勒电容增加，而且 PNP 晶体管由放大状态转入饱和状态也需要一个过程，因此t_{fv2}段电压下降过程变缓。当t_{fv2}段完全结束后，IGBT 完全进入饱和导通状态。

在 IGBT 关断时，从u_{GE}下降到其稳态值的 90%时刻起，到u_{CE}上升到其稳态值的 10%为止，这段时间称为关断延迟时间$t_{d(off)}$。随后是u_{CE}的上升时间t_{rv}，由于 IGBT 中 MOSFET 的密勒效应，u_{GE}近似保持不变。i_C由 90%I_{CM}下降到 10%I_{CM}所需时间称为电流下降时间t_{fi}，该下降过程分为两段，即t_{fi1}和t_{fi2}。其中t_{fi1}对应 IGBT 中 MOSFET 的关断过程，i_C下降较快；t_{fi2}对应 IGBT 内部 PNP 晶体管的关断过程，由于 PNP 晶体管基区载流子高注入，存储电荷无法用外加反向抽流使其迅速消失，只能靠自然复合消失，这就出现 IGBT 关断时特有的电流拖尾现象，使得下降时间加长，造成较大的关断损耗。

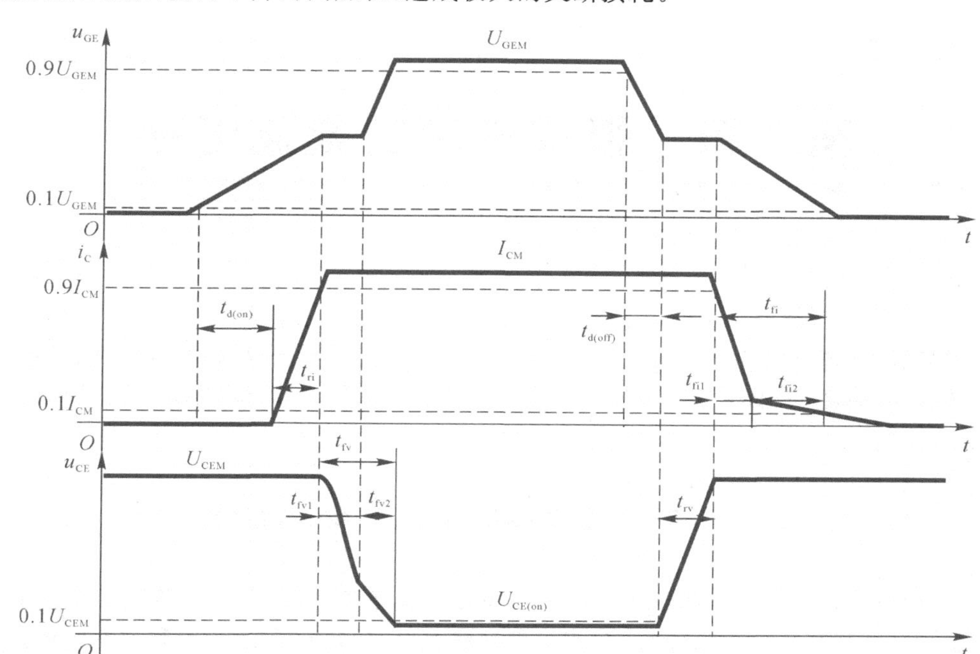

图 3-32　IGBT 开通和关断过程中的电压、电流波形

3. IGBT 的主要参数

在实际选择 IGBT 时，主要依据的参数如下：

(1)电压参数。

1)饱和压降$U_{CE(sat)}$：IGBT 工作于饱和导通时，集电极与发射极两端电压差。IGBT 的饱和压降一般为 2～3 V。

2)最大开路电压$U_{(BR)CEO}$：栅极处于开路状态下，集电极-发射极两端可以承受的最大电压。在实际应用中，应计算 IGBT 在电路中的电压应力，根据电压应力的 1.5 倍选择 IGBT 的额定电压。

(2)集电极最大电流$I_{C(max)}$。

集电极最大电流$I_{C(max)}$指当 IGBT 工作在饱和状态时，集电极可以流过的最大电流。实际设计时，按照 IGBT 电流应力的 1.5 倍来选择额定电流。

(3)最大集电极功耗P_{CM}。

最大集电极功耗P_{CM}指在室温 25 ℃的情况下，IGBT 工作时允许产生的最大耗散功率。

第 4 章　弧焊电源的整流电路

弧焊电源通过交流电网供电，输入端需要把电网的交流电整流为直流电，然后经过各种变换，转化为焊接需要的电压和电流。整流电路是弧焊电源的前级电路，本章主要研究常见的整流电路。

4.1　整流电路的谐波和功率因数

现代弧焊电源的输入端整流电路主要是单相不控整流电路、三相不控整流电路和三相半桥全控整流电路。不控整流电路结构简单且成本低，但是存在谐波大和功率因数低的缺点。三相半桥全控整流电路是三相电压源型 PWM 整流器（three-phase Voltage-Source PWM Rectifier，VSR），可以实现功率因数校正（Power Factor Correction，PFC），减小谐波和提高功率因数。

4.1.1　AC/DC 变换器输入电流的谐波分量

如图 4-1(a)所示，在含有交流电/直流电（AC/DC）变换器的电力电子装置中，DC/DC 变换器或 DC/AC 变换器的供电电源一般是由交流市电经整流和大电容波后得到的较为平滑的直流电压。整流二极管的非线性和滤波电容的储能作用，使得输入电流（即电容器的充电电流）成为一个时间很短、峰值很高的周期性尖峰电流，如图 4-1(b)所示。

对这种畸变的输入电流进行傅里叶分析可知，它除含有基波外，还含有丰富的高次谐波分量。

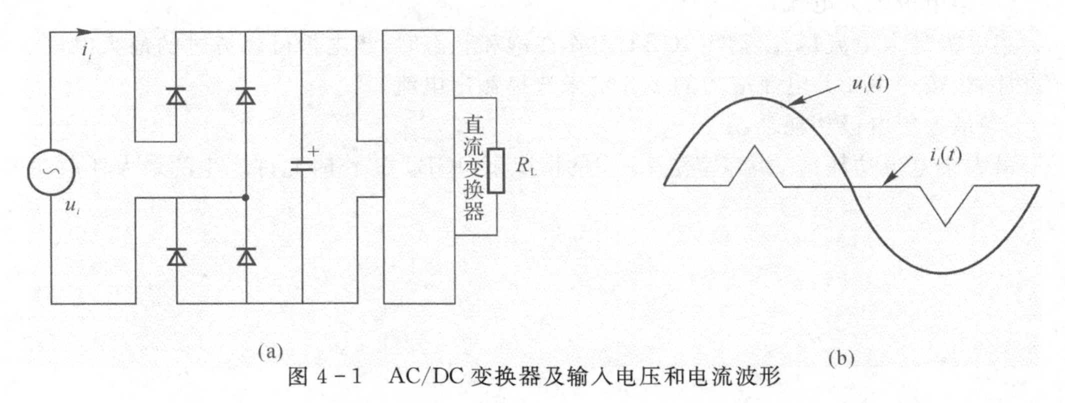

图 4-1　AC/DC 变换器及输入电压和电流波形

正弦电压表示为 $u(t)=\sqrt{2}U\sin(\omega t+\varphi_u)$，式中 $w=2\pi f=\frac{2\pi}{T}$，施加于线性电路上时，电流为正弦波；施于非线性电路时，电流变为非正弦波。

对于周期为 $T=\frac{2\pi}{\omega}$ 的非正弦电压 $u(\omega t)$ 或非正弦电流 $i(\omega t)$，满足狄里赫利(Dirichlet)条件，可分解为傅里叶级数：

$$\begin{aligned} u(t) &= a_0+\sum_{n=1}^{\infty}[a_n\cos(n\omega t)+b_n\sin(n\omega t)] \\ &= a_0+\sum_{n=1}^{\infty}c_n\sin(n\omega t+\theta_n) \\ &= a_0+c_1\sin(n\omega t+\theta_1)+c_2\sin(n\omega t+\theta_2)+c_3\sin(n\omega t+\theta_3)+\cdots \end{aligned}$$

$$n=1,2,3\cdots\cdots$$

式中：

$$a_0=\frac{1}{2\pi}\int_0^{2\pi}u(\omega t)\mathrm{d}(\omega t)$$

$$a_n=\frac{1}{\pi}\int_0^{2\pi}u(\omega t)\cos(n\omega t)\mathrm{d}(\omega t)$$

$$b_n=\frac{1}{\pi}\int_0^{2\pi}u(\omega t)\sin(n\omega t)\mathrm{d}(\omega t)$$

$$c_n=\sqrt{a_n^2+b_n^2}$$

$$\varphi_n=\arctan\frac{a_n}{b_n}$$

$$a_n=c_n\sin\varphi_n$$

$$b_n=c_n\cos\varphi_n$$

$$\begin{aligned} f(t) &= a_0+\sum_{n=1}^{\infty}[a_n\cos(n\omega t)+b_n\sin(n\omega t)]=a_0+\sum_{n=1}^{\infty}c_n\sin(n\omega t+\theta_n) \\ &= a_0+c_1\sin(n\omega t+\theta_1)+c_2\sin(n\omega t+\theta_2)+c_3\sin(n\omega t+\theta_3)+\cdots \end{aligned}$$

$$n=1,2,3\cdots$$

在傅里叶级数中，基波是指频率与工频相同的分量；谐波就是指频率为基波频率整数倍(大于 1)的分量；谐波次数是指谐波频率和基波频率的整数比。n 次谐波电压含有率以 $HRU_n=\frac{U_n}{U_1}$ 表示；电压谐波总畸变率以 $THD_u=\frac{\sqrt{\sum_{n=2}^{M}U_n^2}}{U_1}$ 来定义。n 次谐波电流含有率以 $HRI_n=\frac{I_n}{I_1}\times 100\%$ 表示；电流谐波总畸变率以 $THD_i=\frac{\sqrt{\sum_{n=2}^{M}I_n^2}}{I_1}\times 100\%$ 来定义。

把输入电流用傅里叶级数分解可得如下表达式：

$$i_i=I_1\sin\omega t+I_3\sin3\omega t+I_5\sin5\omega t+\cdots$$

式中：I_1 为基波分量；I_3，I_5 分别为三次和五次谐波分量。

由于输入电流是一个奇谐函数，所以，表达式中只有奇次谐波。

由上面分析可知，输入电流中除含有基波外，还含有丰富的奇次高次谐波分量，这些高次谐波倒流入电网，会引起严重的谐波“污染”，造成严重危害。其主要危害有以下几种：

(1)原本正弦波的电网电压会因为谐波电流在输电线路阻抗上发生的压降产生畸变(称之为二次效应)，影响各种电气设备的正常工作。

(2)谐波会造成输电线路故障，使变电设备损坏。例如，线路和配电变压器过热、过载，美国曾报道过谐波电流引起一个 300 kVA 的变压器过载事故；在高压远距离输电系统中，谐波电流会使变压器的感抗与系统的容抗发生 LC 谐振；在三相电路中，中线电流是三相三次谐波电流的叠加，因此，谐波电流会使中线电流过流而损坏；等等。

(3)谐波影响用电设备。例如，谐波对电机除增加附加损耗外，还会产生附加谐波转矩、机械振动等，这些都严重地影响电机的正常运行；谐波可能使白炽灯工作在较高的电压下，这将导致灯丝工作温度过高，缩短灯丝的使用寿命；等等。

(4)谐波会使测量仪表附加谐波误差。常规的测量仪表是设计并工作在正弦电压、正弦电流波形情况下的，因此，在测量正弦电压和电流时能保证其精度，但是，这些仪表用于测量非正弦量时，会产生附加误差，影响测量精度。

(5)谐波会对通信电路造成干扰。电力线路谐波电流会通过电场耦合、磁场耦合和共地线耦合对通信电路造成影响。

4.1.2 功率因数

1. 正弦电路中的情况

正弦电路有功功率就是平均功率：

$$P=\frac{1}{2\pi}\int_{0}^{2\pi}ui\,\mathrm{d}(\omega t)=UI\cos\varphi$$

视在功率 $S=UI$ 是电压、电流有效值的乘积；无功功率定义为 $Q=UI\sin\varphi$；功率因数 $\lambda=P/S$ 定义为有功功率 P 与视在功率 S 之比。显然 $S^2=P^2+Q^2$，$\lambda=\cos\varphi$，其中 φ 为电压和电流的相位差。

2. 非正弦电路中的情况

非正弦电路有功功率、视在功率、功率因数的定义均和正弦电路中相同。在公用电网中，电压的波形畸变通常都很小，但电流波形的畸变可能很大，因此研究电压为正弦波、电流为非正弦波的情况有很大现实意义。

设正弦波电压有效值为 U，畸变电流有效值为 I，基波电流有效值为 I_1、U 和 I_1 的夹角(相位差)为 φ_1。这时非正弦电路的有功 $P=UI_1\cos\varphi_1$，功率因数为

$$\lambda=\frac{P}{S}=\frac{UI_1\cos\varphi_1}{UI}=\frac{I_1}{I}\cos\varphi_1=v\cos\varphi_1$$

基波电流有效值和畸变电流有效值之比称为基波因数，即 $v=\frac{I_1}{I}$；基波功率因数 $v\cos\varphi_1$ 又称为位移因数，由基波电流相移和电流波形畸变这两个因素共同决定。

非正弦电路的无功功率定义很多，尚无被广泛接受的科学而权威的定义。有的给出 $Q=\sqrt{S^2-P^2}$；有的采用 $Q_f=UI_1\sin\varphi_1$(基波电流所产生的无功)。这样非正弦情况下，$S^2\neq P^2+Q_f^2$，因此引入畸变功率 D(谐波电流产生的无功)，使得 $S^2=P^2+Q_f^2+D^2$，这样 $Q^2=Q_f^2+D^2$，当忽略谐波电压时

$$D = \sqrt{S^2 - P^2 - Q_f^2} = \sqrt{\sum_{n=2}^{\infty} I_n^2}$$

4.1.3　提高 AC/DC 变换器输入侧功率因数的主要思路

分析图 4-1 所示电路可知，对于整流电路而言，由于人们想得到一个较为平滑的直流输出电压，所以采用了电容滤波。正是由于整流二极管的非线性和电容的共同作用，使得输入电流发生了畸变。如果去掉输入滤波电容，则输入电流变为近似的正弦波，提高了输入侧的功率因数并减少了输入电流的谐波，但是整流电路的输出不再是一个平滑的直流输出电压，而变为脉动波。如果欲使输入电流为正弦波，且输出仍为平滑的直流输出，必须在整流电路和滤波电容之间插入一个电路，这个电路就是 PFC 电路，如图 4-2 所示。本书采用 PFC 电路表示有源功率因数校正器。

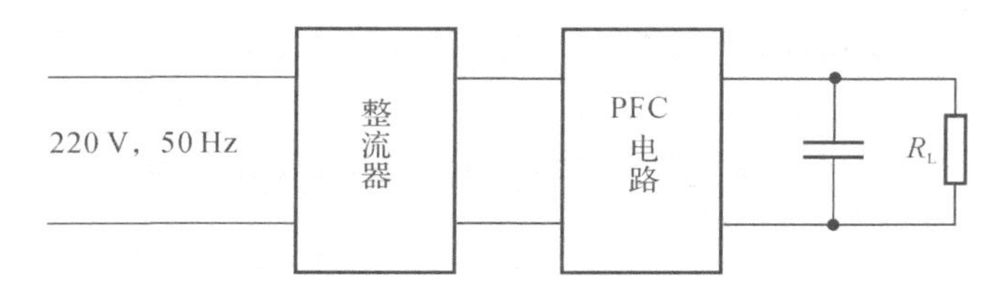

图 4-2　含有 PFC 电路的 AC/DC 电路

实现 PFC 电路有如下四种技术。

1. 无源滤波技术

无源滤波技术是在图 4-2 所示电路的整流器和电容之间串联一个滤波电感，以增加整流二极管的导通时间，降低输入电流的幅值。另一种技术是在交流侧接入一个谐振滤波器，主要是用来滤除三次谐波。

2. 逐流技术

逐流技术是以荧光灯电子镇流器为工程背景提出的一种无源 PFC 技术，其基本思想是采用两个串联电容作为滤波电容，适当地配合几支二极管，使其电容串联充电，并联放电，以增加整流二极管的导通角，改善输入侧的功率因数，其代价是直流母线电压大约是在输入电压最大值和最大值的一半之间脉动。如果配合适当的高频反馈，也能实现 PF>0.98。

3. 有源功率因数校正技术

有源 PFC 技术是在整流器和滤波电容之间增加一个 DC/DC 开关变换器。其主要思想如下：选择输入电压作为一个参考信号，使得输入电流跟踪参考信号，实现输入电流的低频分量与输入电压为一个近似同频同相的波形，以提高 PF 和抑制谐波；同时采用电压反馈，使输出电压为近似平滑的直流输出电压。

有源 PFC 主要优点：可得到较高的功率因数，如 0.97～0.99，甚至接近 1；THD 低，可在较宽的输入电压范围内(如 90～264 V AC)工作；体积小，重量轻，输出电压也保持恒定。

4. S^4 电路

S^4 是 Single-Stage-Single-Switch 的简写。为了降低成本，在小功率的场合下，把

PFC 电路和 DC/DC 变换器合成为一级，称之为单级 PFC+DC/DC 电路。

4.1.4 有关谐波标准

为了减少 AC/DC 变换装置输入端谐波电流造成的噪声和对电网产生的谐波“污染”，保证电网的供电质量，提高电网的可靠性；同时为了提高输入端的功率因数，以达到有效地利用电能的效果，必须把 AC/DC 变换装置的谐波限制在某个范围内。目前，国际电工委员会(International Electrotechnical Commission, IEC)，欧洲电工标准化委员会(European Committee for Electrotechnical Standardization, CENELEC)和美国 IEEE(In - stitute of Electrical. Electronics Engineering)对谐波的限制都制定了相应的标准。在这些标准中，当每相电流小于 16 A 时，电气装置的谐波应满足 IEC1000 - 3 - 2 标准，欧洲的相应标准为 EN61000 - 3 - 2，这个标准是由 IEC555 - 2 标准发展而来；当每相电流在 16～75 A 时，相应的标准为 IEC - 3 - 4。谐波测量方法的标准为 IEC1000 - 4 - 7。

4.2 不控整流电路

4.2.1 单相桥式不控整流电路

电容滤波的单相不可控整流电路常用于小功率单相交流输入的场合。目前大量普及的微机、电视机等家电产品所采用的开关电源中，其整流部分就是如图 4 - 3(a)所示的单相桥式不可控整流电路，单相焊接电源也是如此。该电路通常都是在单相桥式不控整流桥后面并联一个较大阈值的滤波电容，将其作为滤波储能元件。电容滤波电路利用了电容两端电压不能突变的特点，可实现电压平滑。

1. 工作原理及波形分析

在分析时将时间坐标取在u_2正半周和u_d的交界处，假设该电路已工作于稳态，同时因为实际中作为负载的后级电路稳态时消耗的直流平均电流是一定的，所以分析中以电阻 R 作为负载。图 4 - 3(b)所示为电容滤波的单相桥式不可控整流电路的工作波形。

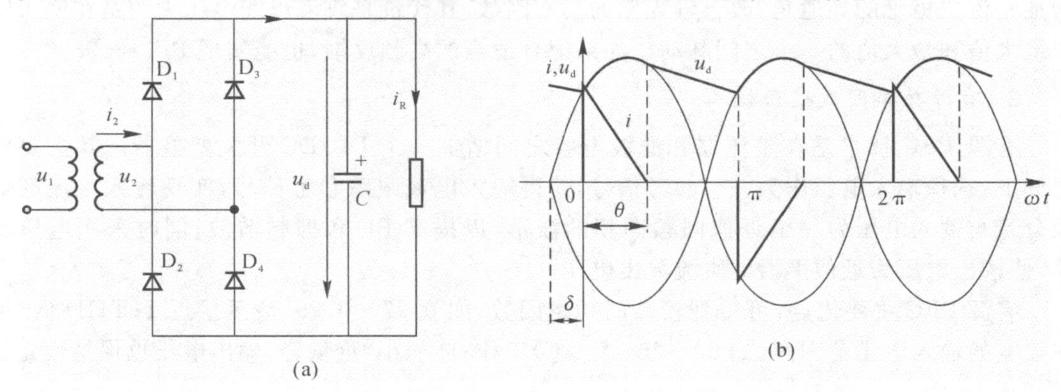

图 4 - 3 电容滤波的单相桥式不可控整流电路的工作波形

(a)单相桥式不可控整流电路；(b)单相桥式不可控整流电路的工作波形

该电路的基本工作过程是，当$u_2<u_d$时，四个二极管均不导通，此阶段电容C向负载R放电，提供负载R所需电流，同时u_d下降；至$\omega t=0$之后，$u_2>u_d$，使得D_1和D_4导通，$u_2=u_d$，交流电源向电容C充电，同时向负载R供电。

设D_1和D_4导通的时刻与u_2过零点相距δ角，则

$$u_2=\sqrt{2}U_2\sin(\omega t+\delta) \tag{4-1}$$

当$\omega t=0$时，$u_d(0)=u_c(0)=\sqrt{2}U_2\sin\delta$，其中，$u_d(0)$为$D_1$、$D_4$开始导通时刻直流侧电压值。

在D_1和D_4导通期间，以下方程成立：

$$u_2=u_d=u_c=u_d(0)+\frac{1}{C}\int_0^t i_c\mathrm{d}t \tag{4-2}$$

电容电流为

$$i_c=C\frac{\mathrm{d}u_c}{dt}=C\frac{\mathrm{d}u_2}{\mathrm{d}t}=\sqrt{2}U_2\omega C\cos(\omega t+\delta) \tag{4-3}$$

而负载电流为

$$i_R=\frac{u_2}{R}=\frac{u_d}{R}=\frac{\sqrt{2}U_2}{R}\sin(\omega t+\delta) \tag{4-4}$$

于是整流桥输出电流

$$i_d=i_c+i_R=\sqrt{2}U_2\omega C\cos(\omega t+\delta)+\frac{\sqrt{2}U_2}{R}\sin(\omega t+\delta) \tag{4-5}$$

过了$\omega t=0$以后，u_2继续增大，电容电流$i_c>0$，向电容C充电。电容电压u_c随着u_2继续增大，到达u_2的峰值以后，u_c随着u_2减小。设D_1和D_4的导通角为θ，则当$\omega t=\theta$时，$i_d=0$，D_1和D_4关断。将$i_d(\theta)=0$带入式(4-5)，得

$$\tan(\theta+\delta)=-\omega RC \tag{4-6}$$

由式(4-5)可知，$\theta+\delta$为第二象限的角，电容被充电到$\omega t=\theta$时，$u_2=u_d=\sqrt{2}U_2\sin(\theta+\delta)$，$D_1$和$D_4$关断。此后，电容开始以时间常数$RC$按指示函数放电。当$\omega t=\pi$，即放电经过$\pi-\theta$角时，$u_d$降至开始充电的位置$\sqrt{2}U_2\sin\delta$，另一对二极管$D_2$和$D_3$导通，此后$u_2$又向$C$充电，与$u_2$正半周的情况一样。

过了$\omega t=\theta$以后，电容C向负载R供电，电容电压u_c从$t=\theta/\omega$时的数值按照指数规律下降，即

$$u_c=u_d=\sqrt{2}U_2\sin(\theta+\delta)\mathrm{e}^{-\frac{t-\frac{\theta}{\omega}}{RC}}=\sqrt{2}U_2\sin(\theta+\delta)\mathrm{e}^{-\frac{\omega t-\theta}{\omega RC}} \tag{4-7}$$

当$\omega t=\pi$时，电容C向负载放电结束，电容电压u_c的数值与$\omega t=0$时电压数值相等，即二极管导通后u_2开始向C充电时的u_d与二极管关断后C放电结束时的u_d相等，故下式成立：

$$u_c=u_d=\sqrt{2}U_2\sin(\theta+\delta)\mathrm{e}^{-\frac{\pi-\theta}{RC}}=\sqrt{2}U_2\sin\delta \tag{4-8}$$

注意到$\theta+\delta$为第二象限的角，由式(4-6)和(4-8)得

$$\pi-\theta=\delta+\arctan(\omega RC) \tag{4-9}$$

$$\frac{\omega RC}{\sqrt{(\omega RC)^2+1}}\mathrm{e}^{-\frac{\arctan(\omega RC)}{\omega RC}}\mathrm{e}^{-\frac{\delta}{\omega RC}}=\sin\delta \tag{4-10}$$

在 ωRC 已知时，即可由式(4-10)求出 δ，进而由式(4-9)求出 θ。显然 δ 和 θ 仅由乘积 ωRC 决定。图4-4给出了根据式(4-9)和式(4-10)求得的 δ 和 θ 角随 ωRC 变化的关系曲线。二极管 D_1 和 D_4 关断的时刻，即 ωt 达到 θ 的时刻，还可用另一种方法确定。显然，在 u_2 到达峰值之前，D_1 和 D_4 是不会关断的；u_2 过了峰值之后，u_2 和电容电压 u_c 都开始下降。从物理意义上讲，D_1 和 D_4 的关断时刻，就是两个电压下降速度相等的时刻，一个是电源电压的下降速度 $|\mathrm{d}u_2/\mathrm{d}(\omega t)|$，另一个是假设二极管 D_1 和 D_4 关断而电容开始单独向电阻放电时电压的下降速度 $|\mathrm{d}u_d/\mathrm{d}(\omega t)|_p$（下标 p 表示假设）。前者等于该时刻 u_2 倒数的绝对值，而后者等于该时刻 u_d 与 ωRC 的比值。据此即可确定 θ。

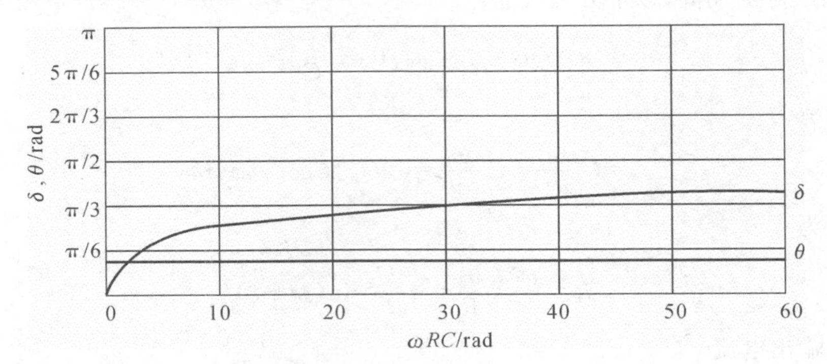

图4-4　δ、θ 与 ωRC 的关系曲线

2. 主要数量关系

(1)输出电压平均值。

$$U_d = \frac{1}{\pi}\int_0^{\theta}\sqrt{2}U_2\sin(\omega t+\delta)\mathrm{d}\omega t + \frac{1}{\pi}\int_{\theta}^{\pi}\sqrt{2}U_2\sin(\omega t+\delta)\mathrm{e}^{-\frac{\omega t-\theta}{\omega RC}}\mathrm{d}\omega t \qquad (4-11)$$

空载时，$R\to\infty$，放电时间无穷大，输出电压最大，$U_d=\sqrt{2}U_2$；在无电容滤波时，即 $C=0$，$\delta=0°$，$\theta=180°$，输出电压最小，$U_d=0.9U_2$。在 ωRC 从零增至无穷大时，起始导电角 δ 从0°增加至90°，导通角 θ 由180°减至0°。

整流电压平均值 U_d 与输出电流平均值 I_R 之间的关系如图4-5所示。空载时，$U_d=\sqrt{2}U_2$；重载时，R 很小，电容放电很快，几乎失去储能作用。随着负载增加，U_d 逐渐趋近于 $0.9U_2$，即趋近于电阻负载时的特性。

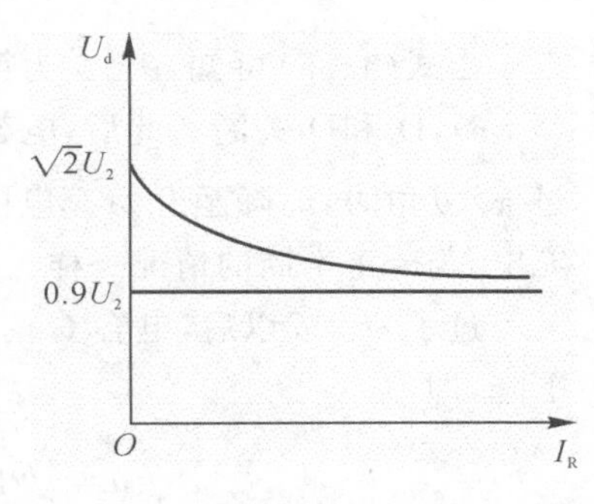

图4-5　整流电压平均值 U_d 与输出电流平均值 I_R 之间的关系

根据以上分析，通常在设计时根据负载的情况选择电容 C 时，当负载电流增大时（R 减小，ωRC 减小），输出电压 U_d 会下降。如果选择电容的放电时间常数 $RC\geqslant\frac{3\sim5}{2}T$（$T$ 为交流电源的周期），从而 $\omega RC\geqslant(1.5\sim2)\times2\pi\approx10$，此时输出电压为 $U_d\approx1.27U_2$，$\delta=51.7°$，$\theta=44°$。

(2)输出电流平均值。

$$I_R=\frac{U_d}{R} \qquad (4-12)$$

在稳态时，电容 C 在一个电源周期内吸收的能量和释放的能量相等，其电压平均值保持不变。相应地，流经电容的电流在一周期内的平均值为零，又由 $i_d=i_c+i_R$ 得出

$$I_d=I_R \tag{4-13}$$

在一个电源周期中，i_d 由两个波头，分别轮流流过 D_1、D_4 和 D_2、D_3。反过来说，流过某个二极管的电流 i_D 只是两个波头中的一个，故其平均值为

$$i_{dD}=\frac{I_d}{2}=\frac{I_R}{2} \tag{4-14}$$

(3)二极管承受的电压。二极管承受的反向电压最大值为变压器二次电压的最大值，即 $\sqrt{2}U_2$。

4.2.2　三相桥式不控整流电路

在电容滤波的三相不可控整流电路中，三相桥式结构在负载功率较大的直流电源、逆变电源中很常见，图 4-6 给出了其电路及理想的工作波形。

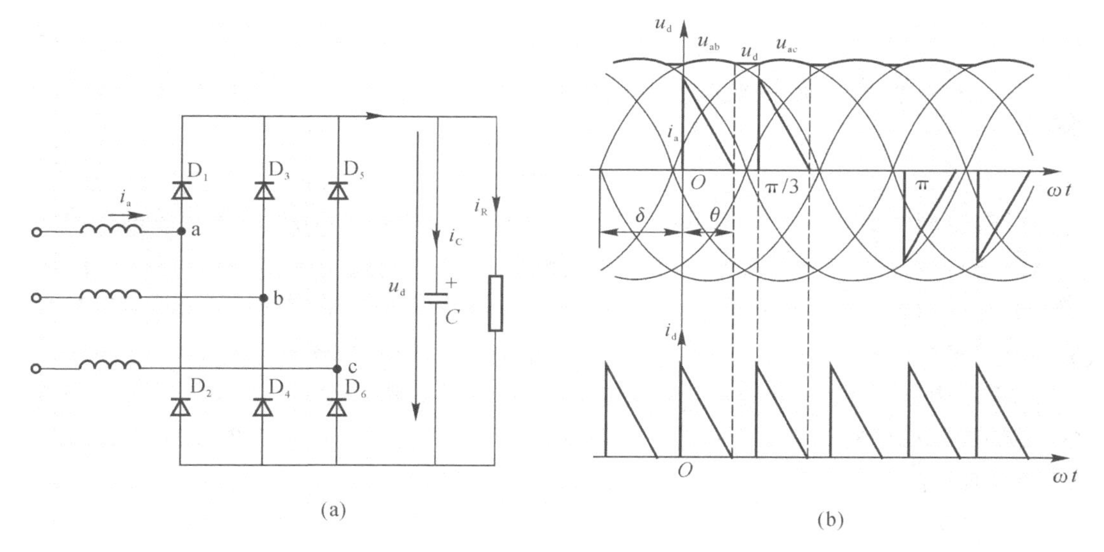

图 4-6　电容滤波的三相不可控整流电路及理想工作波形

(a)电路；(b)工作波形

1. 电路工作原理及稳态工作波形分析

在该电路中，当滤波电容 C 为零时，此电路与三相桥式全控整流电路中 $\alpha=0°$ 时的情况相同，输出电压为线电压的包络线。电路中接入滤波电容 C 后，当电源线电压 $u_{2L}>u_d$ 且某一对二极管导通时，输出直流电压等于交流侧线电压中最大的一个，线电压既向电容供电，也向负载供电。当电源线电压 $u_{2L}<u_d$ 且没有二极管导通时，由电容向负载放电，u_d 按指数规律下降。

设二极管在距线电压过零点 δ 角处开始导通，并取此刻线电压 u_{ab} 最大，二极管 D_6 和 D_1 开始同时导通的时刻设 $\omega t=0°$，则此后 D_6 和 D_1 同时导通，直流侧电压 u_d 等于 u_{ab}，即

$$u_d = u_{ab} = \sqrt{6}U_2\sin(\omega t+\delta) \tag{4-15}$$

相电压为

$$u_a = \sqrt{2}U_2\sin(\omega t+\delta-\frac{\pi}{6}) \tag{4-16}$$

电容电流为

$$i_C = C\frac{du_d}{dt} = \sqrt{6}U_2\omega C\cos(\omega t+\delta) \tag{4-17}$$

负载电流为

$$i_R = \frac{u_d}{R} = \frac{\sqrt{6}U_2}{R}\sin(\omega t+\delta) \tag{4-18}$$

于是整流桥输出电流

$$i_d = i_C + i_R = \sqrt{6}U_2\omega C\cos(\omega t+\delta) + \frac{\sqrt{6}U_2}{R}\sin(\omega t+\delta) \tag{4-19}$$

在 $\omega t=\theta$ 时，$i_d=0$，二极管 D_6 和 D_1 截止，有

$$\tan(\theta+\delta) = -\omega RC \tag{4-20}$$

当 $\theta=\pi/3$ 时，电流临界连续，考虑到整流二极管导通周期最大为 $2\pi/3$，此时，$\delta=\pi/3$，则有

$$\omega RC = \sqrt{3} \tag{4-21}$$

此时，电流处于临界条件。$\omega RC>\sqrt{3}$ 和 $\omega RC<\sqrt{3}$ 分别是电流 i_d 断续和连续的条件。图4-7(a)(b)分别给出了等于和小于 $\sqrt{3}$ 的电流波形。对一个确定的装置来讲，通常只有 R 是可变的，它的大小反映了负载的轻重。因此可以说，在轻载时直流侧获得的充电电路是断续的，重载时是连续的，分界点就是 $R=\sqrt{3}/\omega c$。当 $\omega RC>\sqrt{3}$ 时，交流测电流和电压波形如图4-7(b)所示，其中 δ 和 θ 的求取可仿照单相电路的方法。δ 和 θ 确定之后，即可推导出交流测线电流 i_a 的表达式，在此基础上可对交流测电流进行谐波分析。由于推导过程十分烦琐，这里不再详述。

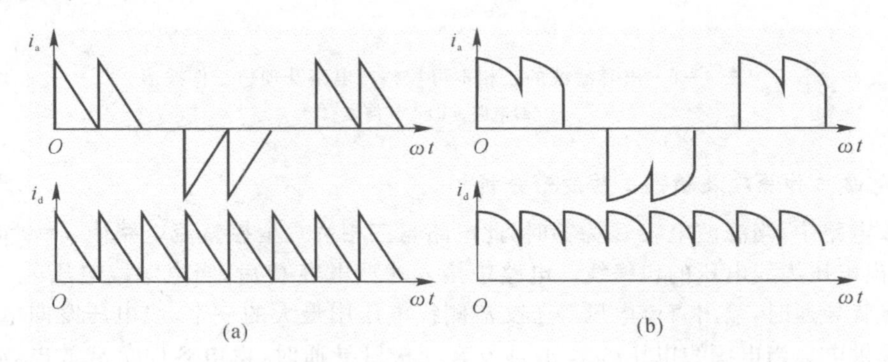

图4-7　电容滤波的三相桥式整流电路当 ωRC 等于和小于 $\sqrt{3}$ 时的电流波形

(a)$\omega RC=\sqrt{3}$；(b)$\omega RC<\sqrt{3}$

以上分析的是理想的情况，未考虑实际电路中存在的交流电源侧电感以及直流电源侧

为抑制冲击而串联的电感。当考虑到上述电感时，电路的工作情况发生变化，i_d和电源相应相电流的上升和下降将不再是突变的，而是逐渐上升到最大值再逐渐下降，进一步减小了对电源负载的冲击，其电路和交流测电流波形如图 4－8 所示。其中，图 4－8(a)为电路图，图 4－8(b)(c)分别为轻载和重载时的交流侧电流波形。

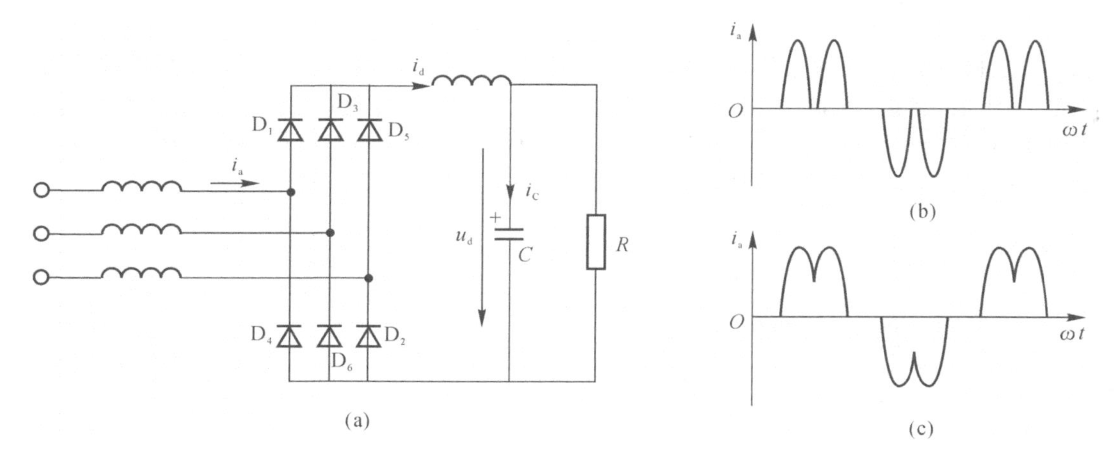

图 4－8 考虑电感时电容滤波的三相桥式整流电路及其波形

(a)电路；(b)轻载时交流测电流波形；(c)重载时交流测电流波形

将电流波形与不考虑电感时的波形比较可知，有电感时，电流波形的前沿平缓了许多，有利于电路的正常工作。随着负载的加重，电流波形与电阻负载时的交流侧电流波形逐渐接近。为了使负载电流连续，通常在整流输出回路，即直流侧串联平波电抗器，由于电感的感抗与谐波频率成正比，只要把电感量取得足够大，便可将高次谐波电流的幅值限制得足够小，使最小负载时也能保证电流波形连续。

2. 运行参数分析

(1)输出电压平均值。空载时，输出电压平均值最大，为$U_d=\sqrt{6}U_2=2.45\,U_2$。随着负载加重，输出电压平均值减小，至$\omega RC=\sqrt{3}$进入$i_d$连续情况后，输出电压波形成为线电压的包络线，其平均值为$U_d=2.34\,U_2$。可见，U_d在 $2.34\,U_2$～$2.45\,U_2$之间变化。

与电容滤波的单相桥式不可控整流电路相比，U_d的变化范围小得多，当负载加重到一定程度后，U_d就稳定在 $2.34\,U_2$不变了。

(2)电流平均值。输出电流平均值

$$I_R=\frac{U_d}{R} \tag{4-22}$$

与单相电路的情况一样，电容电流i_C平均值为零，因此

$$I_d=I_R \tag{4-23}$$

在一个电源周期中，I_d有六个波头，流过每一个二极管的是其中的两个波头，因此二极管电流平均值为I_d的 1/3，即

$$I_{dD}=\frac{I_d}{3}=\frac{I_R}{3} \tag{4-24}$$

(3)二极管承受的电压。二极管承受的最大反向电压为线电压的峰值，即$\sqrt{6}U_2$。

4.3 三相半桥全控整流电路

4.3.1 开关模式

在三相系统中,最常采用的三相 VSR 拓扑结构为三相半桥结构。三相半桥电路结构如图 4-9 所示,因此,本节主要分析三相半桥 VSR 的 PWM 过程。由于三相全桥 VSR 拓扑结构相当于三个独立的单相 VSR 组合,因而其 PWM 过程分析类似于单相全桥 VSR PWM 过程分析。以下所称三相 VSR 即指三相半桥 VSR。

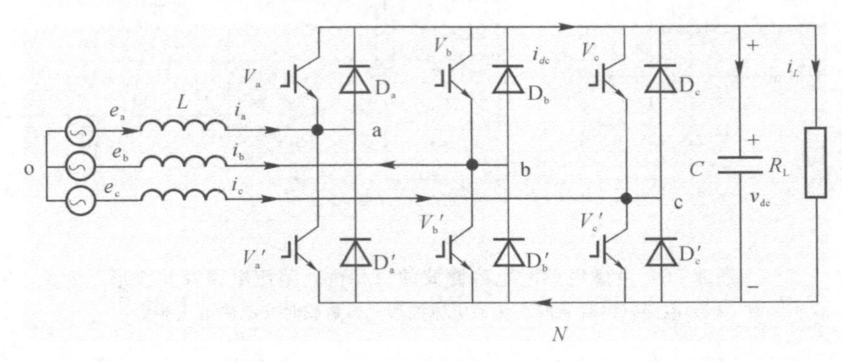

图 4-9 三相半桥电路结构

与单相全桥 VSR 拓扑结构相比,三相 VSR 拓扑结构中主电路多了一相桥臂。单相 VSR 的单极性 PWM 过程,只需对两相桥臂施加幅值、频率相等,而相位相差 180°的正弦波调制信号即可。与之相似,对于具有三相桥臂的三相 VSR 拓扑结构,则需对三相桥臂施加幅值、频率相等,而相位互差 120°的三相对称正弦波调制信号。由于每相桥臂共有两种开关模式,即上侧桥臂导通或下侧桥臂导通,因此三相 VSR 共有$2^3=8$ 种开关模式,并可利用单极性二值逻辑开关函数s_j(j=a,b,c)描述,即

$$s_j=\begin{cases}1 & V_j,D_j \text{ 导通} \\ 0 & V_j',D_j' \text{导通}\end{cases} \quad (j=\mathrm{a,b,c}) \tag{4-25}$$

式中:V_j,D_j (j=a,b,c)表示上桥臂功率开关管及续流二极管;V_j',D_j'(j=a,b,c)则表示下桥臂功率开关管及续流二极管。

三相 VSR 8 种开关模式如表 4-1 所示。

表 4-1 三相 *VSR PWM* 开关模式

开关模式	1	2	3	4	5	6	7	8
导通器件	$V_a(D_a)$ $V'_b(D'_b)$ $V'_c(D'_c)$	$V'_a(D'_a)$ $V_b(D_b)$ $V'_c(D'_c)$	$V_a(D_a)$ $V_b(D_b)$ $V'_c(D'_c)$	$V'_a(D'_a)$ $V'_b(D'_b)$ $V_c(D_c)$	$V_a(D_a)$ $V'_b(D'_b)$ $V_c(D_c)$	$V'_a(D'_a)$ $V_b(D_b)$ $V_c(D_c)$	$V_a(D_a)$ $V_b(D_b)$ $V_c(D_c)$	$V'_a(D'_a)$ $V'_b(D'_b)$ $V'_c(D'_c)$
开关函数 $s_c s_b s_a$	001	010	011	100	101	110	111	000

至于三相 VSR 开关模式对应的电流回路，由于不同的网侧电流瞬时方向对应不同的电流回路，因而较单相 VSR 电流回路复杂。图 4－10 所示为三相网侧电流 $i_a>0$、$i_b<0$、$i_c>0$ 时 PWM 控制对应 8 种开关模式的电流回路。其中，由于模式 7 和模式 8 使 VSR 交流侧的三相线电压为零，因而称为“零模式”，一般以功率开关切换次数最少原则来选择“零模式”。与此类似可分析不同电流方向组合时的三相 VSR 电流回路。

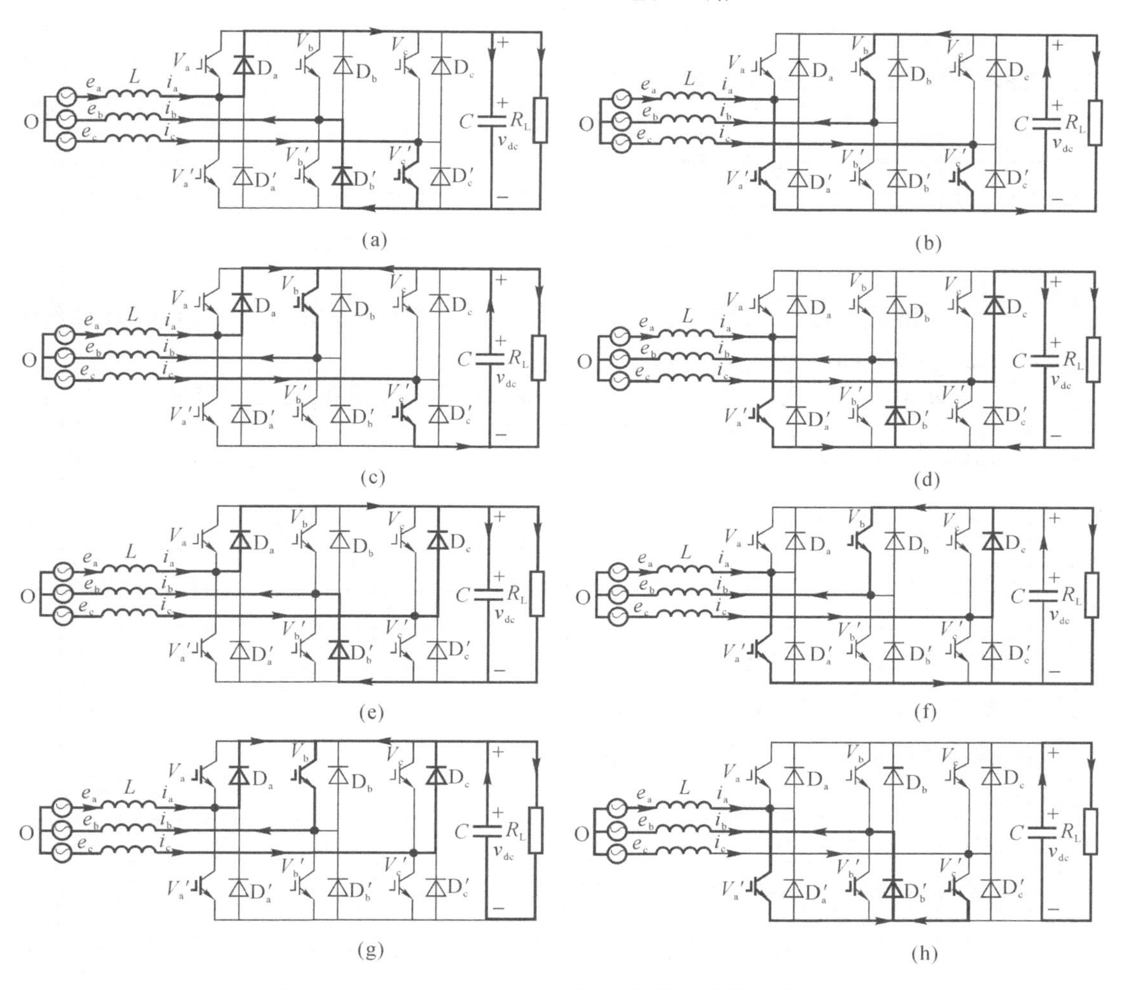

图 4－10　三相 VSR PWM 不同开关模式时的电流回路

（$i_a>0$、$i_b<0$、$i_c>0$）

(a)模式 1；(b)模式 2；(c)模式 3；(d)模式 4；(e)模式 5；(f)模式 6；(g)模式 7；(h)模式 8

4.3.2　波形分析

与电流回路分析对应，仍然分析三相 VSR 在 $i_a>0$、$i_b<0$、$i_c>0$ 时的 PWM 相关波形。为简化分析，只研究三相 VSR 单位功率因数整流工作状态时的 a 相 PWM 相关波形，此时网侧电流 $i_j(t)$ 与电动势 $e_j(t)$ 同相（$j=$a，b，c）。

1. 交流测电压$\upsilon_{a0}(t)$

针对图 4-9 所示的三相 VSR 主电路拓扑结构，其 a 相电压方程为

$$\upsilon_{aO}(t)=\upsilon_{aN}(t)+\upsilon_{NO}(t) \tag{4-26}$$

由电压型逆变桥三相平衡关系易推得

$$\upsilon_{NO}(t)=-\frac{\upsilon_{aN}(t)+\upsilon_{bN}(t)+\upsilon_{cN}(t)}{3} \tag{4-27}$$

当采用单极性二值逻辑开关函数描述时

$$\upsilon_{jN}(t)=s_j\upsilon_{dc}\ (j=a,b,c) \tag{4-28}$$

式中：s_j为单极性二值逻辑开关函数。

联立式(4-26)、式(4-28)，得三相 VSRa 相交流测电压$\upsilon_{a0}(t)$的开关函数表达式为

$$\upsilon_{a0}(t)=\frac{2s_a-s_b-s_c}{3}\upsilon_{dc} \tag{4-29}$$

表 4-2 给出了不同开关模式调制时的$\upsilon_{a0}(t)$值。从表中可以看出，三相 VSR 交流侧电压在调制过程中只取值$\pm\upsilon_{dc}/3$、$\pm 2\upsilon_{dc}/3$、0。

表 4-2　三相 VSR 不同开关模式调制时的交流测电压$\upsilon_{a0}(t)$取值

开关模式$s_c s_b s_a$	001	010	011	100	101	110	111	000
$\upsilon_{a0}(t)$	$\frac{2}{3}\upsilon_{dc}$	$-\frac{1}{3}\upsilon_{dc}$	$-\frac{2}{3}\upsilon_{dc}$	$-\frac{1}{3}\upsilon_{dc}$	$\frac{1}{3}\upsilon_{dc}$	$\frac{1}{3}\upsilon_{dc}$	0	0

三相 VSRa 相交流测电压$\upsilon_{a0}(t)$波形如图 4-11(e)所示。

2. 网侧 a 相电感端电压$\upsilon_{La}(t)$

由三相 VSR 交流测回路易得网侧相电感端电压

$$\upsilon_{La}(t)=e_a(t)-\upsilon_{a0}(t) \tag{4-30}$$

3. 网侧 a 相电流$i_a(t)$

当忽略 VSR 网侧 a 相等效电阻时，a 相电流

$$i_a(t)=\frac{1}{L}\int\upsilon_{La}(t)\mathrm{d}t=\frac{1}{L}\int[e_a(t)-\upsilon_{a0}(t)]\mathrm{d}t \tag{4-31}$$

式(4-31)表明，三相 VSR 网侧 a 相电流为 a 相电感段电压$\upsilon_{La}(t)$的积分，其$i_a(t)$波形如图 4-11(c)所示。

4. 直流侧电流$i_{dc}(t)$

当忽略三相 VSR 桥路损耗时，其交、直流侧的功率平衡关系为

$$\sum_{j=a,b,c} i_j(t)\upsilon_{jN}(t)=i_{dc}(t)\upsilon_{dc} \tag{4-32}$$

联系式(4-28)、式(4-32)并化简，得

$$i_{dc}(t)=i_a(t)s_a+i_b(t)s_b+i_c(t)s_c \tag{4-33}$$

表 4-3 给出了不同开关模式调制时的$i_{dc}(t)$的取值。

表 4-3　三相 VSR 不同开关模式调制时的$i_{dc}(t)$的取值

开关模式 $s_c s_b s_a$	001	010	011	100	101	110	111	000
$i_{dc}(t)$	$i_a(t)$	$i_b(t)$	$i_a(t)+i_b(t)$ $=-i_c(t)$	$i_c(t)$	$i_a(t)+i_c(t)$ $=-i_b(t)$	$i_c(t)+i_b(t)$ $=-i_a(t)$	0	0

由表 4-3 可分析，在任意开关模式下，$i_{dc}(t)$复现了不同相的网侧电流或其相反值。$i_{dc}(t)$波形如图 4-11(d)所示。

5．直流侧电压$v_{dc}(t)$

由于$i_{dc}(t)$波形为 PWM 波形，因而三相 VSR 直流侧电压必然脉动，其分析过程与单相 VSR 时完全相同，即直流侧电流到直流电压的传递环节为一阶惯性环节，且满足

$$V_{dc}(s)=\frac{R_L}{1+R_L Cs}I_{dc}(s) \tag{4-34}$$

式中：$V_{dc}(s)$、$I_{dc}(s)$分别为$v_{dc}(t)$、$i_{dc}(t)$的拉氏变换量。

可见，当惯性时间常数 $\tau=R_L C$ 取值越大，其直流侧电压$v_{dc}(t)$的脉动幅度值就越小。$v_{dc}(t)$波形如图 4-11(f)所示。

综上分析可知，三相 VSR PWM 整流电路可以调节输出电压大小，并使输入电流保持正弦形状，用于提高功率因素和减小谐波。在分析三相 VSR 网侧相电压、相电流时，其瞬态值受耦合项 $v_{N0}(t)=(1/3)\sum_{j=a,b,c} v_{jN}(t)$ 的影响。换言之，三相 VSR 任意一相的 PWM 相关波形还受其他两相的 PWM 开关状态影响。

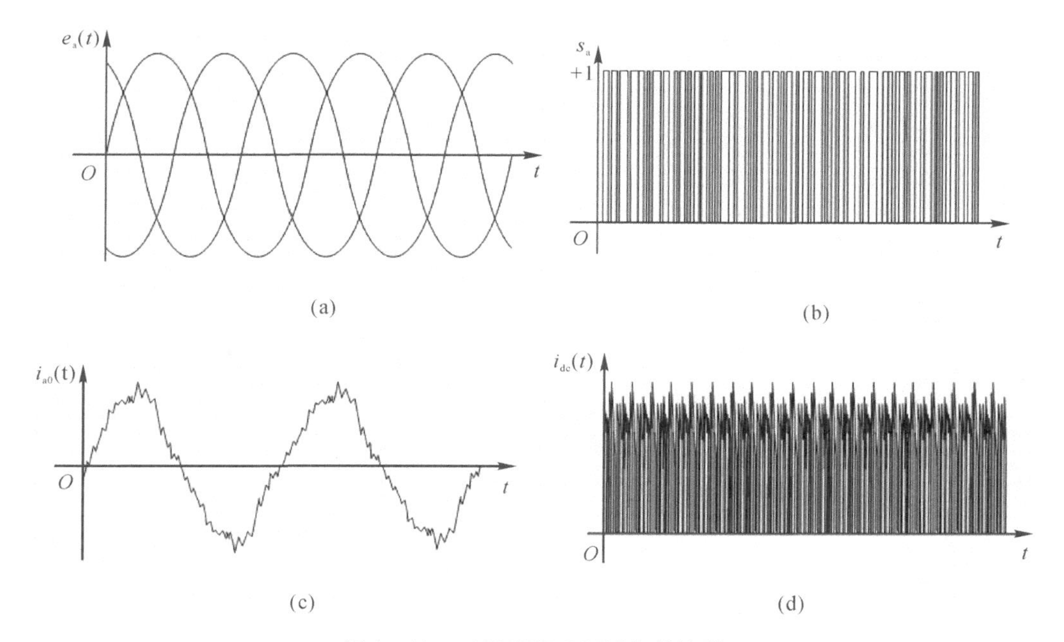

图 4-11　三相 VSR PWM 相关波形

(a)电网 a 相电动势 $e_a(t)$；(b)a 相开关函数 s_a；(c)网侧 a 相电流 $i_a(t)$；(d)直流侧电流 $i_{dc}(t)$

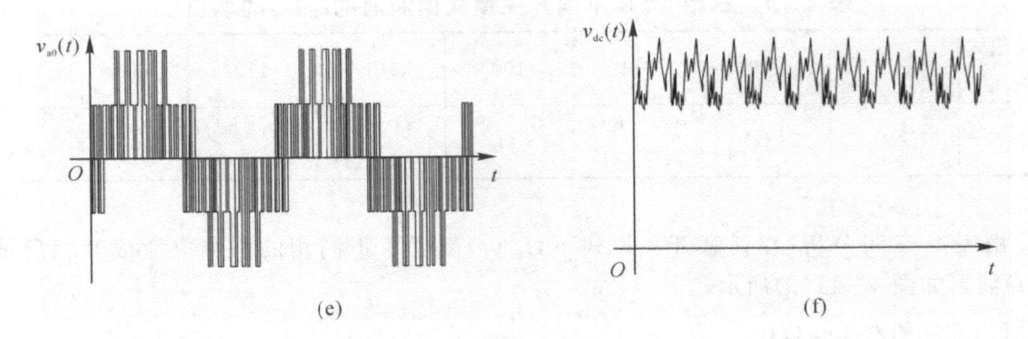

续图 4-11　三相 VSR PWM 相关波形

(e)交流侧 a 相电压 $u_a0(t)$ (f)直流侧电压 $u_{dc}(t)$

第5章　弧焊电源的直流变换电路

现代数字化弧焊电源的输入端经过整流后输出直流电压，后级电路把整流后的直流电源通过高频隔离变换器变换为新的直流电压，给焊接电弧提供电能工作。这个变换过程中既有直流升压电路也有直流降压电路。本章分析常用的基本降压(Buck)变换器、基本升压(Boost)变换器、双管正激变换器、移相控制软开关全桥变换器和组合式直流变换器。

5.1　基本降压变换器

基本降压(Buck)变换器又称降压变换器、串联开关稳压电源、三端开关型降压稳压器。

5.1.1　线路组成

图5-1(a)所示为由单刀双掷开关S、电感L、电容C组成的Buck变换器电路图。图5-1(b)所示为由占空比为D工作的晶体管T_r、二极管D_1、电感L、电容C组成的Buck变换器电路图。电路完成把直流电压V_s转换成直流电压V_o的功能。

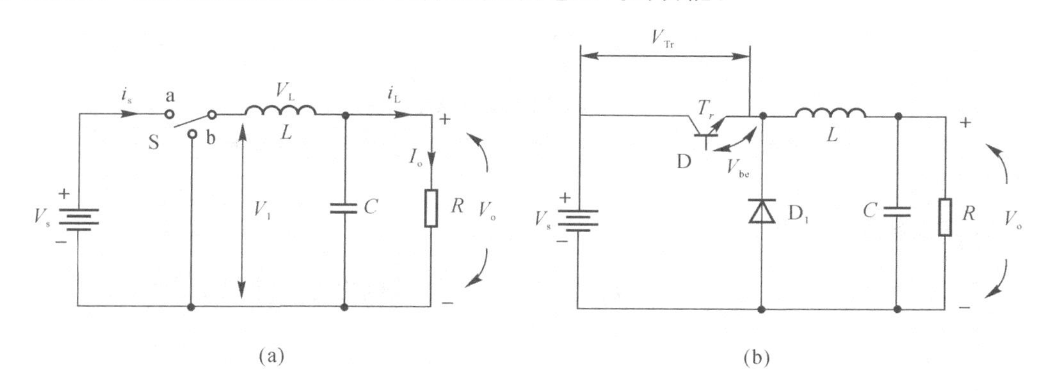

图5-1　Buck变换器电路

(a)以双掷开关表示的Buck变换器；(b)实际Buck变换器电路结构图

5.1.2　工作原理

1. 假定

为分析稳态特性，简化推导公式的过程，特作如下几点假定：

(1)开关晶体管、二极管均是理想元件,也就是可以快速地“导通”和“截止”,而且导通时压降为零,截止时漏电流为零。

(2)电感、电容是理想元件。电感工作在线性区而未饱和,寄生电阻为零,电容的等效串联电阻为零。

(3)输出电压中的纹波电压与输出电压的比值小到允许忽略。

2. 工作过程

当开关S在位置a时,有图5-2(a)所示的电流$i_s=i_L$流过电感线圈L,电流线性增加,在负载R上流过电流I_o,两端输出电压V_o,极性上正下负。当$i_s>I_o$时,电容在充电状态。这时二极管D_1承受反向电压;经过时间D_1T_s后($D_1=\frac{t_{on}}{T_s}$,t_{on}为S在a位时间,T_s是周期),当开关S在b位时,如图5-2(b)所示,由于线圈L中的磁场将改变线圈L两端的电压极性,以保持其电流i_L不变。负载R两端电压仍是上正下负。在$i_s<I_o$时,电容处在放电状态,有利于维持I_o、V_o不变。这时二极管D_1承受正向偏压为电流i_L构成通路,故称D_1为续流二极管。由于变换器输出电压V_o小于电源电压V_s,故称它为降压变压器。工作中输入电流i_s,在开关闭合时,$i_s>0$,开关打开时,$i_s=0$,故i_s是脉动的,但输出电流I_o在L、D_1、C作用下确实是连续的、平稳的。

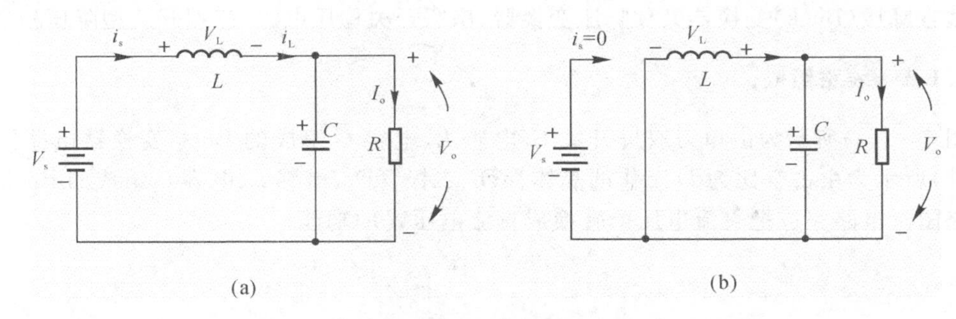

图5-2 Buck变换器电路工作过程

(a)开关S连接a点时等效电路图;(b)开关S连接b时等效电路

5.1.3 电路各点的波形

这里只研究电感电流i_L在周期开始时从非零开始,即电感电流连续工作模式的波形,如图5-3所示。

5.1.4 主要概念与关系式

下面分析一下开关闭合和断开的情况与输出电压的关系。在图5-3中,设开关S闭合时间为$t_{on}=t_1=D_1T_s$,开关S断开时间$t_{off}=t_2-t_1=D_2T_s$;$D_1=\frac{t_{on}}{T_s}<1$,称D_1为接通时间占空比,体现了开关接通时间占周期的百分值,$D_2<1$,称D_2为断开时间的占空比,体现了开关断开时间占周期的百分值。根据假定(1)很明显有$D_1+D_2=1$。

在输入输出不变的前提下,当开关S在a位时波形如图5-3中$0\sim t_1$所示,电感电流平

均值$I_L = I_o = \frac{V_o}{R}$，电感电流线性上升增量为

$$\Delta i_{L1} = \int_0^{t_1} \frac{V_s - V_o}{L} dt = \frac{V_s - V_o}{L} t_1 = \frac{V_s - V_o}{L} D_1 T_s \tag{5-1}$$

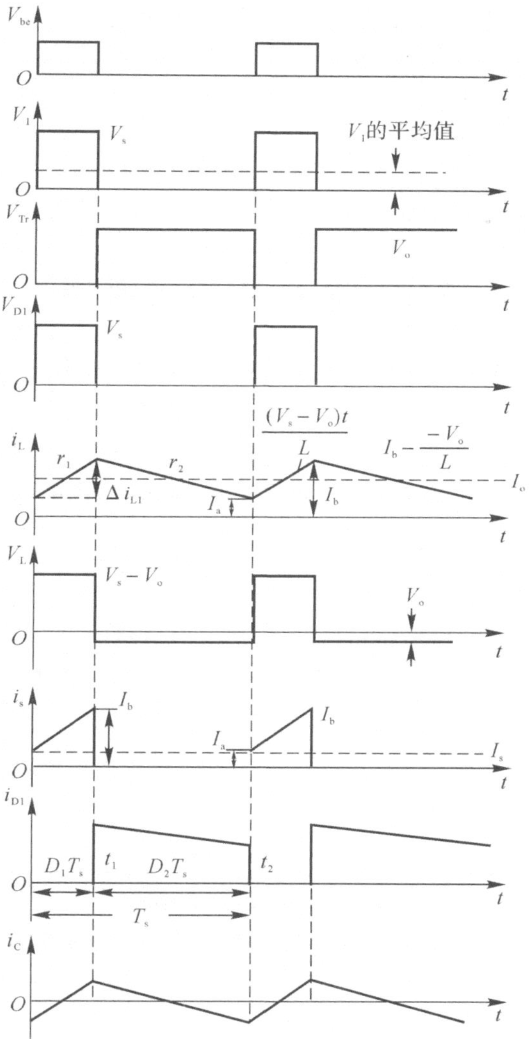

图 5 - 3　电感电流连续 Buck 变换器波形图

式中：Δi_{L1}表示电流增量(A)；V_s表示输入电源电压(V)；V_o表示输出电压(V)；L 表示电感(H)；T_s表示开关周期(s)；D_1表示开关接通时间占空比。

当开关 S 在 b 位时，如图 5 - 3 中$t_1 \sim t_2$时间段所示，i_L电流增量为

$$\Delta i_{L2} = -\int_{t_1}^{t_2} \frac{V_o}{L} dt = -\frac{V_o}{L}(t_2 - t_1) = -\frac{V_o}{L}(T_s - D_1 T_s) = -\frac{V_o}{L} D_2 T_s \tag{5-2}$$

由于稳态时这两个电流变化量相等，即 $\Delta i_{L1} = |\Delta i_{L2}|$，所以

$$\frac{V_s - V_o}{L} D_1 T_s = \frac{V_o}{L} D_2 T_s = \frac{V_o}{L} (1 - D_1) T_s \quad (5-3)$$

又因为$D_1 + D_2 = 1$，整理得

$$V_o = V_s D_1 \quad (5-4)$$

式(5－4)表明，输出电压V_o随占空比D_1而变化，由于$D_1 < 1$，故$V_o < V_s$，V_o/V_s是电压增益，表示为M，在本线路中

$$M = \frac{V_o}{V_s} = D_1 \quad (5-5)$$

如图5－4所示，电压增益M由开关接通时占空比D_1决定，即变换器有很好的控制特性。

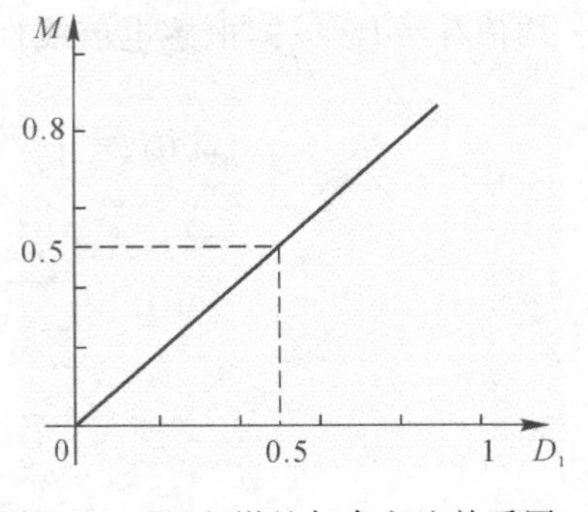

图5－4　Buck增益与占空比关系图

5.2　基本升压变换器

基本升压(Boost)变换器又称为升压变换器、并联开关变换器、三段开关型升压稳压器。

5.2.1　线路组成

线路由开关S、电感L、电容C组成，如图5－5所示，完成由电压V_s升压到V_o的功能。

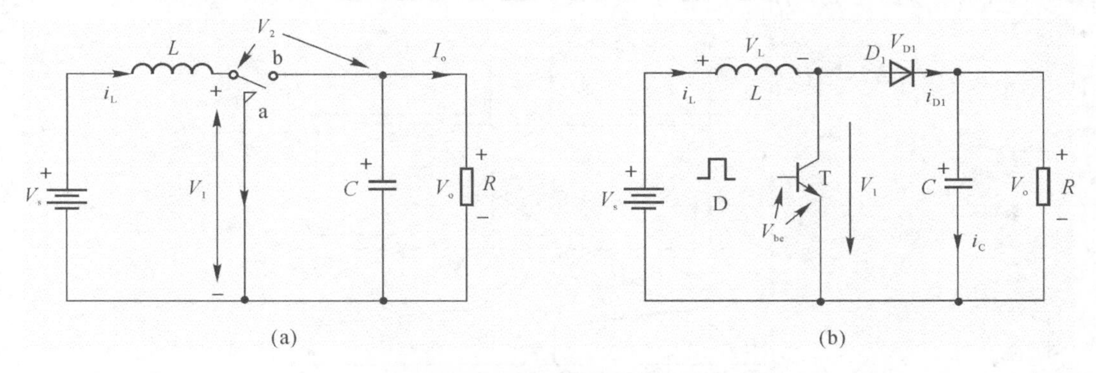

图5－5　Boost变换器电路

(a)Boost变换器电路原理图；(b)由晶体管和二极管组成的Boost电路

5.2.2　工作原理

1. 假定

为分析稳态特性，简化推导公式的过程，所需假定与Buck变换器的假定相同。

2. 工作过程

当开关S在位置a时，有图5－6(a)所示的电流i_L流过电感线圈L，电流线性增加，电能以磁能的形式储存在电感线圈L中。此时，电容C放电，负载R上流过电流I_o，R两端输出电压V_o，极性上正下负。由于开关管导通，当二极管阳极接V_s负极，二极管承受反向电压，所以电容不能通过开关管放电。开关S在位置b时，等效电路如图5-6(b)所示，此时电感

L 两端电压极性改变，电源 V_s 和电感电压 V_L 串联，以高于 V_0 电压向电容 C、负载 R 供电。

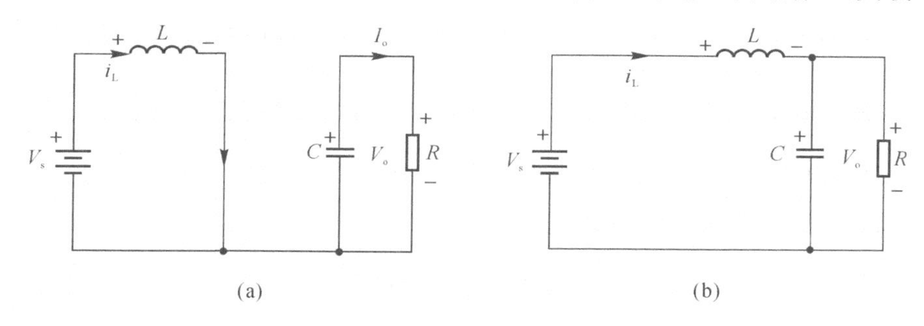

图 5－6　Boost 变换器电路工作过程

(a)晶体管导通时；(b)二极管导通时

由于V_L+V_s向负载 R 供电时，V_o高于V_s，因此称它为升压变换器。工作中输入电流$i_s=i_L$是连续的，但流经二极管D_1电流确实脉动的。由于有 C 的存在，负载 R 上仍有稳定、连续的负载电流I_o。

5.2.3　电路各点的波形

这里只研究电感电流i_L在周期开始时从非零开始，即电感电流连续工作模式的波形，如图 5－7 所示。

在i_L连续工作状态，上一个开关周期 T_s最后时刻的电流I_a值，就是下一个T_s周期中电流i_L的开始值。但是，如果电感量太小，电流线性下降快，即在电感中能量释放完时，尚未达到晶体管重新导通的时刻，因而能量得不到及时的补充，这样就出现了电流不连续的工作状态。在要求相同功率输出时，此时晶体管和二极管的最大瞬时电流比连续状态下要大，同时输出直流电压的纹波也增加。

在连续状态下，输入电流不是脉动的，纹波电流随 L 增大而减小。不连续工作状态，输入电流 i_L是脉动的，晶体管输出电流i_T，不管连续或不连续工作方式却总是脉动的。而且，峰值电流比较大。另外，在不连续时，L 从输出端脱离，这时只有电容 C 向负载提供所需的能量。因此，要求比较大的电容 C，才能适应输出电压、电流纹波小的要求。

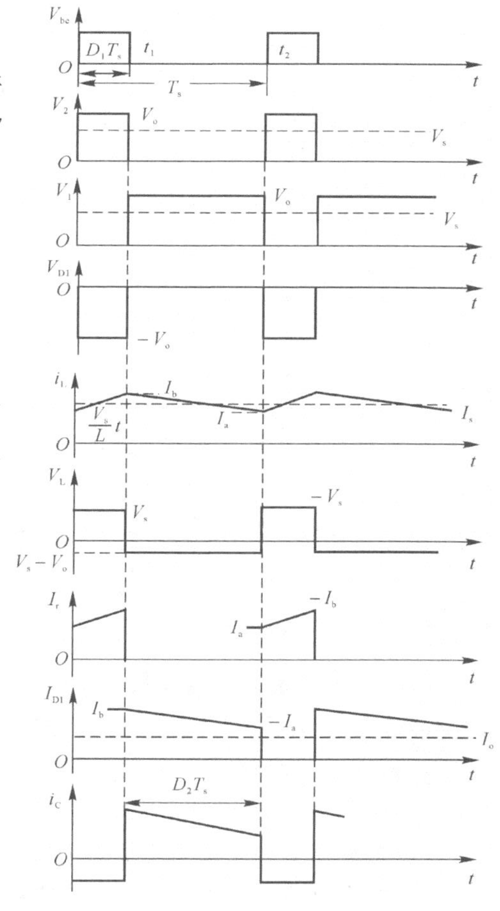

图 5－7　Boost 变换器工作波形图

5.2.4　主要概念与关系式

下面分析开关闭合和断开的情况与输出电压

的关系。在图 5－7 中设开关动作周期为T_s，闭合时间为$t_1=D_1T_s$，断开时间为$t_2-t_1=D_2T_s$。D_1为接通时间占空比，D_2为断开时间占空比，它们各自小于 1，连续状态时$D_1+D_2=1$。

在输入输出电压不变的前提下，当开关 S 在 a 位时，i_L线性上升，其电感电流增加量为

$$\Delta i_{L1}=\frac{V_s}{L}D_1T_s \tag{5-6}$$

开关在 b 位时，i_L线性下降，其增量为

$$\Delta i_{L2}=-\frac{V_s-V_o}{L}D_2T_s \tag{5-7}$$

由于稳态时这两个电流变化量绝对值相等$\Delta i_{L1}=|\Delta i_{L2}|$，所以

$$\frac{V_s}{L}D_1T_s=\frac{V_o-V_s}{L}D_2T_s \tag{5-8}$$

化简得电压增益

$$M=\frac{V_o}{V_s}=\frac{1}{1-D_1}=\frac{1}{D_2} \tag{5-9}$$

曲线$M=f(D_1)$如图 5－8 所示，M总是大于 1。

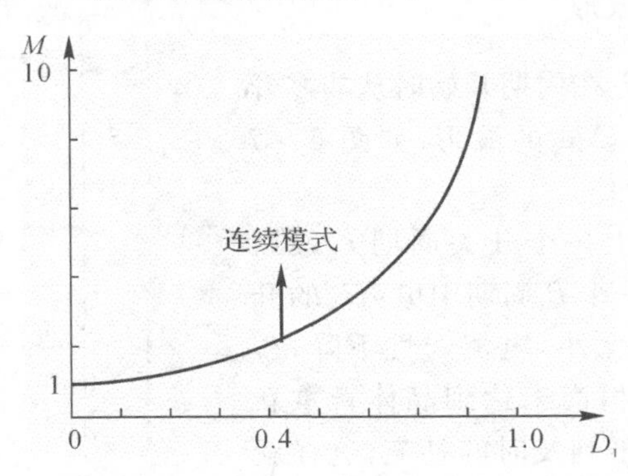

图 5－8　Boost 变换器$M=f(D_1)$曲线

5.3　双管正激变换器

5.3.1　基本原理

理想双管正激变换器的等效电路图，如图 5－9 所示。C_1和C_4为 MOSFET 源极和漏极两端的寄生电容。

分析基于如下假设：

(1)所有半导体器件均为理想器件；

(2)半导体器件是理想开关与电容并联构成，寄生电容$C_1=C_4$；

(3)输出电感足够大，近似认为负载电流I_O在开关时保持不变，电感中电流可认为是一个恒流源；

(4)实际变压器等效为一个匝比为 n 理想变压器并联上一个感量为 L_m 的励磁电感，串联一个感量为 L_k 的漏感，L_m 通常很大，L_k 通常很小；

(5)变换器工作在稳定状态。

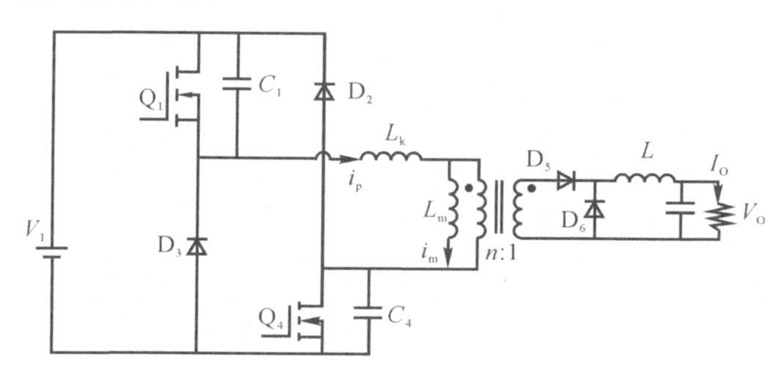

图 5-9　双管正激变换器电路图

变换器在稳定工作时的一个开关周期中有八个工作阶段：

1)工作区间一：关断$[t_0-t_1]$。在时刻 t_0，主开关管 Q_1 和 Q_4 关断。此后，寄生电容 C_1 和 C_4 开始充电，主开关管 Q_1 和 Q_4 上的电压从 0 开始上升，变压器原边绕组电压从 V_1 开始下降，如图 5-10 所示。

在这个阶段中，只要变压器原边绕组电压不为 0，励磁电流 i_m 就会继续上升，t_1 时达到最大值 $I_{m(max)}$。C_1 和 C_4 的充电电流 i_p 为 I_O/n 与 i_m 之和，由于 i_m 相对 I_O/n 较小，C_1 和 C_4 上的电压近似线性上升。这个阶段持续到 C_1 和 C_4 上的电压充电到 $V_I/2$，变压器原边绕组电压下降至 0 时结束。这一阶段持续的时间记为 T_1：

$$\left.\begin{aligned}&\frac{I_O}{n}=C\frac{V_I}{T_1}\\&T_1=t_1-t_0=\frac{nC_1V_I}{2I_O}\end{aligned}\right\}\tag{5-10}$$

式中：C 为两个结电容串连后的等效电容 $C=C_1/2=C_4/2$；V_I 是输入电压；I_O 为负载电流。

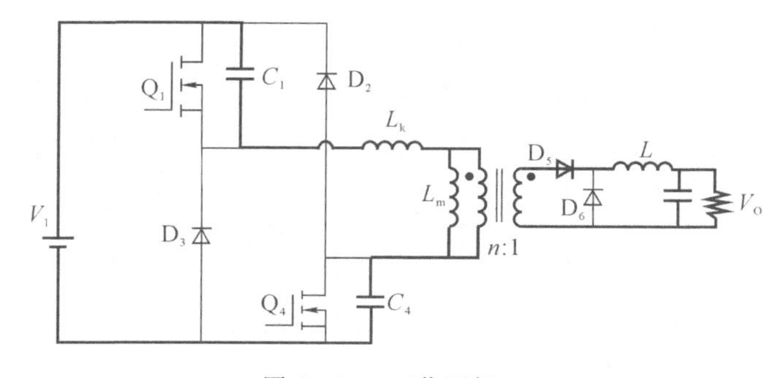

图 5-10　工作区间一

2)工作区间二：换流($D_5 \rightarrow D_6$)$[t_1-t_2]$。在 t_1 时刻，变压器原边绕组电压从 V_I 下降至 0，并且有反向趋势，变压器原边绕组电压一旦反向，D_6 就会导通，换流开始，如图 5-11 所示。

换流过程中，续流管 D_6 上的电流从 0 迅速上升至 I_O，整流管 D_5 上的电流从 I_O 下降至 0，也就是说这段时间内D_5、D_6同时导通，变压器副边绕组被短路，也就是励磁电感L_m也被短路，励磁电流保持$I_{m(max)}$不变，变压器原边漏感L_k开始和开关管寄生电容谐振，由于漏感通常很小，变压器原边电流i_p迅速下降。这段时间相对于整个开关周期中通常很小，记为T_2。

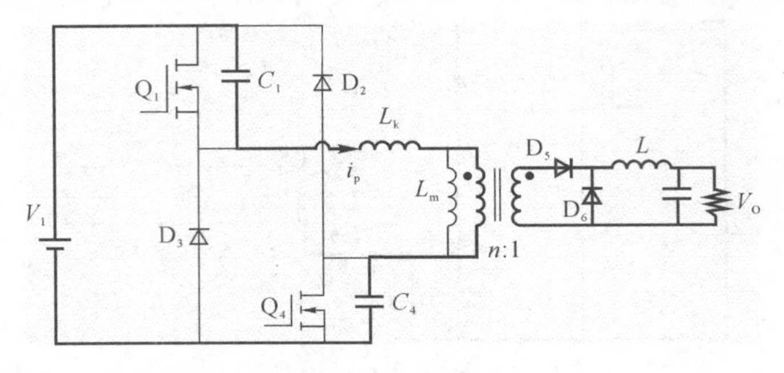

图 5-11　工作区间二

3）工作区间三：谐振[t_2-t_3]。在t_2时刻，变压器副边电流从副边二极管D_5换到D_6。接着激磁电感L_m、原边漏感L_k、结电容C_1和C_4之间谐振，由于和激磁电感相比漏感L_k很小，因此在计算时忽略L_k不计。原边电流i_p继续下降。这个阶段到开关管Q_1和Q_4上的电压谐振到V_I时结束，如图 5-12 所示。

这个阶段持续的时间记为T_3：

$$i_p = i_m = C\frac{dV_C(t)}{dt} = \frac{1}{L_m}\int V_L(t)dt \tag{5-11}$$

$$V_I = V_C + V_L \tag{5-12}$$

联立式(5-11)和式 (5-12)得微分方程：

$$L_m C\frac{d^2V_C(t)}{dt^2} + V_C(t) = 0 \tag{5-13}$$

解微分方程，得

$$V_C(t) = A\cos\frac{1}{\sqrt{L_m C}}t + B\sin\frac{1}{\sqrt{L_m C}}t + V_I \tag{5-14}$$

因为$V_{C(t_2=0)} = V_I$，所以 $A=0$。

因为$C\left.\frac{dV_C(t)}{dt}\right|_{t_2=0} = I_{m(max)}$，所以 $B = I_{m(max)}\sqrt{\frac{L_m}{C}}$，有

$$V_C(t) = I_{m(max)}\sqrt{\frac{L_m}{C}}\sin\frac{1}{\sqrt{L_m C}}t + V_I \tag{5-15}$$

$$i_m(t) = I_{m(max)}\cos\frac{1}{\sqrt{L_m C}}t \tag{5-16}$$

因为$V_{C(t_3)} = 2V_I$，所以

$$T_3 = t_3 - t_2 = \sqrt{\frac{L_m C_1}{2}}\arcsin\left(\frac{V_I}{I_{m(max)}}\sqrt{\frac{C_1}{2L_m}}\right) \tag{5-17}$$

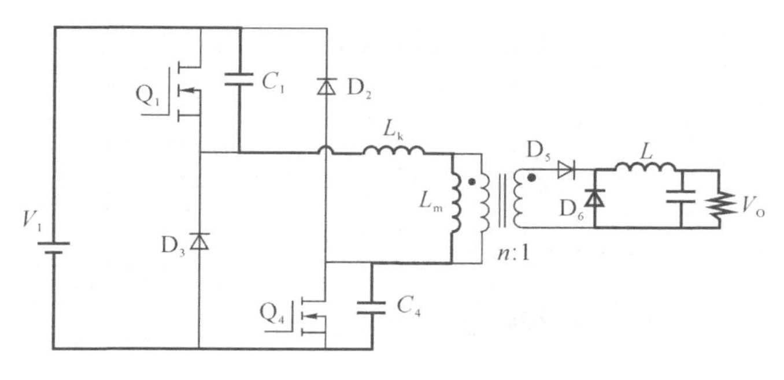

图 5-12　工作区间三

4)工作区间四:磁复位[t_3-t_4]。在t_3时刻,开关管Q_1和Q_4的电压达到V_I。变压器原边续流二极管D_2和D_3导通,结电容C_1和C_4上的电压被箝位于V_I,即开关管所承受的反压箝位于V_I,此时变压器原边电压箝位于反向V_I,激磁电流线性下降,如图 5-13 所示。这个阶段到激磁电流降到 0 时结束。

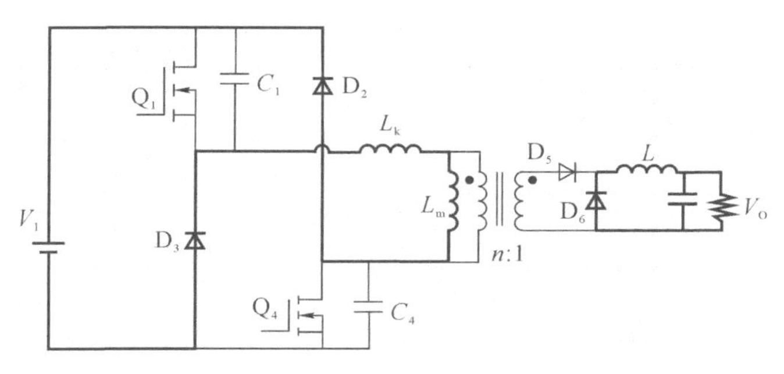

图 5-13　工作区间四

这个阶段持续的时间记为T_4:

$$i_m(t)=i_{m(t_3)}-\frac{V_I}{L_m}t \tag{5-18}$$

由(5-14)可得

$$i_{m(t_3)}=\sqrt{1-\frac{V_I^2C_1}{2I_{m(max)}^2L_m}} \tag{5-19}$$

所以

$$T_4=t_4-t_3=\sqrt{1-\frac{V_I^2C_1}{2I_{m(max)}^2L_m}}\frac{L_m}{V_I} \tag{5-20}$$

5)工作区间五:谐振[t_4-t_5]。在t_4时刻,激磁电流降至 0,原边续流二极管D_2和D_3截止。此后,励磁电感L_m和开关管上的寄生电容C_1和C_4进行谐振。这个阶段当C_1和C_4上的电压下降到$V_I/2$时结束,如图 5-14 所示。

这个阶段持续的时间记为T_5:

$$V_I=L_m\frac{di_m(t)}{dt}+\frac{1}{C}\int i_m(t)dt \tag{5-21}$$

$$L_{m}C\frac{d^{2}i_{m}(t)}{dt^{2}}+i_{m}(t)=0 \tag{5-22}$$

解微分方程，得

$$i_{m}(t)=A'\cos\frac{1}{\sqrt{LC}}t+B'\sin\frac{1}{\sqrt{LC}}t \tag{5-23}$$

因为$i_{m}(t_{4}=0)=0$，所以$A'=0$。

因为$L_{m}\frac{d\,i_{m}(t)}{dt}\bigg|_{t_{4}=0}=-V_{I}$，所以$B'=-V_{I}\sqrt{\frac{C}{L_{m}}}$。

因此，这一阶段励磁电感上的电流开始反向为

$$i_{m}(t)=-V_{I}\sqrt{\frac{C}{L_{m}}}\sin\frac{1}{\sqrt{L_{m}C}}t \tag{5-24}$$

$$I_{m(-max)}=i_{m}(t_{5})=V_{I}\sqrt{\frac{C}{L_{m}}} \tag{5-25}$$

结电容上的电压为

$$V_{C}(t)=V_{C}(t_{4})+\frac{1}{C}\int-V_{I}\sqrt{\frac{C}{L_{m}}}\sin\frac{1}{\sqrt{L_{m}C}}t=V_{I}\left(1+\cos\frac{1}{\sqrt{L_{m}C}}t\right) \tag{5-26}$$

因为$V_{C}(t_{5})=V_{I}$，所以

$$T_{5}=t_{5}-t_{4}=\frac{\pi}{2}\sqrt{\frac{L_{m}C_{1}}{2}} \tag{5-27}$$

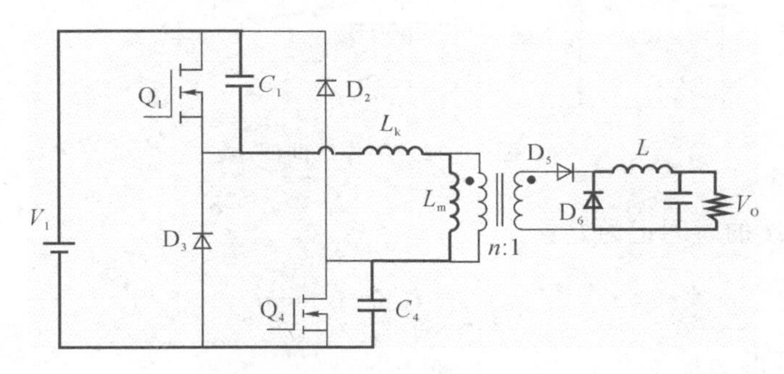

图 5-14　工作区间五

6)工作区间六：死区$[t_{5}-t_{6}]$。在t_{4}时刻，副边二极管D_{5}导通。由于D_{5}、D_{6}同时导通变压器副边绕组被短路，电压箝定为0，励磁电感两端电压也为0，励磁电流保持$I_{m(max)}$不变。这个阶段到开关管Q_{1}和Q_{4}再次导通时结束，如图5-15所示。持续时间T_{6}由工作占空比和开关周期决定。

7)工作区间七：换流$(D_{6}\rightarrow D_{5})[t_{6}-t_{7}]$。在$t_{6}$时刻，开关管$Q_{1}$和$Q_{4}$导通，$D_{5}$上的电流从0迅速上升，$D_{6}$上的电流从$I_{O}$迅速下降。换流过程中，$D_{5}$、$D_{6}$仍然同时导通，励磁电流仍然保持不变。直流电压全部降落在变压器原边漏感L_{k}上，由于漏感通常很小，变压器原边电流i_{p}迅速上升，D_{5}上的电流上升至I_{O}，D_{6}上的电流下降至0，换流过程结束，如图5-16所示，这段时间记为T_{7}。

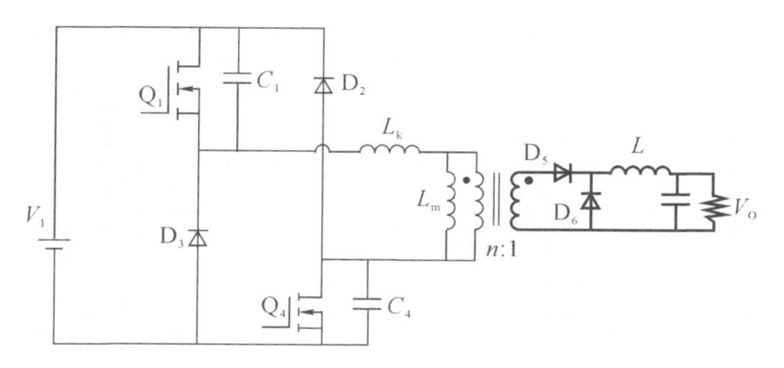

图 5－15　工作区间六

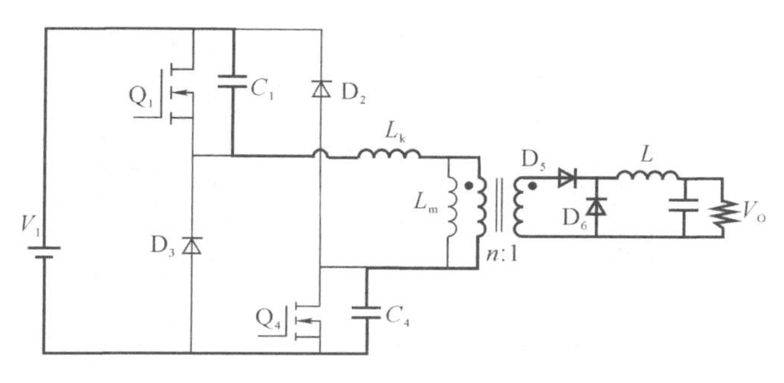

图 5－16　工作区间七

8)工作区间八：能量传递[t_7-t_8]。在t_7时刻，副边续流二极管D_6中的电流换流到D_5。励磁电流开始线性上升，开始向副边传递能量，这个阶段到开关管Q_1和Q_4再次关断时结束，如图 5－17 所示。这个阶段的持续时间记为$T_8=t_8-t_7=DT_s$。

$$i_m(t)=I_{m(-max)}+\frac{V_I}{L_m}t \tag{5-28}$$

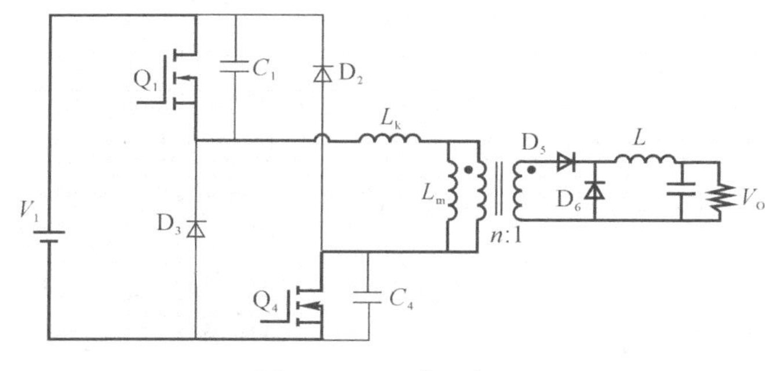

图 5－17　工作区间八

5.3.2　稳态分析

在实际的正激电路中，由于输出储能电感不可能无限大，所以存在电感电流连续模式和非连续模式。电感电流连续模式的特点是稳态运行时电感电流在整个开关周期内不间断。电感电流非连续模式的特点是一个开关周期内存在电感电流为零的区间，电感电流从 0 上升至峰值，并在下一个开关周期之前下降为0，如图5-18所示。下面进行连续工作模式分析。

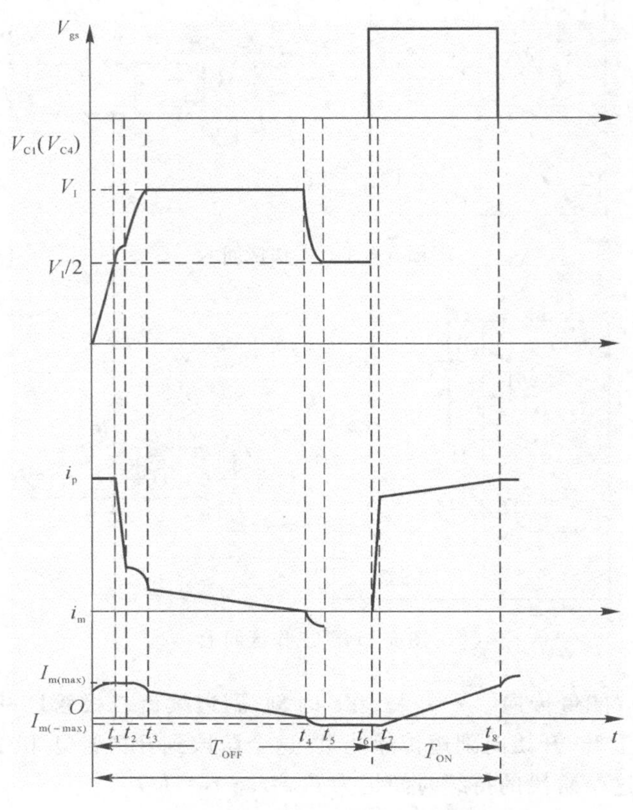

图5-18 双管正激电路的主要波形

稳态连续模式分析的目的是推导出变压比。这样就可以利用输入电压和占空比确定输出电压，或者利用输入电压和输出电压计算占空比。稳态意味着输入电压、输出电压、负载输出电流、占空比固定不变。各变量用大写字母表示时为稳态量。在连续模式下为了简化分析，双管正激变换器可以简化成两种工作阶段。阶段一为主开关管Q_1和Q_4导通，整流管D_5导通的导通阶段；阶段二为Q_1和Q_4截止，续流管D_6导通的截止阶段。这两个阶段的简化电路如图5-19所示。

在导通阶段根据图5-19所示，Q_1和Q_4的导通电阻$R_{DS(on)}$很小，从漏极到源极的压降很小为$V_{DS}=I_p\times R_{DS(on)}$。在变压器副边整流管$D_5$导通压降为$V_d$，电感的直流等效电阻上也存在一个很小的电压降为$I_L\times R_L$。因此，电感上的电压为

$$V_L=\frac{V_I-2V_{DS}}{n}-V_d-I_LR_L-V_O \tag{5-29}$$

又因为

$$V_L=L\frac{di_L}{dt} \tag{5-30}$$

所以电感上的纹波电流为

$$\Delta I_{L(+)}=\frac{V_L}{L}\Delta T=\frac{\frac{V_I-2V_{DS}}{n}-V_d-I_LR_L-V_O}{L}\times T_{ON} \tag{5-31}$$

在截止阶段，根据图 5-19 所示，Q_1和Q_4漏极到源极呈现高阻态。由于电感电流不能突变，感应电流的下降，使得电感两端电压反相，续流二极管D_6导通，整流管D_5承受反压截止。此时输出 LC 滤波电路的输入电压为

$$V'_{LC}=-(V_d+I_LR_L) \tag{5-32}$$

输出滤波电容 C 上的电压仍然等于输出电压V_O。电感上的电压恒定为

$$V'_L=-(V_d+I_LR_L+V_O) \tag{5-33}$$

电感电流线性降低下降如图 5-19 所示，电感上的纹波电流为

$$\Delta I_{L(-)}=\frac{V_d+I_LR_L+V_O}{L}\times T_{OFF} \tag{5-34}$$

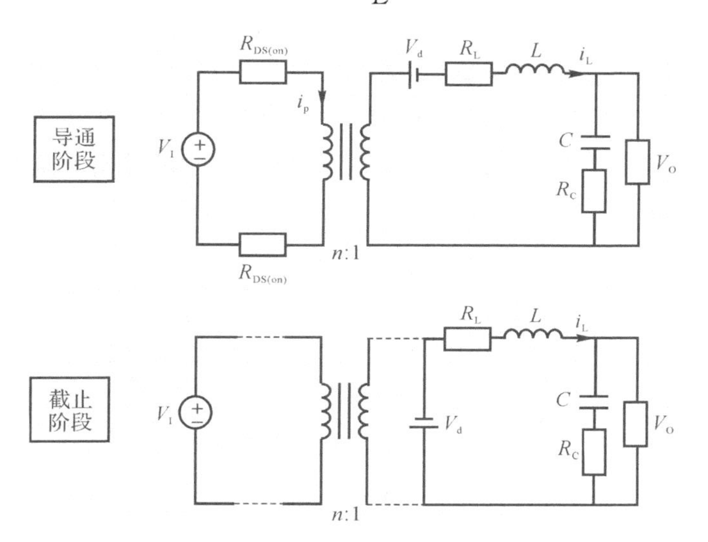

图 5-19　正激电路的两种状态

稳态时，电感电流在导通阶段的上升量和截止阶段的下降量是相等的。否则多个周期后感应电流将产生净增加或减少，将不会为稳定状态。因此，式(5-31)和式(5-34)相等，可以推导出连续模式下双管正激电路输出电压V_O的关系式：

$$V_O=\left(\frac{V_I-2V_{DS}}{n}\right)\frac{T_{ON}}{T_{ON}+T_{OFF}}-V_d-I_LR_L=\left(\frac{V_I-2V_{DS}}{n}\right)D-V_d-I_LR_L \tag{5-35}$$

由于设计时主要考虑的是直流输出电压，交流电压纹波不是主要需要考虑的，在推导式(5-31)和式(5-34)时，假设直流输出电压V_O在导通阶段和截止阶段均为无电压波动的恒定值。这是一种常见的简化，原因在于：首先，假设输出电容足够大，其电压变化微不足道；其次，电容 ESR 上的电压也可以忽略不计。

式(5-35)说明，可以通过调整占空比 D 和匝比 n 来调整输出电压V_O。如果忽略掉V_{DS}、V_d、R_L的影响，关系式可以进一步简化为

$$V_O=V_ID/n \tag{5-36}$$

5.4 移相控制软开关全桥变换器

5.4.1 移相控制 ZVS PWM 全桥变换器的工作原理

尽管 ZVS PWM 全桥变换器存在三种控制方式，但其工作原理本质是一样的。设计者可以根据已有条件，选择其中一种控制方式。本节以移相控制(Phase－Shifted Control)方式为例，分析 ZVS PWM 全桥变换器的工作原理。

图 5－20 给出了 ZVS PWM 全桥变换器的电路结构及主要波形。其中，$Q_1 \sim Q_4$ 为四只开关管，$D_1 \sim D_2$ 分别为 $Q_1 \sim Q_4$ 的反并二极管，$C_1 \sim C_4$ 分别是 $Q_1 \sim Q_4$ 的寄生电容或外接电容；L_r 是谐振电感，它包括了变压器的漏感。每个桥臂的两个开关管均为 180°互补导通，两个桥臂相应开关管的驱动信号之间相差一个相位，即移相角，通过调节移相角的大小来调节输出电压。这里，Q_1 和 Q_3 的驱动信号分别超前于 Q_4 和 Q_2 的驱动信号，因此 Q_1 和 Q_3 组成的桥臂为超前桥臂，Q_2 和 Q_4 组成的桥臂则为滞后桥臂。在图 5－20 中，$[t_0, t_2]$ 时段所对应的相位差即为移相角 δ，其大小为 $\delta = \dfrac{t_2 - t_0}{T_s/2} \times 180°$。移相角 δ 越小，输出电压越高；反之，移相角 δ 越大，输出电压越低。

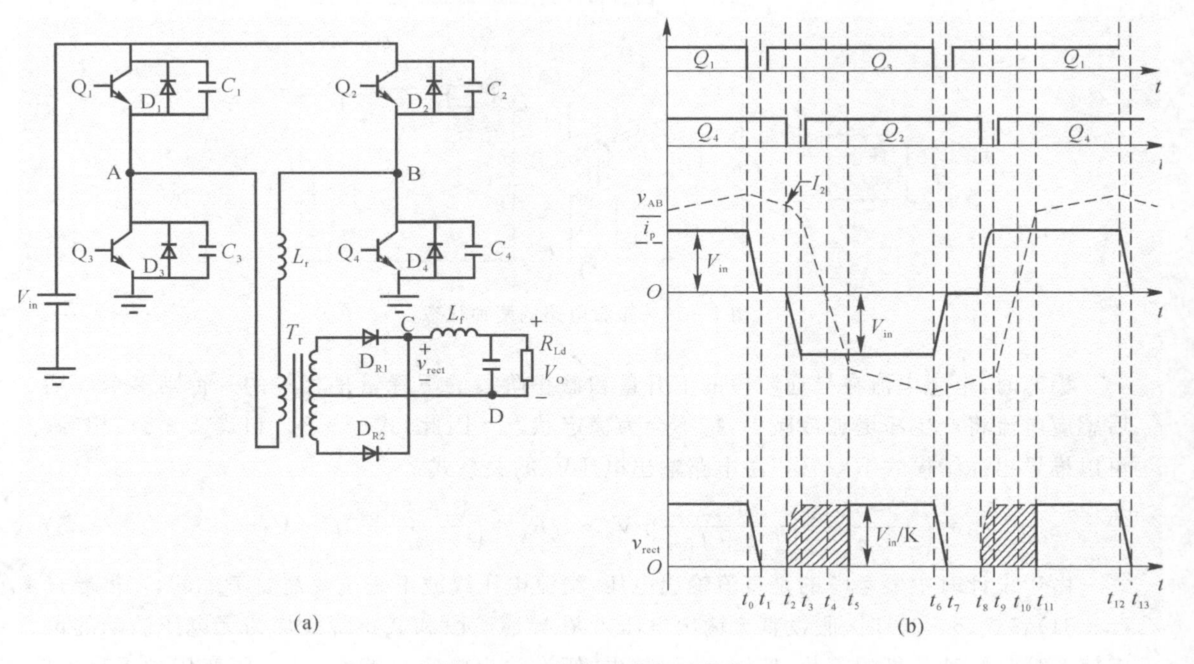

图 5－20　主电路及主要波形

在一个开关周期中，移相控制 ZVS PWM 全桥变换器有 12 种开关模态，其等效电路如图 5－21 所示。在分析之前，作出如下假设：

(1)所有开关管、二极管均为理想器件。

(2)所有电感、电容和变压器均为理想元件。

(3)$C_1=C_3=C_{lead}$,$C_2=C_4=C_{lag}$。

(4)$L_f \gg L_r/K^2$,K 是变压器原副边匝比。

图 5-21 给出了该变换器在不同开关模态下的等效电路。各开关模态的工作情况描述如下。

1. 开关模态 0,t_0 时刻

如图 5-21(a)所示,在t_0时刻之前,Q_1和Q_4导通。原边电流i_p由电源正经Q_1、谐振电感L_r、变压器原边绕组以及Q_4,最后回到电源负。副边电流回路是上面副边绕组的正端,经整流管D_{R1}、输出滤波电感L_f、输出滤波电容C_f与负载 R_{Ld},回到上面副边绕组的负端。

2. 开关模态 1,$[t_0,t_1]$

如图 5-21(b)所示,在t_0时刻关断Q_1,i_p从Q_1中转移到C_3和C_1支路中,给C_1充电,同时C_3被放电。由于有C_3和C_1,Q_1是零电压关断。在这个时段里,谐振电感L_r和滤波电感L_f是串联的,而且L_f很大,因此可以认为i_p近似不变,类似于一个恒流源。这样i_p和电容C_1、C_3的电压力为

$$i_p(t)=i_p(t_0)=I_1 \tag{5-37}$$

$$v_{C1}(t)=\frac{I_1}{2C_{lead}}(t-t_0) \tag{5-38}$$

$$v_{C3}(t)=V_{in}-\frac{I_1}{2C_{lead}}(t-t_0) \tag{5-39}$$

在t_1时刻,C_3的电压下降到零,Q_3的反并二极管D_3自然导通,从而结束开关模态 1。该模态的时间为

$$t_{01}=2C_{lead}V_{in}/I_1 \tag{5-40}$$

3. 开关模态 2,$[t_1,t_2]$

如图 5-21(c)所示,D_3导通后,开通Q_3。虽然这时候Q_3被开通,但Q_3并没有电流流过,i_p由D_3流通。由于是在D_3导通时开通Q_3,所以Q_3是零电压开通。Q_3和Q_1驱动信号之同的死区时$t_{d(lead)}>t_1$,即

$$t_{d(lead)}>2C_{lead}V_{in}/I_1 \tag{5-41}$$

在这段时间里,i_p等于折算到原边的滤波电感电流,即

$$i_p(t)=i_{Lf}(t)/K \tag{5-42}$$

在t_2时刻,i_p下降到I_2。

4. 开关模态 3,$[t_2,t_3]$

如图 5-21(d)所示,在t_2时刻,关断Q_4,i_p由C_2和C_4两条路径提供,也就是说,i_p用来抽走C_2上的电荷,同时又给C_4充电。由于C_2和C_4的存在,Q_4是零电压关断。此时$v_{AB}=-v_{c4}$,v_{AB}的极性自零变负,变压器副边绕组电势变为下正上负,这时整流二极管D_{R2}导通,下面的副边绕组中开始流过电流。由于整流管 D_{R1}和D_{R2}同时导通,使得变压器副边绕组电压为零,原边绕组电压也相应为零,v_{AB}直接加在谐振电感L_r上。

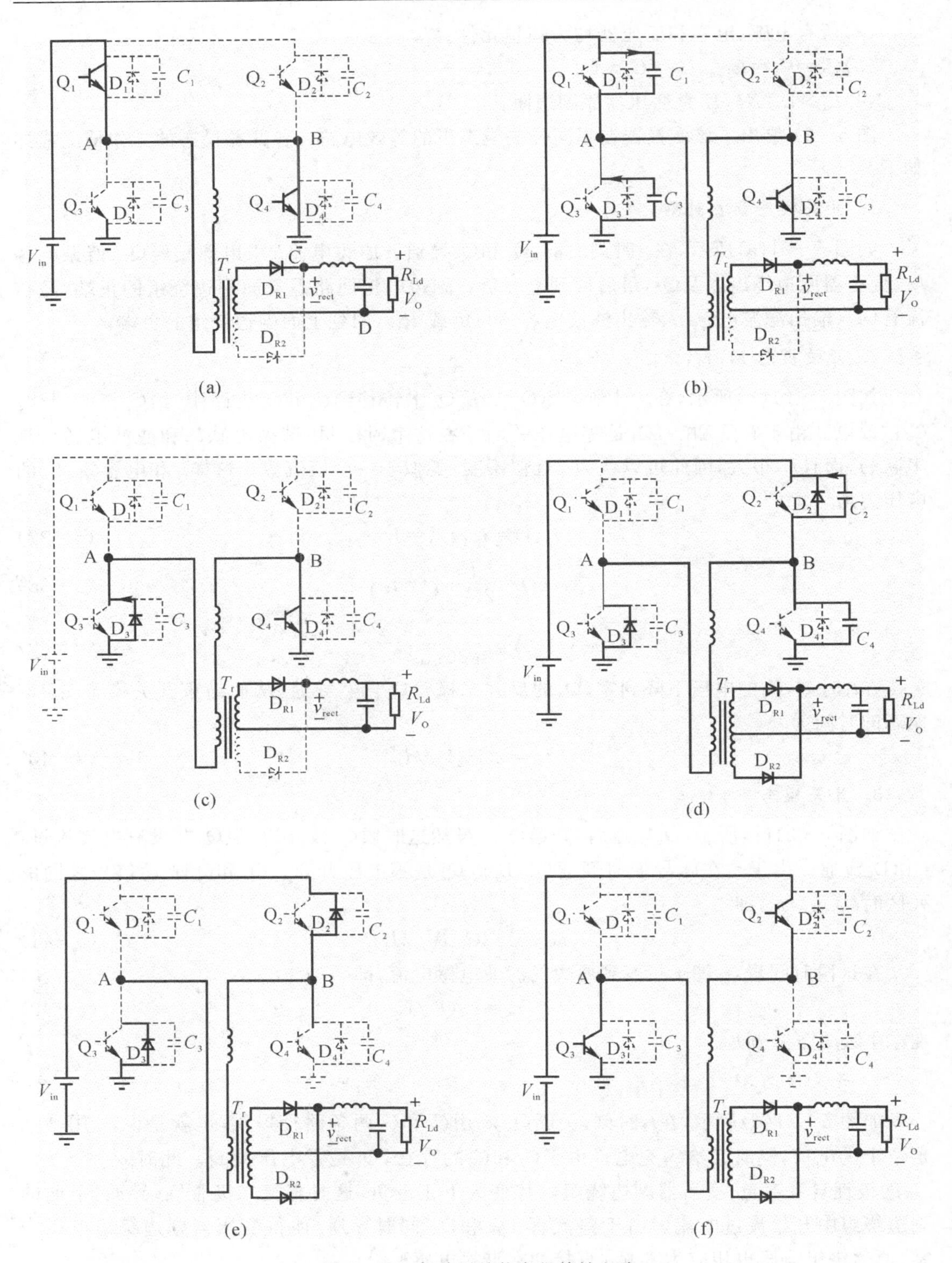

图 5-21 各种开关状态得等效电路

(a)t_0 时刻;(b)$[t_0, t_1]$;(c)$[t_1, t_2]$;(d)$[t_2, t_3]$;(e)$[t_3, t_4]$;(f)$[t_4, t_5]$

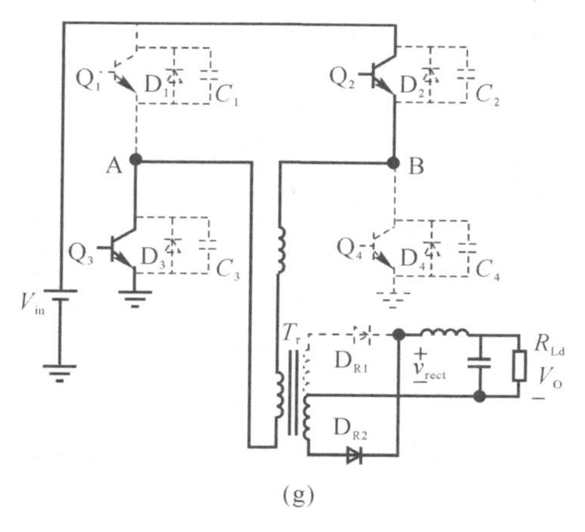

续图5-21　各种开关状态得等效电路

(g)$[t_5,t_6]$

因此在这段时间里，实际上是L_r和C_2、C_4在谐振工作，i_p和电容C_2、C_4的电压分别为

$$i_p(t)=I_2\cos\omega_1(t-t_2) \tag{5-43}$$

$$v_{C4}(t)=Z_1I_2\sin\omega_1(t-t_2) \tag{5-44}$$

$$v_{C2}(t)=V_{in}-Z_1I_2\sin\omega_1(t-t_2) \tag{5-45}$$

式中：$Z_1=\sqrt{L_r/(2C_{lag})}$；$\omega_1=1/\sqrt{2L_rC_{lag}}$。

在t_3时刻，当C_4的电压上升到V_{in}，D_2自然导通，结束这一开关模态。开关模态3的持续时间为

$$t_{23}=\frac{1}{\omega_1}\arcsin\frac{V_{in}}{Z_1I_2} \tag{5-46}$$

5．开关模态4，$[t_3,t_4]$

如图5-21(e)所示，在t_3时刻，D_2自然导通，将Q_2的电压箝在零位，此时就可以开通Q_2，Q_2是零电压开通。Q_2和Q_4驱动信号之间的死区时间$t_{d(lag)}>t_{23}$，即

$$t_{d(lag)}>\frac{1}{\omega_1}\arcsin\frac{V_{in}}{Z_1I_2} \tag{5-47}$$

虽然此时Q_2已开通，但Q_2不流过电流，i_P由D_2流通。谐振电感的储能回馈给输入电源。与上一开关模态一样，副边两个整流管同时导通，因此变压器原副边绕组电压均为零，电源电压V_{in}全部加在L_r两端，i_P线性下降，其大小为

$$i_p(t)=i_p(t_3)-\frac{V_{in}}{L_r}(t-t_3) \tag{5-48}$$

到t_4时刻，i_p从$I_p(t_3)$下降到零，二极管D_2和D_3自然关断，Q_2和Q_3中将流过电流。开关模态4的时间为

$$t_{34}=L_ri_p(t_3)/V_{in} \tag{5-49}$$

6．开关模态5，$[t_4,t_5]$

如图5-21(f)所示，在t_4时刻，i_p由正值过零，并且向负方向增加，此时Q_2和Q_3为i_p提供

通路。由于i_p仍不足以提供负载电流，负载电流仍由两个整流管提供回路，因此原边绕组电压仍然为零，加在谐振电感两端电压是V_{in}，i_p反向增加，其大小为

$$i_p(t)=-\frac{V_{in}}{L_r}(t-t_4) \tag{5-50}$$

到t_5时刻，副边电流达到折算到原边的负载电流$-i_{Lf}(t_5)/K$，该开关模态结束。此时，整流管D_{R1}关断，D_{R2}流过全部负载电流。开关模态5的持续时间为

$$t_{45}=\frac{L_r i_{Lf}(t_5)/K}{V_{in}} \tag{5-51}$$

7. 开关模态6，$[t_5,t_6]$

如图5-21(g)所示，在这段时间里，电源给负载供电，原边电流为

$$i_p(t)=-\frac{V_{in}-KV_o}{L_r+K^2L_f}(t-t_5) \tag{5-52}$$

因为$L_r \ll K^2L_f$，式(5-52)可简化为下式：

$$i_p(t)=-\frac{\frac{V_{in}}{K}-V_o}{KL_f}(t-t_5) \tag{5-53}$$

在t_6时刻，Q_3关断，变换器开始另一半个周期的工作，其工作情况类似于上述的半个周期。

5.4.2 两个桥臂实现ZVS的差异

1. 实现ZVS的条件

由前面的分析可以知道，要实现开关管的零电压开通，必须有足够的能量来抽走将要开通的开关管的结电容(或外部附加电容)上的电荷，并且给同一桥臂关断的开关管的结电容(或外部附加电容)充电；同时，考虑变压器的原边绕组电容，还要一部分能量来抽走变压器原边绕组电容C_{TR}上的电荷。也就是说，必须满足下式：

$$E>\frac{1}{2}C_iV_{in}^2+\frac{1}{2}C_iV_{in}^2+\frac{1}{2}C_{TR}V_{in}^2=C_iV_{in}^2+\frac{1}{2}C_{TR}V_{in}^2 \quad (i=\text{lead},\text{lag}) \tag{5-54}$$

2. 超前桥臂实现ZVS

超前桥臂容易实现ZVS。这是因为在超前桥臂开关过程中，输出滤波电感L_f是与谐振电感L_r串联的，如图5-21(b)所示，此时用来实现ZVS的能量是L_r和L_f中的能量。一般来说，L_f很大，在超前桥臂开关过程中，其电流近似不变，类似于一个恒流源。这个能量很容易满足式(5-54)。

3. 滞后桥臂实现ZVS

滞后桥臂要实现ZVS比较困难。这是因为在滞后桥臂开关过程中，变压器副边是短路的，如图5-21(d)所示。此时整个变换器就被分为两部分：一部分是原边电流逐渐改变流通方向，其流通路径由逆变桥提供；另一部分是输出滤波电感电流i_{Lf}由整流桥提供续流回路，不再反射到变压器原边。此时用来实现ZVS的能量只是谐振电感中的能量，如果不满足式(5-55)，那么就无法实现ZVS。

$$\frac{1}{2}L_r I_2^2 > C_{lag} V_{in}^2 + \frac{1}{2} C_{TR} V_{in}^2 \tag{5-55}$$

由于输出滤波电感L_f不参与滞后桥臂ZVS的实现，而且谐振电感比折算到原边的输出滤波电感要小得多，因此较超前桥臂而言，滞后桥臂实现ZVS就要困难得多。

5.4.3 实现ZVS的策略及副边占空比的丢失

1. 实现ZVS的策略

从上面的讨论中可以知道，超前桥臂容易实现ZVS，而滞后桥臂实现ZVS则要困难些。只要满足条件使滞后桥臂实现ZVS，超前桥臂就一定可以实现ZVS。因此，全桥变换器实现ZVS的关键在于滞后桥臂。滞后桥臂实现ZVS的条件就是式(5-55)。从式(5-55)中可以看出，要满足它，要么增加谐振电感L_r要么增加I_2。

(1)增加励磁电流。

对于一定的谐振电感L_r，必须有一个最小的I_2值I_{2min}来保证谐振电感L_r中的能量$\frac{1}{2}L_r I_{2min}^2$能够实现ZVS。相关文献提出了用增加变压器励磁电流I_m的办法来实现ZVS，实质上就是提高I_{2min}。

由于增加了励磁电流I_m，那么原边电流在负载电流的基础上多了一份励磁电流，因而其最大电流值增大了，也使通态损耗加大。同时，励磁电流的增大，使变压器损耗增大了。因此在励磁电流的选取上，应充分考虑器件和变压器损耗。

(2)增大谐振电感。

由于励磁电流与负载无关，因而在轻载时，变换器的效率很低。实现ZVS的另一种方式就是增加谐振电感。在一定的负载范围内实现ZVS，可以知道一个最小的负载电流，根据这个电流，忽略励磁电流，可得到I_2的最小值I_{2min}，利用式(5-55)计算出所需的最小谐振电感。

2. 副边占空比的丢失

副边占空比的丢失是ZVS PWM全桥变换器的一个特有现象。所谓副边占空比丢失，就是说副边的占空比D_{sec}小于原边的占空比D_p，即$D_{sec}<D_p$，其差值就是副边占空比丢失D_{loss}，即

$$D_{loss} = D_p - D_{sec} \tag{5-56}$$

产生副边占空比丢失的原因是：存在原边电流从正向(或负向)变化到负向(或正向)负载电流的时间，即图5-21中的$[t_2, t_5]$和$[t_8, t_{11}]$时段。在这段时间里，虽然原边有正电压方波(或负电压方波)，但原边不足以提供负载电流，副边整流桥的所有二极管导通，输出滤波电感电流处于续流状态，输出整流后的电压U_{rect}为零。这样副边就丢失了$[t_2, t_5]$和$[t_8, t_{11}]$这部分电压方波，如图5-20中的阴影部分所示。丢失的这部分电压方波的时间与二分之一开关周期的比值就是副边占空比丢失D_{loss}，即

$$D_{loss} = \frac{t_{25}}{T_s/2} \tag{5-57}$$

由于t_{23}很短，可以忽略，而

$$t_{35} = \frac{L_r [I_2 + i_{Lf}(t_5)/K]}{V_{in}} \tag{5-58}$$

假设输出滤波电感很大，其电流脉动较小，则$i_{Lf}(t_5)=I_o$，$I_2=I_o/K$，那么有

$$D_{loss}=\frac{2L_r\cdot 2I_o/K}{T_sV_{in}}=\frac{4L_rI_of_s}{KV_{in}} \tag{5-59}$$

从式(5－59)中可以知道，①L_r越大，D_{loss}越大；②负载越大，D_{loss}越大；③V_{in}越低，D_{loss}越大。

D_{loss}的产生使D_{sec}减小，为了得到所要求的输出电压，就必须减小变压器原副边匝比 K。而匝比的减小，带来两个问题：①原边的电流增加，开关管的电流峰值要增加，通态损耗加大；②副边整流桥的耐压值要增加。为了减小D_{loss}，提高D_{sec}，可以采用饱和电感的方法，就是将谐振电感L_r改为饱和电感，但还是存在D_{loss}。

5.5 组合式直流变换器

正激式变换器是中小功率变换器常用的设计方案，但是这种拓扑存在着不足之处，如变压器铁芯利用率低、功率管承受电压应力大、需要去磁绕组等。双管正激组合变换器既保留了双管正激变换器内部无桥臂直通现象、可靠性高、一次侧开关管电压应力低、无需添加去磁绕组、电路结构简单的优点，而且通过不同的组合可以克服其二次侧整流与续流二极管电压应力过高的缺点。同时这种组合式变换器有利于输出、输入电压电流频率的提高，可以减小磁性元件与滤波电容的体积。因此这种变换器很适合在航空、航天、航海等领域应用。

输入端并联，输出端串联的双管正激组合变换器在低输入电压、大输入电流高输出电压的场合应用较多。下面对几种输入端并联，输出不同串联方式的组合变换器进行比较分析。

5.5.1 三种两模块组合双管正激变换器的拓扑比较

图 5－22 是三个输入端并联的组合双管正激变换器的原理图。根据副边连接的方式不同分为三种结构，在输出电容侧并联的双管正激变换器（两模块组合变换器 1 型）、在输出电感耦合并联的双管正激变换器（两模块组合变换器 2 型）、在输出续流二极管侧并联的双管正激变换器（两模块组合变换器 3 型）。为了对这三种组合变换器进行比较，作如下假定。

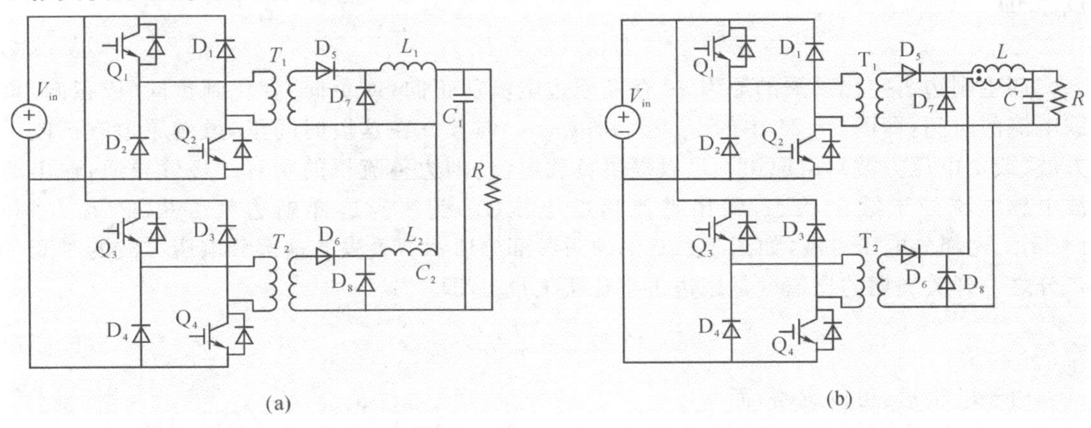

图 5－22　输入端并联的组合双管正激变换器原理图

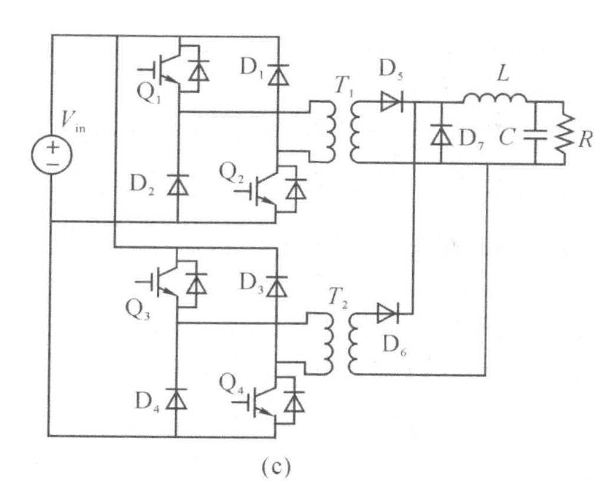

续图 5-22　输入端并联的组合双管正激变换器原理图

三种电路工作在相同的输入电压、输出电压，与负载条件下，并且使输出电流纹波相等。在连续电流模式下，三种组合变换器的电路特点对比如表 5-1 所示，可以看出：

(1)组合 3 型的正激变换器的电压增益是其他两种的两倍，因此相同工作条件下其变压器变比可以是其他两种变换器的一半。

(2)当输出电流脉动相同时，组合 3 型的滤波电感量是组合 1 型的一半。组合 2 型的结构随着耦合系数的不同介于组合 3 型与组合 1 型之间。

(3)对于续流二极管与整流二极管电流应力而言，组合变换器 1 型更小。

表 5-1　三种组合变换器的电路特点对比

	两模块组合 1 型	两模块组合 2 型	两模块组合 3 型
输出输入电压增益	$n_{21}D$	$n_{22}D$	$2n_{23}D$
电感数量	2	2	1
输出电感电流脉动	$\dfrac{D(1-D)n_{21}U_{in}T_s}{L}$	$\dfrac{(L-DL-DL_m)n_{22}U_{in}DT_s}{L^2-L_m{}^2}$	$\dfrac{(1-2D)n_{23}DU_{in}T_s}{L}$
主开关电压应力	$n_{21}\left[\dfrac{I_0}{2}+\dfrac{(1-D)Dn_{21}U_{in}T_s}{2L}\right]$	$n_{22}\left[\dfrac{I_0}{2}+\dfrac{(L-DL-DL_m)n_{22}U_{in}DT_s}{2(L^2-L_m^2)}\right]$	$n_{23}\left[I_0+\dfrac{(1-2D)n_{23}DU_{in}T_s}{4L}\right]$
续流二极管电流应力	$\dfrac{I_0}{2}+\dfrac{(1-D)Dn_{21}U_{in}T_s}{2L}$	$\dfrac{I_0}{2}+\dfrac{(L-DL-DL_m)n_{22}U_{in}DT_s}{2(L^2-L_m^2)}$	$I_0+\dfrac{(1-2D)n_{23}DU_{in}T_s}{4L}$
整流二极管电流应力	$\dfrac{I_0}{2}+\dfrac{(1-D)Dn_{21}U_{in}T_s}{2L}$	$\dfrac{I_0}{2}+\dfrac{(L-DL-DL_m)n_{22}U_{in}DT_s}{2(L^2-L_m^2)}$	$I_0+\dfrac{(1-2D)n_{23}DU_{in}T_s}{4L}$
续流二极管电压	$n_{21}U_{in}$	$n_{22}U_{in}$	$n_{23}U_{in}$
整流二极管电压	$n_{21}U_{in}$	$n_{22}U_{in}$	$2n_{23}U_{in}$

(4)对主开关与原边的二极管的电流应力而言，组合 3 型的要小于组合 1 型的。

(5)对于整流二极管电压应力而言，三种变换器相同。

(6)对于续流二极管电压应力而言，组合 3 型是其他两种的一半。

通过上面的比较，可以看出组合 3 型在高电压，大功率场合有明显的优势。

5.5.2 四模块组合双管正激变换器的拓扑比较研究

当输出电压进一步提高时，上面的三种组合变换器都有着变换器输出端功率二极管电压应力过高的缺点，为了解决了这个问题，提出了一种基于组合 3 型的四模块组合双管正激变换器，电路结构如图 5 - 23 所示。这种结构是把组合 3 型变换器在输入端并联，在输出电容端串联而成。下文中称这种结构为四模块组合 1 型双管正激变换器。两模块双管正激组合 3 型交错驱动脉冲与电感电流波形如图 5 - 24 所示。

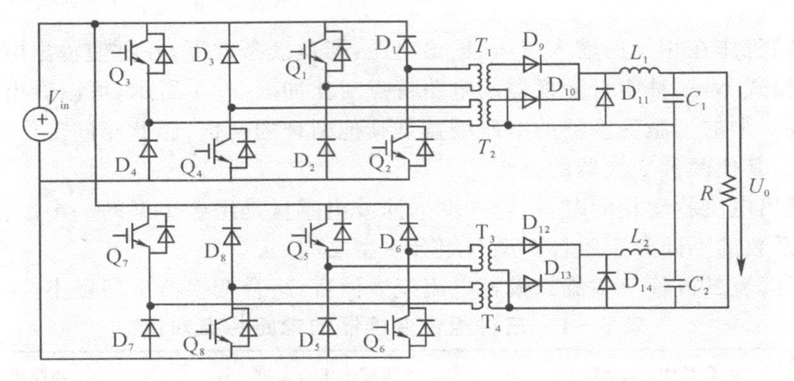

图 5 - 23　四模块双管正激组合 1 型变换器主电路

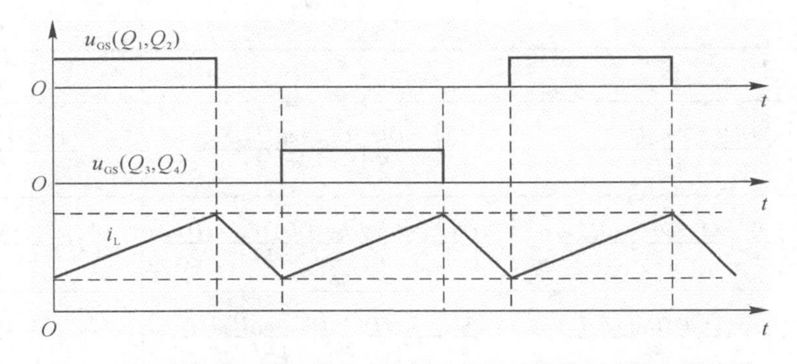

图 5 - 24　两模块双管正激组合 3 型交错驱动脉冲与电感电流波形

表 5 - 2 是四模块双管正激组合 1 型变换器与两模块组合 3 型双管正激变换器特性比较表。这两个表格中列出了不同组合的双管正激变换器的电压电流应力表达式。其中 D 为每种组合变换器中的任一个正激变换器的占空比，U_0，U_{in}分别是组合变换器的输出与输入电压值。n_{21}，n_{22}，n_{23}，n_{41}，n_{42}分别为两模块组合，四模块组合 1 型，四模块组合 2 型的正激变换器的变压器副边匝数与原边匝数的比值。为了分析方便，假定每一种双管正激组合变换器的输入输出电压值相同，输出滤波电感与电容值分别相同。

表 5－2　三相 VSR PWM 开关模式

	两模块组合 3 型	四模块组合 1 型
输出对输入电压增益（M）	$M=\frac{U_0}{U_{in}}=2n_2D$	$M=\frac{U_0}{U_{in}}=4n_4D$
副边续流二极管反向电压	n_2U_{in}	n_4U_{in}
副边整流二极管反向电压	$2n_2U_{in}$	$2n_4U_{in}$
输出电感电流脉动幅值	$\frac{(1-2D)Dn_2U_{in}T_s}{L}$	$\frac{(1-2D)Dn_4U_{in}T_s}{L}$
输出电感电流脉动频率	$\frac{2}{T_s}$	$\frac{2}{T_s}$
二极管电流峰值	$I_0+\frac{(1-2D)Dn_2U_{in}T_s}{2L}$	$I_0+\frac{(1-2D)Dn_4U_{in}T_s}{2L}$
主开关电流应力	$n_2\left[I_0+\frac{(1-2D)Dn_2U_{in}T_s}{2L}\right]$	$n_4\left[(I_0+\frac{(1-2D)Dn_4U_{in}T_s}{2L}\right]$
主开关电压应力	U_{in}	U_{in}

通过表 5－2 的对比可以看出，四模块组合 1 型变换器相对于两模块组合 3 型变换器而言，输出端二极管电压应力减小了一半，同时输出相同功率时，功率器件的电流应力也减小了。还有一个更大的好处是由于是四模块组合，总的输入母线电流与负载电流的脉动频率相对于两模块组合 3 型来比，又增加了一倍。因此，输入输出滤波器的体积可以进一步减小，同时也有助于在级联系统中增强稳定性。四模块组合 1 型变换器相比于两模块 3 型组合变换器的性能得到了提高。四模块组合 1 型双管正激变换器交错驱动脉冲与电感电流波形如图 5－25 所示。

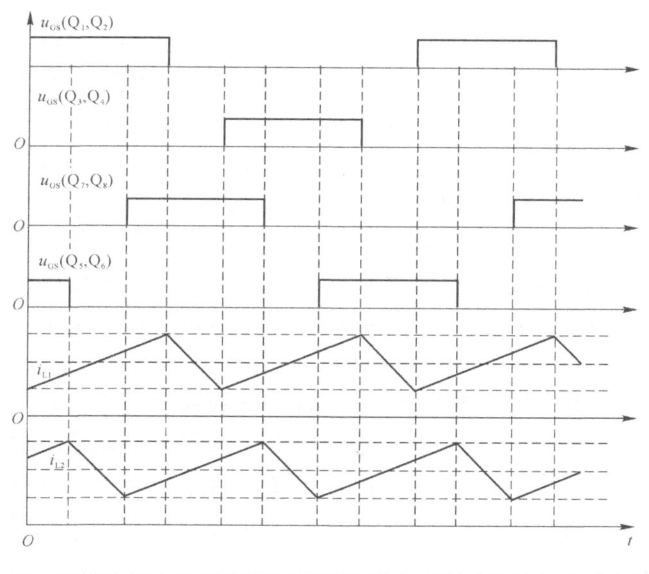

图 5－25　四模块组合 1 型双管正激变换器交错驱动脉冲与电感电流波形

第 6 章　弧焊电源的基本控制理论与变换器建模

电源装置在设计时需要满足的指标要求一般分为两种：静态指标和动态指标。如直流开关电源、逆变电源、不间断电源、焊接电源等通常需要满足如下指标要求：电源调整率、输出调整率、输出电压的精度、纹波、动态性能、变换效率、功率密度、并联模块的不均流度、功率因数和 EMC 等。这些技术指标可以分成两类，分别与主回路设计或系统控制的设计关联。变换效率、功率密度、纹波等技术指标主要与主回路设计有关，如主回路拓扑、磁设计、热设计、功率元件驱动等。电源调整率、输出调整率、输出电压的精度、动态性能、并联模块的不均流度等指标主要与系统控制的设计有关。主回路设计与系统控制的设计就如汽车的左、右轮同等重要。要设计出一个高品质的电源，不仅需要良好的主回路设计，系统控制的设计也要做好，二者对电源来说同样重要。电源系统典型的指标为输出调整率，分为电源调整率和负载调整率。电源调整率是指电网输入电压波动对电源输出的影响；负载调整率是指负载变化对电源输出的影响。

一个高品质焊接电源的系统，由前级功率因数校正 AC/DC 变换器(PFC)和 DC/DC 变换器构成。前级功率因数校正 AC/DC 变换器实现输入的功率因数校正，后级 DC/DC 变换器实现电隔离，同时实现高精度的输出。系统通常分别对前级功率因数校正 AC/DC 变换器和后级 DC/DC 变换器引入了反馈控制。功率因数校正单元包含一个电压环和一个电流环，外环为电压环，内环为电流环。电压环用于保证功率因数校正单元输出直流电压的稳定，即为后级 DC/DC 变换器提供稳定的电压输入；电流环用于保证功率因数校正单元输入电流跟踪输入电网电压变化，使输入电流近似为一个正弦波，以实现通信基础电源输入功率因数为 1 的目标。DC/DC 变换器也由一个电压外环和一个电流内环组成。电压外环用于稳定输出电压，电流内环具有限制输出电流和改善动态性能的作用。另外，反馈控制可以提高电源调整率，引入反馈控制有利于抑制电网输入电压波动对直流开关电源输出的影响；反馈控制可以提高负载调整率，引入反馈控制也有利于抑制负载变化对直流开关电源输出的影响。

为了使电源系统达到所需的静态和动态指标，一般需要引入反馈控制。在进行反馈控制设计时，需要用到自动控制理论。自动控制理论中关于控制器或补偿网络设计的主要工具有频域法和根轨迹法，但它们只适用于线性系统。由于电力电子系统中包含功率开关器件或二极管等非线性元件，因此电力电子系统是一个非线性系统。但是当电力电子系统运行在某一稳态工作点附近，电路状态变量的小信号扰动量之间的关系呈现线性系统的特性。尽管电力电子系统为非线性电路，但在研究它在某一稳态工作点附近的动态特性时，仍可以把它当作线性系统来近似。为了进行控制器或补偿网络设计，需要建立电力电子系统的线性化动态模型。因此，本章内容主要论述自动控制的基本理论和弧焊电源功率变换器的小信号建模。

6.1　控制系统的基本要求

对弧焊电源闭环控制系统的基本要求可归纳为 3 个方面：稳定性、准确性(稳态精度)、快速性与平稳性(动态性能)。

1. 稳定性

闭环控制系统存在着稳定与不稳定的问题。所谓不稳定，就是指系统失控，被控变量不是趋于所希望的数值，而是趋于所能达到的最大值，或在两个较大的量值之间剧烈波动和振荡。系统不稳定就表明系统不能正常运行，此时常常会损伤设备，甚至造成系统的彻底损坏，引起重大事故。所以稳定是对系统最基本也是最重要的要求。稳定性是系统的重要特性，同时也是控制原理中的一个基本概念。控制系统稳定性的问题是弧焊电源分析讨论的重要内容。

2. 准确性

准确性就是要求被控变量与设定值之间的误差达到所要求的精度范围。要求被控变量在任何时刻、任何情况下都不超出规定的误差范围，对于高精度控制系统，实现起来是困难的。控制的准确性总是用稳态精度来度量的。对于稳定的系统，一段时间后，系统达到了稳态，此时的精度就是稳态精度。稳态精度属于系统的稳态性能。

3. 快速性与平稳性

系统的被控变量由一个值改变到另一个值总是需要一段时间，总是有一个变化过程，这个过程就称为过渡过程，此时系统表现出的特性称为动态性能。人们自然希望过渡过程既快速又平稳，所以快速性和平稳性就是动态性能包含的主要内容。

在控制理论的研究和实际应用中，研究人员采用性能指标对系统的相关性能设计要求进行具体的表述和定量的表示。对控制系统的研究，按顺序可分为理解、分析和设计三个步骤。理解系统是控制这个系统的基础，理解系统的标志就是建立系统的数学模型。分析系统就是探讨系统的性能。设计系统就是使系统满足性能指标要求。自动控制原理的基本内容，首先是研究如何求系统的数学模型，然后针对数学模型分析系统的性能，设计系统的控制器，使系统满足性能指标要求。

6.2　控制系统的性能指标

电源变换器开关调节系统的分析与设计方法主要有时域法和频域法两种。设计的主要任务是设计开关调节系统中的电压、电流控制器(或称补偿网络)，包括选择电路结构和计算器件参数。

时域法是基于开关变换器的数学模型，在时域内直接应用平均空间状态方程，得到其时域解析解。时域法主要分析内容包括稳态分析、小信号瞬态分析和大信号分析，具有直观、准确、能够提供系统时域响应全部的信息的特点，且分析的结果可以直接与开关调节系统的时域技术指标相对照，便于校验系统是否满足要求。但是，必须指出，除简单的一、二阶系统外，想要精确地求出系统动态性能指标的解析式很困难，因为求解高阶开关变换器的时域解是很困难的，故时域法只适用于分析低阶开关变换器。时域法是一种试探法，工程设计不太方便。因此，电源变换器调节系统的小信号分析与设计传统上都采用频域法。

频域法是研究自动控制系统的一种广泛应用的工程方法，利用这种方法在分析和设计系统时，需要根据系统的频率特性，间接揭示系统的动态特性和稳态特性，而不需要求解系统的微分方程，从而简单而迅速地判断某些环节或参数对系统的动态特性和稳态特性的影响，并能指明改进系统的方向。频率特性也可由实验方法获得。电源变换器调节系统频域法是基于电源变换器的复频域模型，在复频域内进行交流小信号分析与设计。在复频域内，对变换器调节系统进行设计是比较方便的。尽管对于高阶系统，频域法不能给出严格定量的瞬态响应，但可以通过频域指标与时域指标之间的关系间接地给出频域指标。

基于上述分析，本节的主要内容是时域指标、频域指标以及二者之间的对应关系。

6.2.1 时域性能指标

一般可根据系统的单位阶跃响应曲线来评价控制系统性能的优劣，采用某些数值型的特征参量描述系统的动态性能，这些特征参量就称为时域性能指标。下面结合图 6－1 所示的线性时不变系统的单位阶跃响应曲线定义时域性能指标。时域性能指标可分为静态性能指标和动态性能指标，其中静态性能指标主要是指静态误差e_{ss}；动态性能指标又可分为跟随性能指标和稳定性能指标，跟随性能指标主要有延迟时间、上升时间、峰值时间、调节时间、超调量等。

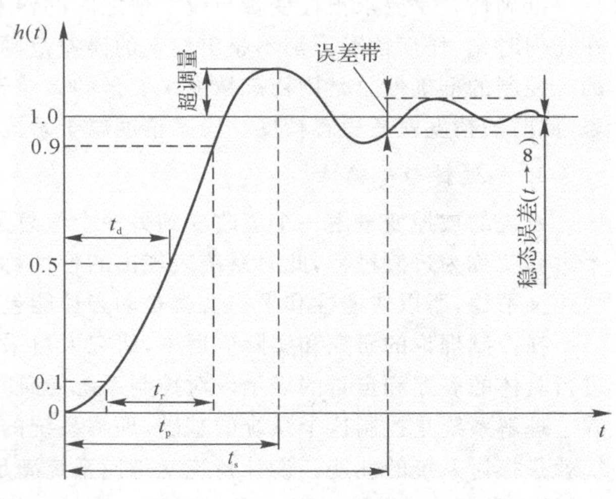

图 6－1 单位阶跃响应曲线

（1）稳态误差e_{ss}：系统控制精度的度量。它是指系统在典型信号$v_{ref}(t)$（例如阶跃输入）作用下，当时间 t 趋于无穷大时，系统实际输出值与期望值之差。利用终值定理，即有

$$e_{ss}=\lim_{t\to\infty}e(t)=\lim_{s\to 0}sE(s)=\lim_{s\to 0}\frac{sV_{ref}(s)}{1+T(s)} \tag{6-1}$$

式中：$e(t)$是系统实际输出值与期望值之差；$E(s)$、$V_{ref}(s)$分别是 $e(t)$和$v_{ref}(t)$的象函数；$T(s)$是线性时不变系统的环路增益或开环传递函数。

通常使用单位阶跃信号作为系统的输入信号。在单位阶跃信号的作用下，0 型系统的稳态误差为 $1/[1+T(0)]$，I 型或高于 I 型系统的稳态误差为零。

(2)延迟时间t_d:指从单位阶跃信号变化开始($t=0$),到输出响应从初值第一次到达稳态值$[h(\infty)]$的一半所需时间。在开关调节系统(开关电源)中,延迟时间t_d具有特殊的定义,如图 6-1 所示。延迟时间t_d是指从影响量(控制量)阶跃变化开始($t=0$)到输出电压从初始值V_{o1}向上(或向下)偏离瞬态起始值允差带的时间。起始值允差带是在图 6-1 中用虚线表示的。

(3)上升时间t_r:指输出响应从稳态值的 10%到 90%所需时间。有时为了计算方便,定义上升时间t_r从单位阶跃信号变化开始($t=0$)到输出响应从其初值第一次到达稳态值$h(\infty)$所需时间。

(4)峰值时间t_p:指从单位阶跃信号变化开始($t=0$)到输出响应到达第一个峰值所需时间。

(5)调节时间t_s:指输出响应到达并保持在稳态值的±5%或±2%误差范围内所需的最少时间。

(6)超调量$\sigma\%$:指输出响应的最大偏离量和稳态值差值与稳态值之比的百分数,即

$$\sigma\%=\frac{h(t_p)-h(\infty)}{h(\infty)}\times 100\% \tag{6-2}$$

式中:$h(t_p)$为$t=t_p$时的h值;$h(\infty)$为$h(t)$的稳态值。

上述 6 个动态性能指标基本上能表征开关调节系统动态特征。其中稳态误差e_{ss}是系统的稳态性能指标,其余 5 个指标为描述系统过渡过程的跟随性能指标。

在控制系统中,突然施加一个能使输出量降低的阶跃扰动量F以后,例如在开关调节器(开关电源)中突然加重负载,输出量由降低到恢复至其稳态值的过渡过程是系统典型的抗扰过程,如图 6-2 所示。常用动态跌落和恢复时间两个抗扰性能技术指标来衡量。

(7)动态跌落ΔV:在系统稳态工作时,突然施加一个标准规定的扰动F后,所导致的输出量跌落的最大值ΔV定义为动态跌落,其定义式为

$$\Delta V=\frac{A}{V_{o1}}\times 100\% \tag{6-3}$$

式中:V_{o1}和A分别表示原稳态值和下冲值。

输出量在动态跌落后逐渐恢复达到新的稳态值为V_{o2}。

(8)恢复时间t_v:在自动控制系统中,恢复时间t_v定义从阶跃扰动作用开始,到输出量到达并保持在新稳态值的±5%或±2%误差范围内允差带Δ所需的最少时间。在开关调节系统中,恢复时间t_v定义从$t=t_d$时刻开始,到输出量到达并保持在新稳态值的±5%或±2%差范围内允差带Δ所需的最少时间。开关调节系统中,通常取最大值$t_{vmax}<50$ ms 或由型号产品标准规定。

6.2.2　频域性能指标

频域性能指标包括穿越频率ω_c、相位裕量φ_m、增益裕量K_g、谐振频率ω_r、幅频特性谐振峰值M_r、闭环频率响应的带宽等。

1. 开环频域性能指标

下面结合图 6-3 所示的一个典型系统开环传递函数的对数幅频特性(开环对数幅频特

性）和相频特性（开环对数相频特性）介绍其开环频域性能指标。

（1）穿越频率（f_c）ω_c。开环对数幅频特性等于 0 dB 时所对应的频率值，称为开环穿越频率或截止频率ω_c。它表征系统响应的快速性能，其值越大，系统的快速性能越好。为了使阶跃响应不产生超调（对于二阶系统，$\zeta^2>0.5$），穿越频率ω_c应位于斜率为－20dB/dec 的线段上。如果中频段的斜率为－20dB/dec，则系统必然稳定。

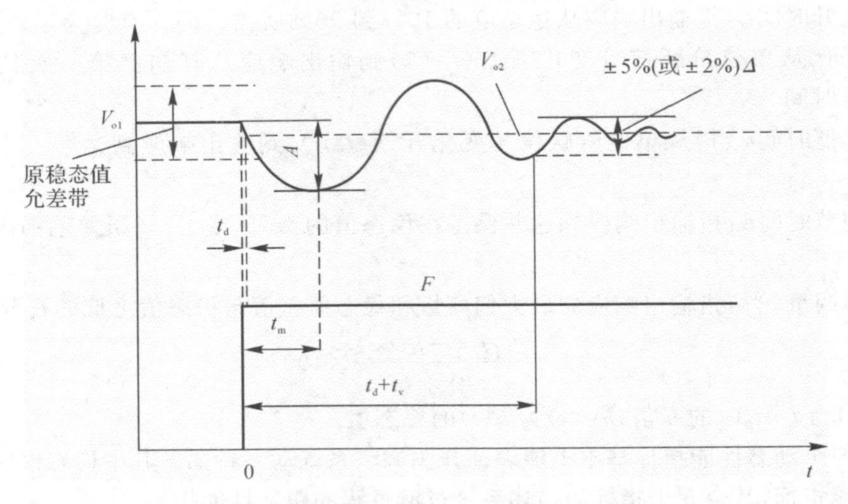

图 6－2　突加扰动的动态过程和抗扰性能指标

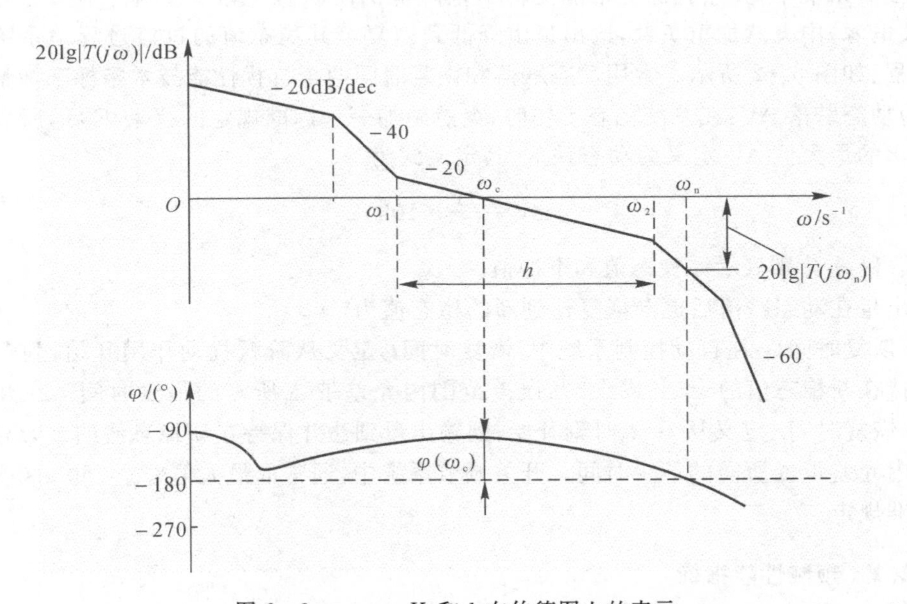

图 6－3　ω_c、φ_m、K_g和 h 在伯德图上的表示

（2）相位裕量φ_m。φ_m定义为 $\omega=\omega_c$时开环对数频率特性相频特性曲线的相位值 $\varphi(\omega_c)$与－180°之差，即

$$\varphi_m(\omega_c)=\varphi(\omega_c)+180° \tag{6-4}$$

$\varphi_m(\omega_c)$的物理意义：为了保持系统稳定，系统开环频率特性在$\omega=\omega_c$时所允许增加的最大相位滞后量。如果$\varphi_m(\omega_c)>0$，则系统稳定；如果$\varphi_m(\omega_c)=0$，则系统临界稳定；如果$\varphi_m(\omega_c)<0$，则系统不稳定。对于一个自动控制系统，通常工程领域认为$\varphi_m(\omega_c)=45°$，表示系统具有足够的相位裕度。有资料介绍，对于一个二阶系统，取$\varphi_m(\omega_c)>45°$。相位裕量$\varphi_m(\omega_c)$与超调量$\sigma\%$间的关系如下：相位裕量越大，系统的超调量越小。

(3)增益裕量K_g。指相位角$\omega_c=180°$时所对应的幅值倒数的分贝数，即

$$K_g=20\lg\frac{1}{|T_{(j\omega_g)}|}=-20\lg|T_{(j\omega_g)}|(\text{dB}) \tag{6-5}$$

K_g的物理意义：为了保持系统稳定，系统开环增益所允许增加的最大分贝数。如果$K_g>0$，则系统稳定；如果$K_g=0$，则系统临界稳定；如果$K_g<0$，则系统不稳定。对于一个自动控制系统，通常工程领域认为$K_g\geqslant 10$ dB，则系统具有足够的幅值裕度。

在工程设计时保留适当的相位裕量和增益裕量，是为了保证实际系统各器件参数发生小范围变化后系统仍是稳定的。

(4)中频宽度h。开环对数幅频特性以斜率为-20 dB/dec过横轴的线段在ω轴上所占的宽度称为中频宽度(或称中频带宽)，如图6-3所示，即

$$h=\frac{\omega_1}{\omega_2} \tag{6-6}$$

中频带宽反映了系统的稳定程度，h越大，系统的相位裕量越大。在实际应用中，为了得到较好的瞬态响应性能指标，中频宽度应大于一定数值。中频宽度越大，阶跃响应曲线越接近指数曲线。如果一个系统的阶跃响应曲线越接近指数曲线，则穿越频率ω_c和指数曲线的时间常数成反比。但是，中频带宽h越大，高频噪声越大。

由于在开关调节器中，有一类开环传递函数$T(s)$是Ⅰ型系统或经过处理后可以等效为Ⅰ型系统，所以下面以一个典型Ⅰ型系统为例，介绍闭环频域性能指标及其与开环频域性能指标、系统参数之间的关系。

设典型Ⅰ型系统的开环传递函数$T(s)$为

$$T(s)=\frac{K}{s^v\left(1+\frac{s}{\omega_1}\right)} \tag{6-7}$$

式中：$\omega_1(=1/T)$为系统的极点角频率；T为系统的惯性时间常数；K为系统的开环直流增益。因为系统为I型系统，所以，$v=1$。

对于单位反馈系统，由典型Ⅰ型系统的开环传递函数可以求出闭环传递函数$\varphi(s)$为

$$\varphi(s)=\frac{T(s)}{1+T(s)}=\frac{\omega_n^2}{s^2+2\zeta\omega_n s+\omega_n^2} \tag{6-8}$$

式中：ω_n为无阻尼时自然振荡角频率，或称为固有角频率；ζ为阻尼比，或称为衰减系数。

由式(6-8)可知，典型I型系统是个二阶系统。在经典自动控制理论中，基于系统的闭环传递函数，已经得到了二阶系统的动态性能指标与参数之间的准确解析解。闭环传递函数的频率特性($\xi>1$)如图6-4所示。下面结合图6-4介绍闭环频域性能指标以及其与开环频域性能指标、系统参数之间的关系。

2. 闭环频域性能指标

用开环对数频率特性分析和设计控制系统是一种很方便的方法。但是，用开环对数频率特性的相位裕量和幅值裕量作为分析和设计控制系统的根据，只是一种近似的方法。在进一步分析和设计控制系统时，常要用到闭环传递函数的频率特性。用闭环传递函数的频率特性评价系统的性能时，通常使用以下技术指标。

(1)零频幅值 $M(0)$。闭环传递函数在频率为零(或低频)时所对应的幅值定义为零频幅值 $M(0)$。这个指标反映系统的稳态控制精度。

当系统 0 型(即不含积分环节)系统时，在式(6－7)中，$v=0$，则由式(6－7)可得到

$$M(0)=|\varphi(\mathrm{j}\omega)|=\frac{K}{1+K}<1 \tag{6-9}$$

当系统为 I 型系统或 Ⅱ 型系统时，即含有一个积分环节或含有两个积分环节，在式(6－9)中，$v=1$ 或 2，$M(0)=1$。反之，若 $M(0)<1$，则系统为 0 型系统。系统单位阶跃响应的稳态误差 $e_{ss}\neq0$；若 $M(0)=1$，则系统为 I 型或 Ⅱ 型系统。系统单位阶跃响应的稳态误差 $e_{ss}=0$。

(2)谐振峰值 M_r。闭环幅频特性的最大值定义为谐振峰值 M_r。对于一个二阶系统，谐振峰值 M_r 为

$$M_r=\frac{1}{2\zeta\sqrt{1-\zeta^2}} \quad (0<\zeta<\sqrt{2}/2) \tag{6-10}$$

式(6－10)说明，当阻尼比 ζ 增大时，谐振峰值 M_r，随之减小。

假定谐振峰值 M_r 发生在穿越频率 ω_c 附近，M_r 谐振峰值与相位裕量 φ_m 之间存在着如下近似关系：

$$M_r\approx\frac{1}{\sin\varphi_m} \tag{6-11}$$

式(6－11)说明，谐振峰值 M_r 与相位裕量 φ_m 的正弦值存在着近似反比的关系。即相位裕量 φ_m 增大时，谐振峰值 M_r 相应减小。在设计系统时，由于相位裕量 φ_m 较为容易地通过开环传递函数求得，可以用式(6－10)近似估算谐振峰值 M_r 的值。这个公式的使用条件是 $\varphi_m<45°$。如果 $\varphi_m>45°$ 将产生较大的误差。

(3)谐振角频率 ω_r。谐振峰值 M_r 所对应的角频率定义为谐振角频率 ω_r。对于一个二阶系统，谐振角频率 ω_r 与调节时间 t_s 的近似关系为

$$t_s\approx\frac{3}{\zeta\omega_n}=\frac{3\sqrt{1-2\zeta^2}}{\zeta\omega_r} \tag{6-12}$$

式(6－12)表明，在给定 ζ 的条件下谐振角频率 ω_r 越高，调节时间 t_s 越短。因此谐振角频率 ω_r 反映了系统暂态响应的速度。

常用谐振峰值 M_r 和谐振角频率 ω_r 作为分析和设计闭环控制系统的依据。

(4)闭环频率响应的频带宽度 ω_b。闭环频率特性幅值，由其初始值——零频幅值 $M(0)$ 减小到 $0.707M(0)$ 时所对应的角频率，称为闭环截止角频率 ω_b。从 0 频至 ω_b 称为频带宽度，如图 6－4 所示。它反映了系统的响应速度。闭环截止角频率 ω_b 越大，系统的调节时间越短。

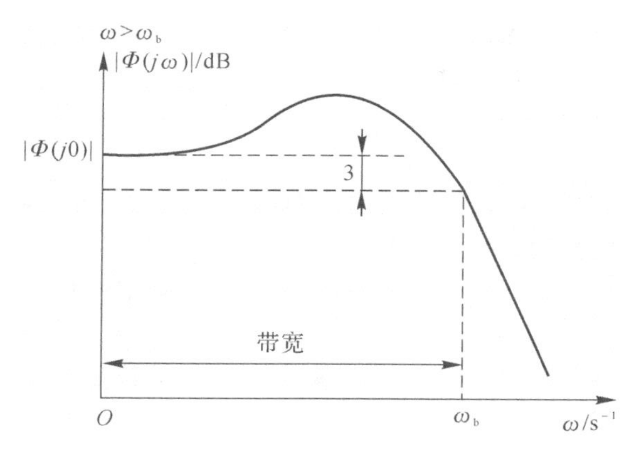

图 6-4　闭环系统的带宽角频率和带宽

6.2.3　频域性能指标与时域性能指标的关系

评价控制系统动态特性优劣的最直观、最主要的是时域指标中的超调量和过渡过程时间。在用开环频率特性来分析综合控制系统的动态特性时，有必要了解两种指标间的关系。对于二阶系统，φ_m与$\sigma\%$和ω_c与t_s之间有确定的对应关系。对于更高阶的系统，相关参数之间也有一定的近似对应关系。

对于二阶系统有

$$\varphi_m=\arctan\frac{2\zeta}{\sqrt{-2\zeta^2+\sqrt{4\zeta^4+1}}},\quad \sigma\%=e^{-\zeta\pi/\sqrt{1-\zeta^2}}\times100\%$$

高阶系统的频率特性和系统动态过程的性能指标间没有准确的关系式，但通过对大量的系统研究，有关文献给出了如下性能指标的估算公式：

$$\delta\%=0.16+0.4\left(\frac{1}{\sin\varphi_m}-1\right)\times100\%,35°\leqslant\varphi_m\leqslant90° \tag{6-13}$$

$$t_s=\frac{K\pi}{\omega_c}$$

式中：

$$K=2+1.5\left(\frac{1}{\sin\varphi_m}-1\right)+2.5\left(\frac{1}{\sin\varphi_m}-1\right)^2$$

6.3　PID 控制基本原理

PID 控制又叫比例-积分-微分控制，是一种常用的反馈控制算法，用于调节和稳定动态系统。顾名思义，它主要是由比例、积分、微分三个部分组成，通过将期望值与实际值进行比较得到误差并对其进行处理，进而达到消除系统误差的目的。

PID 控制器的优点有以下几点：

(1)简单且易于实现：PID 控制器的基本原理直观且易于理解，参数调整相对简单，可以应用于各种控制系统。

(2)快速响应:PID 控制器能够根据误差的大小快速做出相应的调整,使系统更快地达到期望状态,并具有较好的动态性能。

(3)稳定性强:PID 控制器可以通过适当地调整参数来确保系统稳定,以避免系统产生震荡或不稳定的行为。

(4)适应性强:PID 控制器通过实时监测和调整控制参数,可以适应系统运行过程中的变化,提供稳定而准确的控制。

(5)在不确定系统中效果良好:PID 控制器可以与不确定性和变化的系统一起使用,并且仍然能够提供合理的控制性能。

(6)可调节性:PID 控制器的参数可以根据实际需求进行灵活调整,以实现更好的控制效果。

尽管 PID 控制器存在一些限制,例如对非线性系统和大幅度扰动的应对能力较弱,但其简单性、适应性和稳定性使其成为广泛应用于工业自动化和控制领域的主流控制算法之一。

传统 PID 控制主要分为模拟 PID 控制与数字 PID 控制两大类,下面简单的介绍这两种方法。

6.3.1 模拟 PID 控制

经典 PID 控制器的思想是“用误差反馈来消除误差”,其原理框图如图 6-5 所示。该系统结构简单,PID 控制器与被控对象为主要组成部分,其中 PID 控制器由三部分组成,比例、积分和微分环节。数学描述如下:

$$y(t)=K_{\mathrm{P}}\left[e(t)+\frac{1}{T_{\mathrm{I}}}\int_{0}^{t}e(\tau)\mathrm{d}\tau+T_{\mathrm{D}}\frac{\mathrm{d}e(t)}{\mathrm{d}t}\right] \tag{6-14}$$

式中:K_{P}为比例系数;T_{I}为积分时间常数;T_{D}为微分时间常数。

写成传递函数的形式为

$$G(s)=\frac{U(s)}{E(s)}=K_{\mathrm{P}}\left(1+\frac{1}{T_{\mathrm{I}}s}+T_{\mathrm{D}}s\right) \tag{6-15}$$

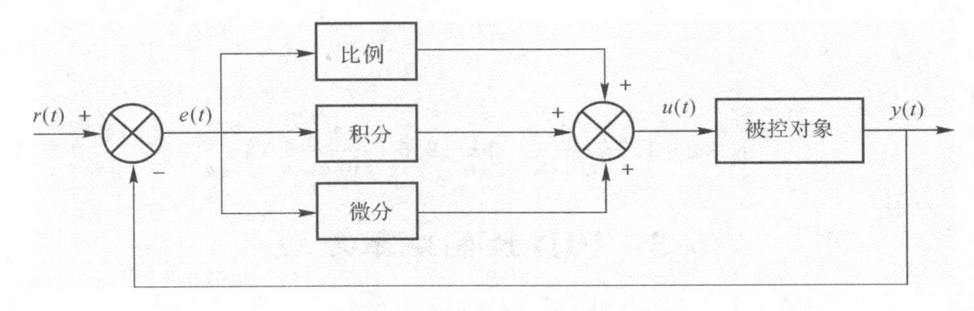

图 6-5 模拟 PID 控制系统结构

PID 控制的有效性与灵活性源于这三个可调的校正系数。从频域分析角度来看,PID 控制属于典型的滞后-超前控制。影响高频段的 PD 控制与相位超前补偿器类似,不仅能够增大相位超前角,改善系统稳定性,而且能增大系统的带宽,增快响应速度。影响低频段的 PI 控制作用与相位滞后补偿器类似,能够增大低频增益,改善静态精度。

传统电源多以模拟 PID 为主，采用输出电压反馈，利用 PID 控制器对电源输出波形进行调节。各参数的选择可基于经验法设计和基于频率响应特性反复试凑法设计，然后在现场调试中整定。这两种设计方法并没有直接量化与控制系统性能指标的关系，而是首先选择粗略的参数，通过反复调试得到最优结果，当被控对象的开环特性比较恶劣时，PID 控制无法发挥很好的调节作用。

在控制过程中，PID 控制三个环节的作用分述如下。

(1)比例(P)环节。

比例控制是一种最简单的控制方式，其控制器的输出与输入误差信号成比例关系。误差一旦产生，控制器立即发生作用，即调节控制输出，使被控量朝着减少误差的方向变化，误差减少的速度取决于比例系数K_P，K_P越大，误差减少得越快，但是很容易引起振荡，尤其是在迟滞环节比价大的情况下，K_P减少，发生振荡的可能性减少，但是调节变慢。单纯的比例控制存在稳态误差不能消除的缺点，这里就需要引入微分控制了。

(2)积分(I)环节。

在积分控制中，控制器的输出与输入误差信号的积分成正比关系。对于一个自动控制系统，如果在进入稳态后存在稳态误差，则称这个控制系统是有稳态误差的，为了消除稳态误差，在控制器中引入积分项。积分项是误差对时间的积分，随着时间的增加，积分项会逐渐增大。这样，即便误差很小，积分项也会随时间的增加而增大，推动控制器的输出增大，使稳态误差进一步减小，直到等于零。因此，比例和积分控制器，可以使系统在进入稳态后无稳态误差。

(3)微分(D)环节。

在微分控制中，控制器的输出与输入误差信号的微分(即误差的变化率)成正比关系。它能预测误差变化的趋势，从而抑制超调，提高快速性。所以对于有较大惯性或者滞后性的控制对象来讲，比例和积分(PD)控制器能改善系统在调节过程中的动态特性。

6.3.2　数字 PID 控制

数字 PID 控制方法广泛应用于计算机控制，它主要有位置式和增量式两种形式：

1. 位置式 PID 控制

计算机控制方法需进行采样控制，它的控制输出由采样时刻的误差来计算，所以不能直接使用模拟 PID 控制方法中的积分与微分项，离散化之后才能使用。按式(6-14)计算方法，将连续时间 t 用采样时刻 kT 代替，T 为采样周期，积分用求和代替，微分作用以增量代替，则可得下式变换方法：

$$\left.\begin{aligned} & t = KT,\ k = 0,1,2,L \\ & \int_0^t e(t)\mathrm{d}t \approx T\sum_{j=0}^{k} e(jT) = T\sum_{j=0}^{k} e(j) \\ & \frac{\mathrm{d}e(t)}{\mathrm{d}t} \approx \frac{e(KT) - e[(k-1)T]}{T} = \frac{e(k) - e(k-1)}{T} \end{aligned}\right\} \tag{6-16}$$

为了保证精度足够高，离散化时需要选取较短的采样周期。省去采样时间 T，便可将 $e(kT)$简化为 $e(k)$，由此简化的离散 PID 控制可表示为

$$u(k)=K_{p}\left\{e(k)+\frac{T}{T_{I}}\sum_{j=0}^{k}e(j)+\frac{T_{D}}{T}[e(k)-e(k-1)]\right\} \tag{6-17}$$

或可写为

$$u(k)=K_{P}e(k)+K_{I}\sum_{j=0}^{k}e(j)+K_{D}[e(k)-e(k-1)] \tag{6-18}$$

式中：$u(k)$为采样时刻 k 时的控制输出；$e(k)$为采样时刻 k 时的反馈误差值；$e(k-1)$为采样时刻 $k-1$ 时的反馈误差值；K_I为积分常数，K_D为微分常数，计算方法为

$$K_{I}=K_{P}\frac{T}{T_{I}},K_{D}=K_{P}\frac{T_{D}}{T} \tag{6-19}$$

式(6-17)和式(6-18)被称为位置式 PID 控制。

因为位置式 PID 控制在计算过程中，误差要不断累积，计算量很大。如果计算机在运行中出现故障，则执行机构会产生较大动作，在实际生产场合这是绝对不允许的。于是，经过工程技术人员的大量实践，研究出增量式 PID 控制算法。

2. 增量式 PID 控制

增量式 PID 的实际控制输出为增量 $\Delta u(k)$。在实际中，当执行机构只能以输出增量的方法控制时，该方法就显得必不可少。PID 控制的增量控制算法为下式：

$$\Delta u(k)=K_{P}[e(k)-e(k-1)]+K_{I}e(k)+K_{D}[e(k)-2e(k-1)+e(k-2)] \tag{6-20}$$

$$u(k)=\Delta u(k)+u(k-1) \tag{6-21}$$

式中：$u(k-1)$为 $t-1$ 时刻的控制量；$e(k-1)$，$e(k-2)$分别为 $t-1$ 和 $t-2$ 时刻的系统误差。

误差产生时执行动作较小，而且无扰动，切换容易实现是增量式 PID 控制的优势。在计算机控制系统出现问题时，可以保持先前控制输出，通过加权处理方法不难获得良好的控制效果。但是，因为积分环节的作用，有溢出影响问题，稳态误差会变大。故在选择时需仔细考虑分析，不可一概而论。为此，可考虑将增量式算法与其他控制方法结合。

6.4 小信号建模的基本思想

为了研究含有交流小信号分量的直流-直流变换器动态特性，目前研究人员已提出了多种直流-直流变换器的交流小信号分析方法。本节将介绍交流小信号建模方法的基本思路及其应用，包括如何根据解析模型建立交流小信号的等效电路模型，及分析变换器的低频动态特性等。

1. 小信号模型的建模思路——基本建模法

首先介绍一种将非线性问题线性化的常用方法。以图 6-6 所示的理想 Boost 变换器为例，已知电路工作在连续导电模式(CCM)下，占空比 D 恒定不变，输入电压和输出电压均为直流。基于这些条件，可以证明变换器的直流电压增益 M 与占空比 D 之间存在着如下非线性关系(证明过程可参见 5.2 节的内容)：

$$M=\frac{V}{V_{n}}=\frac{1}{1-D} \tag{6-22}$$

M与D的关系如图 6－7 所示。若输入电压$v_n(t)$中存在一个小信号扰动量$\hat{v}_n(t)$，为了确保输出电压恒定，则占空比$d(t)$中必然含有交流小信号分量$\hat{d}(t)$。在这种工作状态下电压增益也不再是恒定值，v/v_n随$d(t)$按非线性规律变化，且存在一个与$\hat{v}_n(t)$、$\hat{d}(t)$相对应的扰动量$\hat{m}(t)$。如果想求得$\hat{m}(t)$与$\hat{v}_n(t)$、$\hat{d}(t)$之间的关系，需要求解非线性方程。然而，当$\hat{v}_n(t)$满足$|\hat{v}_n(t)|\ll V_n$，且$\hat{d}(t)$满足$|\hat{d}(t)|\ll D$时，可近似认为v/v_n在静态工作点(D,M)附近按线性规律变化，如图 6－7 中(D,M)点的切线所示，从而使v/v_n与$d(t)$的关系线性化。也就是说，在静态工作点附近将v/v_n与$d(t)$的关系用切线近似代替实际曲线，达到了使非线性问题线性化的目的。若图 6－7 中的曲线在静态工作点(D,M)处的斜率为k，则

$$\hat{m}(t)\approx k\hat{d}(t) \tag{6-23}$$

式(6－23)表明，在静态工作点附近，各小信号分量之间存在着近似的线性关系。

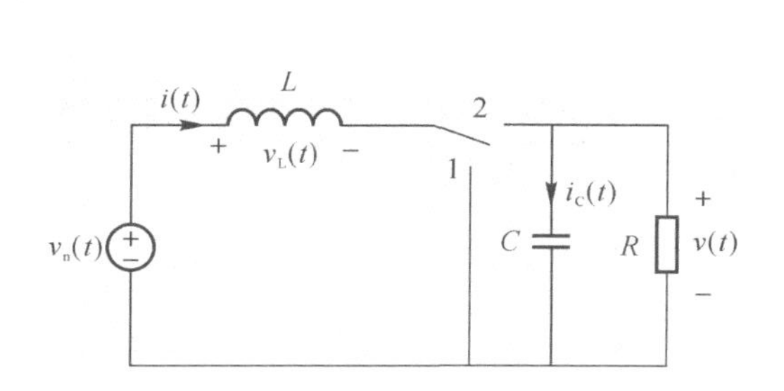

图 6－6　Boost 变换器

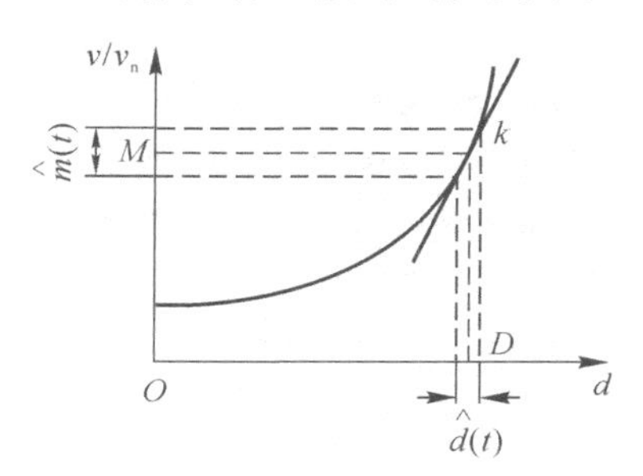

图 6－7　Boost 输出特性线性化示意图

由此可见，上述非线性问题线性化方法的基本原则为：就小信号分量而言，求得静态工作点后，在静态工作点附近用线性关系近似代替变量间的非线性关系，从而使得各小信号分量之间可以用线性方程来描述，实现了非线性系统的线性化。基于上述基本原则，人们已研究出为 DC/DC 变换器建立小信号模型的许多方法。本节以理想的 Boost 变换器为例，介绍这类方法所遵循的基本思路。

2. 求平均变量

为了求解 Boost 变换器的静态工作点，需要消除变换器中各变量的高频开关纹波分量。通常采取在一个开关周期内求变量平均值的方法，即定义变量$x(t)$在开关周期T_s内的平均值$\overline{x(t)}_{T_s}$为

$$\overline{x(t)}_{T_s}=\frac{1}{T_s}\int_t^{t+T_s}x(\tau)\mathrm{d}\tau \tag{6-24}$$

以输出电压$v(t)$的波形为例，其平均值$\overline{v(t)}_{T_s}$，为

$$\overline{v(t)}_{T_s}=\frac{1}{T_s}\int_t^{t+T_s}x(\tau)\mathrm{d}\tau \tag{6-25}$$

可见，$\overline{v(t)}_{T_s}$不再含有高频开关纹波，但保留了$v(t)$的直流分量与低频小信号分量。原因在于交流小信号的频率f_n通常远远小于开关频率f_s，因此在一个开关周期内求平均值可以滤除变量中的开关纹波，而不会对变量携带的其他信息（包括直流信息与交流小信号信息）产生太大的影响。交流小信号的频率f_n应远远小于开关频率f_s，是能够对变换器应用小信号分析方法的重要前提条件之一，即

$$f_n \ll f_s \tag{6-26}$$

这一前提条件也称为低频假设。

不仅如此，当变换器中低通滤波器的转折频率f_0远远小于开关频率f_s时，电路中状态变量所含的高频开关纹波分量已被大大衰减，远远小于直流量与低频小信号分量之和，通常可以近似认为状态变量的平均值与瞬时值相等，而不会引起较大的误差，即

$$\overline{x(t)}_{T_s} \approx x(t) \tag{6-27}$$

在分析过程中用状态变量的平均值$\overline{x(t)}_{T_s}$近似代替瞬时值$x(t)$，既可消除开关纹波的影响，又可保留有用的直流与低频交流分量的信息。

变换器的转折频率f_0远远小于开关频率f_s，是对变换器进行低频小信号分析的第二个重要前提条件，即

$$f_0 \ll f_s \tag{6-28}$$

式(6-28)也称为小纹波假设。

对于理想 Boost 变换器，当变换器满足低频假设和小纹波假设时，对于状态变量电感电流$i(t)$与电容电压$v(t)$，可以根据式(6-25)定义$\overline{i(t)}_{T_s}$与$\overline{v(t)}_{T_s}$，即

$$\left.\begin{aligned}\overline{i(t)}_{T_s} &= \frac{1}{T_s}\int_t^{t+T_s} i(\tau)\mathrm{d}\tau \\ \overline{v(t)}_{T_s} &= \frac{1}{T_s}\int_t^{t+T_s} v(\tau)\mathrm{d}\tau\end{aligned}\right\} \tag{6-29}$$

且平均变量与瞬时值近似相等，则有

$$\left.\begin{aligned}\overline{i(t)}_{T_s} &\approx i(t) \\ \overline{v(t)}_{T_s} &\approx v(t)\end{aligned}\right\} \tag{6-30}$$

为了分析变换器中各平均变量之间的关系，还需建立输入电压$v_n(t)$以及其他变量，如电感电压$v_L(t)$与电容电流$i_C(t)$的平均变量。对于输入电压$v_n(t)$，仍根据式(6-25)定义$\overline{v_n(t)}_{T_s}$，为

$$\overline{v_n(t)}_{T_s} = \frac{1}{T_s}\int_t^{t+T_s} v_n(\tau)\mathrm{d}\tau \tag{6-31}$$

当变换器满足低频假设时，在一个开关周期内，由于低频小信号的存在使输入电压发生的变化很小，因此可以认为$v_n(t)$的平均变量与其瞬时值也是近似相等的，即

$$\overline{v_n(t)}_{T_s} \approx v_n(t) \tag{6-32}$$

但是，在每个开关周期的开关切换瞬间，电感电压$v_L(t)$与电容电流$i_C(t)$这类变量会发生突变，为了求它们的平均变量，需要对 Boost 变换器在每个开关周期内的不同工作状态进行分析。

为了简化分析过程，在理想变换器中，忽略它们的导通压降和截止电流，将有源开关器件与二极管都视为理想开关，同时认为开关动作是瞬时完成的，则连续导电模式(CCM)下 DC/DC 变换器在每个开关周期内都有两种不同的工作状态。

6.5 基本升压电路小信号建模

下面具体分析基本升压电路(Boost)变换器的小信号建模过程，首先建立 Boost 电路的

平均状态变量方程。

6.5.1　建立平均变量方程

1. 工作状态1

如图6-8所示的理想Boost变换器在(CCM)模式下，在每一周期的$(0,dT_s)$时间段内，开关位于位置1，其等效电路如图6-8(a)所示。电感电压$v_L(t)$与电容电流$i_C(t)$分别为

$$v_L(t)=L\frac{di(t)}{dt}=v_n(t) \tag{6-33}$$

$$i_C(t)=C\frac{dv(t)}{dt}=-\frac{v(t)}{R} \tag{6-34}$$

当变换器满足低频假设和小纹波假设时，式(6-33)和式(6-34)中分别用$\overline{v_n(t)}_{T_s}$和$\overline{v(t)}_{T_s}$近似代替$v_n(t)$与$v(t)$，即

$$v_L(t)=L\frac{di(t)}{dt}\approx\overline{v_n(t)}_{T_s} \tag{6-35}$$

$$i_C(t)=C\frac{dv(t)}{dt}\approx-\frac{\overline{v(t)}_{T_s}}{R} \tag{6-36}$$

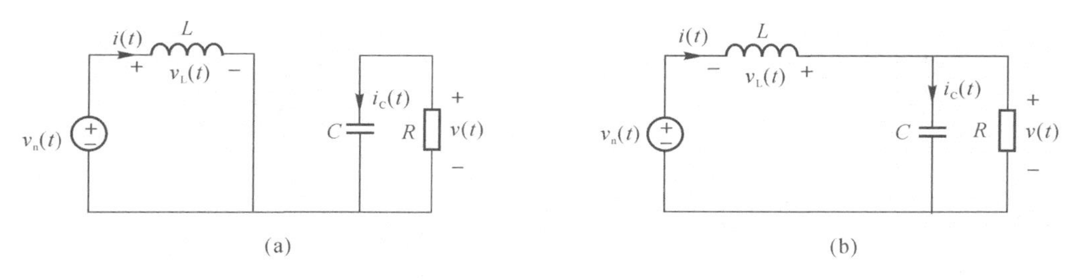

图6-8　理想Boost变换器的两种工作状态

(a)工作状态1(开关在位置1)；(b)工作状态2(开关在位置2)

再利用低频假设，当小信号的变化周期远远大于开关周期时，在一个开关周期内，由低频小信号引起的输入量与状态量的变化很小，则输入量与状态量的平均变量的变化也很小。为了简化分析，在一个开关周期内，这些平均变量可近似视为恒定不变。则在式(6-35)与式(6-36)中，将$\overline{v_n(t)}_{T_s}$和$\overline{v(t)}_{T_s}$近似视为恒值，电感电流$i(t)$和电容电压$v(t)$在每个开关周期的第一阶段内可近似为按线性规律变化，根据式(6-35)和式(6-36)可以确定变化的斜率分别为$\frac{\overline{v_n(t)}_{T_s}}{L}$和$-\frac{\overline{v(t)}_{T_s}}{RC}$，如图6-9所示。

2. 工作状态2

图6-5所示的理想Boost变换器在每一周期的dT_s时刻，开关从位置1切换到位置2，则在(dT_s,T_s)时间段内，等效电路如图6-8(b)所示。此时的电感电压$v_L(t)$与电容电流$i_C(t)$分别为

$$v_L(t)=L\frac{di(t)}{dt}=v_n(t)-v(t) \tag{6-37}$$

$$i_C(t)=C\frac{dv(t)}{dt}=i(t)-\frac{v(t)}{R} \tag{6-38}$$

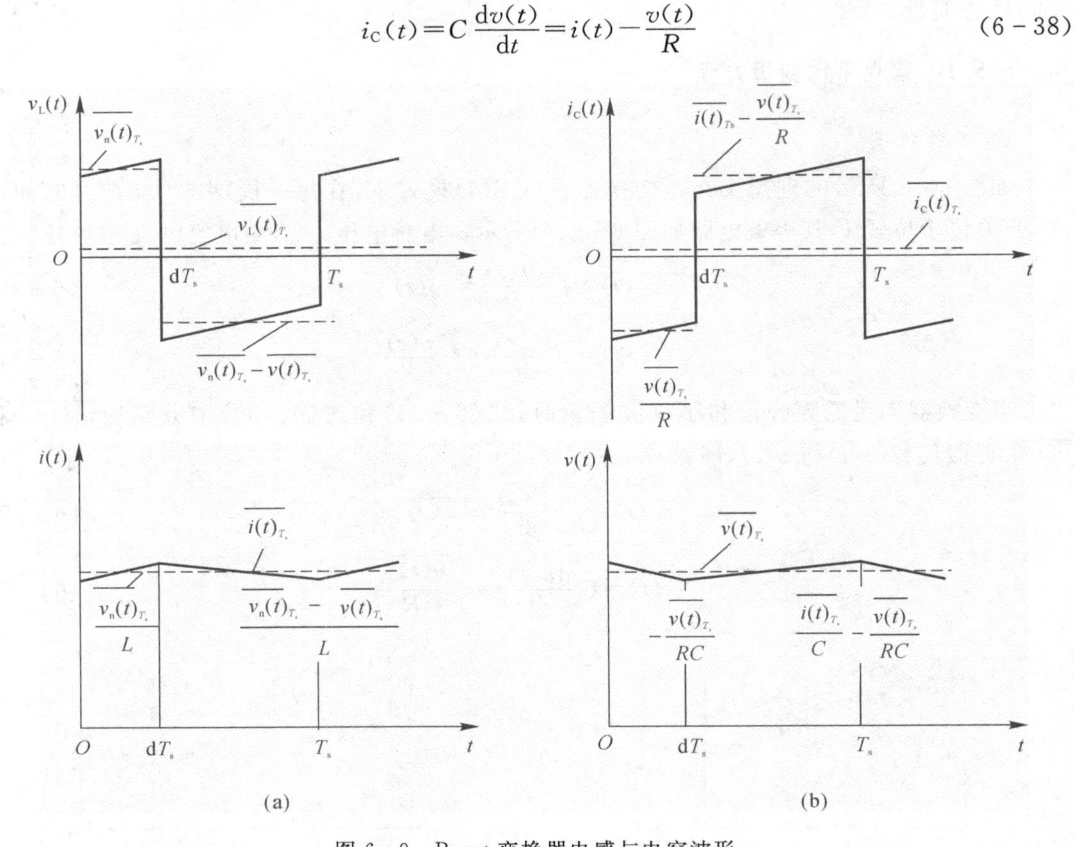

图 6-9　Boost 变换器电感与电容波形

(a)电感电压与电流；(b)电容电流与电压

为了消除开关纹波的影响，当变换器满足低频假设与小纹波假设时，采用与工作状态 1 相同的处理方法，用平均变量$\overline{v_n(t)}_{T_s}$、$\overline{v(t)}_{T_s}$与$\overline{i(t)}_{T_s}$，近似代替$v_n(t)$、$v(t)$和$i(t)$，式(6-37)与式(6-38)可近似为

$$v_L(t)=L\frac{di(t)}{dt}\approx\overline{v_n(t)}_{T_s}-\overline{v(t)}_{T_s} \tag{6-39}$$

$$i_C(t)=C\frac{dv(t)}{dt}\approx\overline{i(t)}_{T_s}-\frac{\overline{v(t)}_{T_s}}{R} \tag{6-40}$$

同理，根据低频假设，在式(6-39)与式(6-40)中，将$\overline{v_n(t)}_{T_s}$，$\overline{v(t)}_{T_s}$和$\overline{i(t)}_{T_s}$也近似视为恒值，则电感电流 $i(t)$和电容电压 $v(t)$在每周期的第二个工作阶段也可近似为按线性规律变化，其变化的斜率分别为$\frac{\overline{v_n(t)}_{T_s}-\overline{v(t)}_{T_s}}{L}$和$\frac{\overline{i(t)}_{T_s}}{C}-\frac{\overline{v(t)}_{T_s}}{RC}$，如图 6-9 所示。

通过对理想 Boost 变换器在一个开关周期内的两个工作阶段的分析，得到电感电压的分段表达式(6-35)和式(6-39)与电容电流的分段表达式(6-36)和式(6-40)。据此可以进一步得到电感电压与电容电流在一个开关周期内的平均值。首先分析电感电压$v_L(t)$，根据式(6-24)有

$$\overline{v_{\mathrm{L}}(t)}_{T_{\mathrm{s}}}=\frac{1}{T_{\mathrm{s}}}\int_{t}^{t+T_{\mathrm{s}}}v_{\mathrm{L}}(\tau)\mathrm{d}\tau=\frac{1}{T_{\mathrm{s}}}\left[\int_{t}^{t+\mathrm{d}T_{\mathrm{s}}}v_{\mathrm{L}}(\tau)\mathrm{d}\tau+\int_{t+\mathrm{d}T_{\mathrm{s}}}^{t+T_{\mathrm{s}}}v_{\mathrm{L}}(\tau)\mathrm{d}\tau\right] \tag{6-41}$$

将式(6-35)与式(6-39)代入式(6-41)得

$$\overline{v_{\mathrm{L}}(t)}_{T_{\mathrm{s}}}=\frac{1}{T_{\mathrm{s}}}\left\{\int_{t}^{t+\mathrm{d}T_{\mathrm{s}}}\overline{v_{\mathrm{n}}(\tau)}_{T_{\mathrm{s}}}\mathrm{d}\tau+\int_{t+\mathrm{d}T_{\mathrm{s}}}^{t+T_{\mathrm{s}}}\left[\overline{v_{\mathrm{n}}(\tau)}_{T_{\mathrm{s}}}-\overline{v(\tau)}_{T_{\mathrm{s}}}\right]\mathrm{d}\tau\right\} \tag{6-42}$$

若进一步认为$\overline{v_{\mathrm{n}}(t)}_{T_{\mathrm{s}}}$与$\overline{v(t)}_{T_{\mathrm{s}}}$在一个开关周期内近似恒定，则由式(6—42)可得

$$\overline{v_{\mathrm{L}}(t)}_{T_{\mathrm{s}}}=d(t)\overline{v_{\mathrm{n}}(t)}_{T_{\mathrm{s}}}+d'(t)\left[\overline{v_{n}(t)}_{T_{s}}-\overline{v(t)}_{T_{s}}\right] \tag{6-43}$$

$$d'(t)=1-d(t) \tag{6-44}$$

$\overline{v_{\mathrm{L}}(t)}_{T_{\mathrm{s}}}$如图 6-9(a)所示。

再根据式(6-24)有

$$\overline{v_{\mathrm{L}}(t)}_{T_{\mathrm{s}}}=\frac{1}{T_{\mathrm{s}}}\int_{t}^{t+T_{\mathrm{s}}}v_{L}(\tau)\mathrm{d}\tau=\frac{1}{T_{\mathrm{s}}}\int_{t}^{t+T_{\mathrm{s}}}L\frac{\mathrm{d}i_{\mathrm{L}}(\tau)}{\mathrm{d}\tau}\mathrm{d}\tau=\frac{L}{T_{\mathrm{s}}}\int_{t}^{t+T_{\mathrm{s}}}\mathrm{d}i_{\mathrm{L}}(\tau)$$

$$=\frac{L}{T_{\mathrm{s}}}\left[i_{\mathrm{L}}(t+T_{\mathrm{s}})-i_{\mathrm{L}}(t)\right]$$

且
$$L\frac{\mathrm{d}}{\mathrm{d}t}\overline{i(t)}_{T_{\mathrm{s}}}=L\frac{\mathrm{d}}{\mathrm{d}t}\frac{1}{T_{\mathrm{s}}}\int_{t}^{t+T_{\mathrm{s}}}i(\tau)\mathrm{d}\tau=\frac{L}{T_{\mathrm{s}}}\left[i_{\mathrm{L}}(t+T_{\mathrm{s}})-i_{\mathrm{L}}(t)\right]$$

所以

$$\overline{v_{\mathrm{L}}(t)}_{T_{\mathrm{s}}}=L\frac{\mathrm{d}}{\mathrm{d}t}\overline{i(t)}_{T_{\mathrm{s}}} \tag{6-45}$$

可见，电感电压与电流的平均变量之间仍保持着电感电压与电流瞬时值关系的形式。将式(6-45)代入式(6-43)可得

$$L\frac{\mathrm{d}\,\overline{i(t)}_{T_{\mathrm{s}}}}{\mathrm{d}t}=\overline{v_{\mathrm{n}}(t)}_{T_{\mathrm{s}}}-d'(t)\overline{v(t)}_{T_{\mathrm{s}}} \tag{6-46}$$

式(6-43)将电感电压的分段函数合成了一个用平均变量表达的统一表达式，式(6-46)将平均变量间的关系更进一步地表达为一阶微分方程的形式。

同理，根据电容电流的分段表达式(6-36)与式(6-40)，运用相同的分析方法也可以得到电容电流平均值的表达式为

$$\overline{i_{\mathrm{C}}(t)}_{T_{\mathrm{s}}}=d(t)\left[-\frac{\overline{v(t)}_{T_{\mathrm{s}}}}{R}\right]+d'(t)\left[\overline{i(t)}_{T_{\mathrm{s}}}-\frac{\overline{v(t)}_{T_{\mathrm{s}}}}{R}\right]=d'(t)\,\overline{i(t)}_{T_{\mathrm{s}}}-\frac{\overline{v(t)}_{T_{\mathrm{s}}}}{R} \tag{6-47}$$

以及

$$C\frac{\mathrm{d}\,\overline{v(t)}_{T_{\mathrm{s}}}}{\mathrm{d}t}=d'(t)\overline{i(t)}_{T_{\mathrm{s}}}-\frac{\overline{v(t)}_{T_{\mathrm{s}}}}{R} \tag{6-48}$$

$\overline{i_{\mathrm{C}}(t)}_{T_{\mathrm{s}}}$如图 6-9(b)所示。

至此已经得到理想 Boost 变换器中各电压与电流平均变量间的关系。

式(6-46)与式(6-48)可以视为理想 Boost 变换器的平均变量状态方程，但却是一组非线性状态方程，各平均变量与控制量 $d(t)$中同时包含着直流分量与低频小信号分量。为此，若要对变换器的性能指标进行严格的数学分析，必然涉及求解非线性微分方程，这是很困难的。在实际工程应用中，通常采取一种近似的分析方法，即遵循最初提出的非线性问题

线性化的基本思路,寻找变换器的静态工作点,在工作点处进行线性化处理。实现这一思路的具体方法是将平均变量中的直流分量与交流小信号分量分离开来,用直流分量描述变换器的稳态解,即变换器的静态工作点,用交流小信号分量描述变换器在静态工作点处的动态性能。

6.5.2 分离扰动

对于变换器中变量 $x(t)$ 的平均变量 $\overline{x(t)}_{T_s}$,可以将其分解为直流分量 X 与交流小信号分量 $\hat{x}(t)$ 两项之和,即

$$\left.\begin{aligned}\overline{x(t)}_{T_s}&=X+\hat{x}(t)\\ \hat{x}(t)&=x_m\cos\omega_n t\end{aligned}\right\} \tag{6-49}$$

式中:x_m 为小信号的幅值;ω_n 为小信号的角频率。

对 Boost 变换器的输入变量 $v_n(t)$ 及状态变量 $i(t)$、$v(t)$,应用上述分解方法有

$$\left.\begin{aligned}\overline{v_n(t)}_{T_s}&=V_n+\hat{v}_n(t)\\ \overline{i(t)}_{T_s}&=I+\hat{i}(t)\\ \overline{v(t)}_{T_s}&=V+\hat{v}(t)\end{aligned}\right\} \tag{6-50}$$

式中:V_n、I 和 V 为对应变量的直流分量;$\hat{v}_n(t)$、$\hat{i}(t)$ 和 $\hat{v}(t)$ 为对应变量的交流分量。

不仅如此,由于控制变量 $d(t)$ 中也含有同频的交流成分,因此应将 $d(t)$ 也分解为稳态值 D 与交流量 $\hat{d}(t)$ 之和,即

$$d(t)=D+\hat{d}(t) \tag{6-51}$$

为了尽可能减小在静态工作点处对变换器做线性化处理时所引入的误差,要求电路中各变量的交流分量的幅值必须远远小于相应的直流分量,这是能够对变换器应用小信号分析方法的第三个重要前提条件,也称为小信号假设,可以用下式表示

$$|\hat{x}(t)|\ll|X| \tag{6-52}$$

当 Boost 变换器满足小信号假设时,变换器中的各变量应满足

$$|\hat{V}_n(t)|\ll|V_n|,\ |\hat{i}(t)|\ll|I|,\ |\hat{V}_n(t)|\ll|V|,\ |\hat{d}(t)|\ll|D| \tag{6-53}$$

在此前提下,将式(6-50)、式(6-46)代入式(6-48)和式(6-47),使状态方程中的平均变量分解为相应的直流分量与小信号分量之和,并考虑到

$$d'(t)=1-d(t)=1-[D+\hat{d}(t)]=D'-\hat{d}(t) \tag{6-54}$$

$$D'=1-D \tag{6-55}$$

则

$$L\frac{\mathrm{d}[I+\hat{i}(t)]}{\mathrm{d}t}=[V_n+\hat{v}_n(t)]-[D'-\hat{d}(t)][V+\hat{v}(t)] \tag{6-56}$$

$$C\frac{\mathrm{d}[V+\hat{v}(t)]}{\mathrm{d}t}=[D'-\hat{d}(t)][I+\hat{i}(t)]-\frac{V+\hat{v}(t)}{R} \tag{6-57}$$

合并同类项后有

$$L\left[\frac{\mathrm{d}I}{\mathrm{d}t}+\frac{\mathrm{d}\hat{i}(t)}{\mathrm{d}t}\right]=(V_n-D'V)+[\hat{v}_n(t)-D'\hat{v}(t)+V\hat{d}(t)]+\hat{d}(t)\hat{v}(t) \tag{6-58}$$

$$C\left[\frac{\mathrm{d}V}{\mathrm{d}t}+\frac{\mathrm{d}\hat{v}(t)}{\mathrm{d}t}\right]=D'I-\frac{V}{R}+\left[D'\hat{i}(t)-\frac{\hat{v}(t)}{R}-I\hat{d}(t)\right]-\hat{d}(t)\hat{i}(t) \tag{6-59}$$

(1)分析式(6-58)。

由于等式两边的对应项必然相等,对应的直流项相等,则有

$$L\frac{\mathrm{d}I}{\mathrm{d}t}=V_{\mathrm{n}}-D'V \tag{6-60}$$

当系统进入稳态时,将 $L\frac{\mathrm{d}I}{\mathrm{d}t}=0$ 代入式(6-60)可得到 Boost 变换器稳态时的电压比 M 为

$$M=\frac{V}{V_{\mathrm{n}}}=\frac{1}{D'}=\frac{1}{1-D} \tag{6-61}$$

再令式(6-58)两边对应的交流项相等,则有

$$L\frac{\mathrm{d}\hat{i}(t)}{\mathrm{d}t}=\left[\hat{v}_{\mathrm{n}}(t)-D'\hat{v}(t)+V\hat{d}(t)\right]+\hat{d}(t)\hat{v}(t) \tag{6-62}$$

式(6-62)为根据电感的工作特性确定的交流小信号状态方程。

(2)分析式(6-59)。

同理可得

$$C\frac{\mathrm{d}V}{\mathrm{d}t}=D'I-\frac{V}{R}=0 \tag{6-63}$$

则电感电流的稳态值

$$I=\frac{V}{D'R}=\frac{V_n}{D'^2R} \tag{6-64}$$

令式(6-59)两边对应交流项相等,则有

$$C\frac{\mathrm{d}\hat{v}(t)}{\mathrm{d}t}=\left[D'\hat{i}(t)-\frac{\hat{v}(t)}{R}-I\hat{d}(t)\right]-\hat{d}(t)\hat{i}(t) \tag{6-65}$$

式(6-65)为根据电容的工作特性确定的交流小信号状态方程。

根据式(6-61)与式(6-64)即可确定理想 Boost 变换器稳态时的静态工作点。Boost 变换器的实际工作状态是在静态工作点附近作微小变化,当变换器满足小信号假设时,可以近似认为变换器的状态在静态工作点附近按线性规律变化。但是由式(6-62)与式(6-65)组成的交流小信号状态方程仍为非线性状态方程,其中分别存在非线性项 $\hat{d}(t)\hat{v}(t)$ 与 $-\hat{d}(t)\hat{i}(t)$,因此还需使非线性状态方程线性化。

6.5.3 线性化

以式(6-62)为例,其中的非线性项 $\hat{d}(t)\hat{v}(t)$ 为交流小信号的乘积项,而等式右边的其余各项均为线性项,当变换器满足小信号假设时,该乘积项幅值必远远小于其余各项的幅值,即满足

$$\left|\hat{d}(t)\hat{v}(t)\right|\ll\left|\hat{v}_n(t)-D'\hat{v}(t)+V\hat{d}(t)\right| \tag{6-66}$$

也称 $\hat{d}(t)\hat{v}(t)$ 为二阶微小量,若将其从等式中略去,不会给分析过程引入大的误差,则式(6-62)可简化为线性状态方程

$$L\frac{\mathrm{d}\hat{i}(t)}{\mathrm{d}t}=-D'\hat{v}(t)+\hat{v}_n(t)+V\hat{d}(t) \tag{6-67}$$

同理，也可将式(6－65)中的非线性项$-\hat{d}(t)\hat{i}(t)$略去，得到电容电压的交流小信号线性状态方程为

$$C\frac{\mathrm{d}\hat{v}(t)}{\mathrm{d}t}=D'\hat{i}(t)-\frac{\hat{v}(t)}{R}-I\hat{d}(t) \tag{6-68}$$

式(6－67)与式(6－68)中的静态值已由式(6－61)和式(6－64)确定，则式(6－67)与式(6－68)组成了理想 Boost 变换器交流小信号的线性解析模型。

综上，可以归纳出为 DC/DC 变换器建立 CCM 模式下小信号线性解析模型的基本思路：

(1)对变换器中的各变量求平均。当变换器满足低频假设与小纹波假设时，将输入变量与状态变量直接表示为在一个开关周期内的平均变量。再根据变换器在一个开关周期内的不同运行状态为其他变量(主要包括状态量的微分量以及其他感兴趣的变量)建立一个开关周期内统一的平均变量表达式。

(2)分解平均变量，求得静态工作点及非线性的交流小信号状态方程。

(3)对非线性的小信号状态方程进行线性化处理。当变换器满足小信号假设时，忽略非线性状态方程中的小信号乘积项，得到线性小信号解析模型。

利用上述方法还可以为 Buck、Buck－boost、Cuk 等变换器建立小信号模型。由于这一思路是其他建模方法的基础，因此称这种方法为基本建模法。

对于式(6－67)和式(6－68)可以采用解析法求解，如做拉普拉斯变换后在 s 域求解，还可以采用另一种更直观的方式，即根据解析表达式建立交流小信号的等效电路，通过求解等效电路达到求解状态方程的目的。不仅如此，根据等效电路还可以直接求出变换器中输出-输入和输出-控制变量的传递函数、输入阻抗、输出阻抗等性能指标。

6.5.4 小信号等效电路的建立

根据小信号的解析模型式(6－67)和式(6－68)，可以建立更为直观的交流小信号等效电路模型，为分析变换器的小信号特性提供方便。

(1)分析式(6－67)。

该式起源于不同阶段含电感电压的回路电压方程，经求平均变量、分离扰动与线性化处理后，仍然具有回路电压方程的形式。式中各项都具有电压的量纲，因此可以根据式(6－67)建立一个单回路电路，使该回路的电压方程符合式(6－67)。对应式中的 4 项，要求相应的回路中应包含如下 4 个元件：①对应$L\frac{\mathrm{d}\hat{i}(t)}{\mathrm{d}t}$应包含电感 L，且该回路电流即为电感电流$\hat{i}(t)$；②对应$D'\hat{v}(t)$应包含一个受控电压源，该受控电压源受输出电压$\hat{v}(t)$的控制，系数为D'；③对应$\hat{v}_n(t)$应包含一个独立电压源，其参数即为$\hat{v}_n(t)$；④对应$V\hat{d}(t)$应再设置一个独立电压源，$V\hat{d}(t)$不受电路中其他变量的影响，只能用独立电压源表示。其中，直流量 V 已确定，$\hat{d}(t)$为控制变量，由外界决定。

考虑表达式中的正负号，可以绘出图 6－10 所示的单回路电路，其回路电流为$\hat{i}(t)$，回路电压满足式(6－67)。

(2)分析式(6－68)。

该式起源于不同阶段的电容电流方程，经求平均变量、分离扰动与线性化处理后，仍具

有节点电流方程的形式，式中各项都具有电流的量纲。因此可以根据式(6-68)建立一个含有一对节点的电路，对应式中的4项，使该电路在这对节点之间有4条支路相连，每条支路中包含一个元件：①对应 $C\dfrac{\mathrm{d}\hat{v}(t)}{\mathrm{d}t}$，应设置一条包含电容 C 的支路，该电容的端电压即是这对节点间的电压，为 $\hat{v}(t)$；②对应 $D'\hat{i}(t)$，设置一条包含受控电流源 $D'\hat{i}(t)$ 的支路；③对应 $\dfrac{\hat{v}(t)}{R}$，设置一条包含电阻 R 的支路，由于节点间的电压为 $\hat{v}(t)$，该支路的电流恰好为 $\dfrac{\hat{v}(t)}{R}$；④对应 $I\hat{d}(t)$，设置一条包含独立电流源 $I\hat{d}(t)$ 的支路。考虑式中的正负号，可以绘出如图6-11所示的电路，其节点间电压为 $\hat{v}(t)$，节点电流满足式(6-68)。

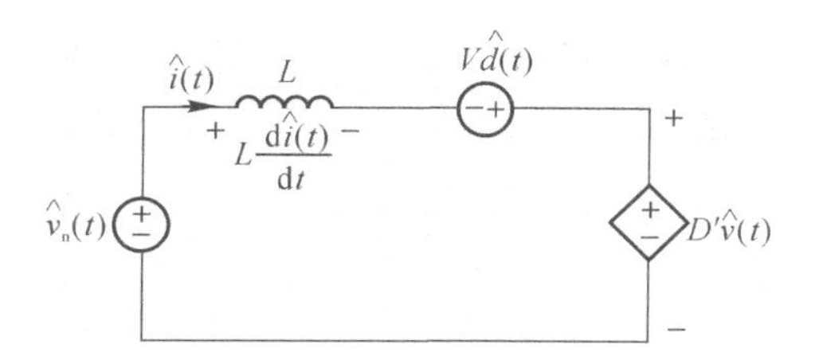

图6-10　电感回路的小信号等效电路

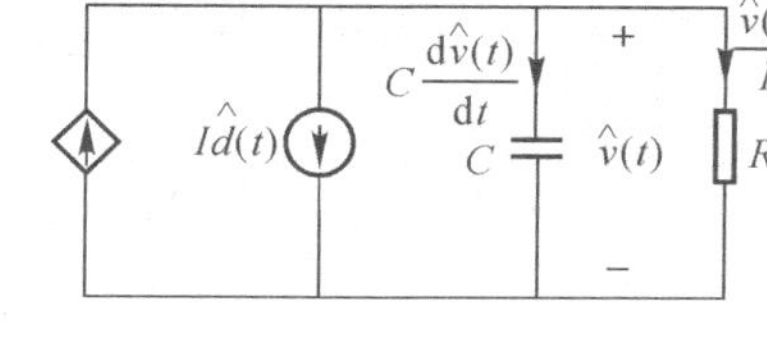

图6-11　电容回路的小信号等效电路

若将图6-10与图6-11所示的两个电路组合起来，可得到图6-12(a)所示的电路。可见，受控电压源 $D'\hat{v}(t)$ 的电压恰好为受控电流源 $D'\hat{i}(t)$ 的端电压的 D' 倍，而受控电流源 $D'\hat{i}(t)$ 的电流恰好为流入受控电压源 $D'\hat{v}(t)$ 的电流的 D' 倍，显然，受控源 $D'\hat{v}(t)$ 与 $D'\hat{i}(t)$ 的共同作用相当于一个理想变压器，变比为 D':1，如图6-12(b)所示。图6-12(b)就是完整的CCM模式下理想Boost变换器的交流小信号等效电路模型，该等效电路为线性电路，电路中独立源 $V\hat{d}(t)$ 与 $I\hat{d}(t)$ 的参数已用 V_n，$D(D')$ 和 R 表示。

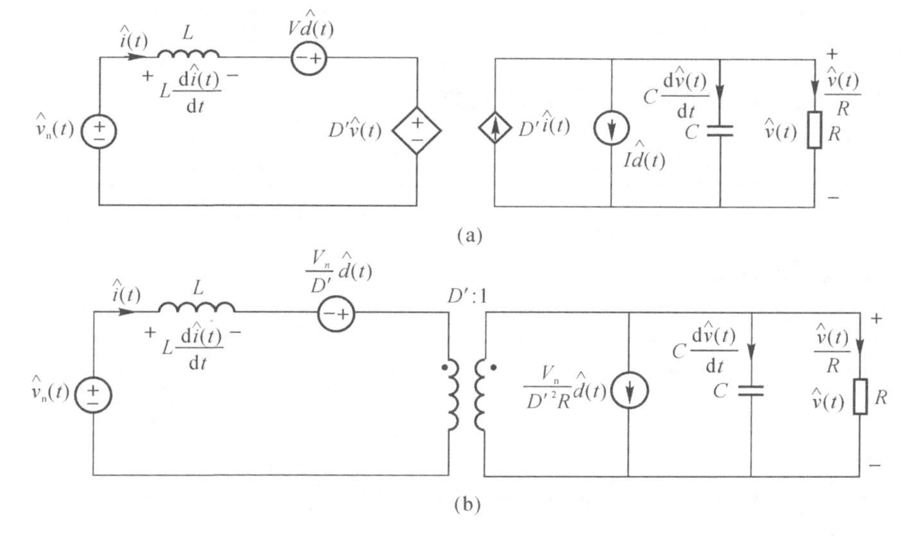

图6-12　理想Boost电路CCM模式下交流小信号等效电路模型

(a)组合后的小信号等效电路；(b)小信号等效电路模型

6.5.5 小信号等效电路的分析

图 6-12(b)直观地体现了 Boost 变换器对交流小信号的处理过程。对于输入交流小信号$\hat{v}_n(t)$，不仅按 $1/D'$的电压比将其放大(交流小信号的电压比与直流电压比相同)，同时电路中的电感和电容还组成了一个低通滤波器。一般情况下，小信号的频率f_n总是小于变换器的转折频率f_0，因此低通滤波器对$\hat{v}_n(t)$的衰减作用并不明显，输出 $\hat{v}(t)$中仍含有明显的低频小信号分量。小信号 $\hat{d}(t)$控制量在变换器中的传递过程则稍微复杂，需由电压源$V\hat{d}(t)$和电流源 $I\hat{d}(t)$共同表征，变换器对 $V\hat{d}(t)$同样具有放大与低通滤波的作用，对 $I\hat{d}(t)$则仅由电容 C 滤波。

若要进一步定量分析 Boost 变换器的低频动态特性，根据图 6-12(b)可以建立 Boost 变换器的小信号 s 域等效电路模型，如图 6-13 所示，分析图 6-13 可以得到如下各项传递函数。

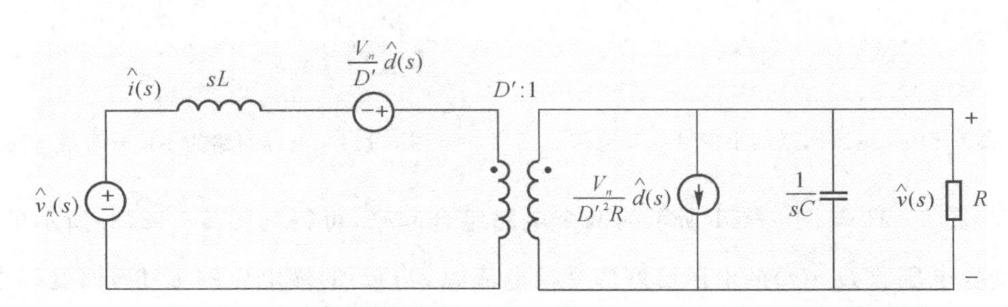

图 6-13 理想 Boost 电路 CCM 模式下交流小信号 s 域等效电路

(1)输出 $\hat{v}(s)$对输入$\hat{v}_n(s)$的传递函数$G_{vn}(s)$。

$$G_{vn}(s)=\left.\frac{\hat{v}(s)}{\hat{v}_n(s)}\right|_{\hat{d}(s)=0}=\frac{1}{D'}\frac{D'^2\left(\frac{1}{sC}//R\right)}{sL+D'^2\left(\frac{1}{sC}//R\right)}=\frac{1}{D'}\frac{1}{1+s\frac{L}{D'^2R}+s^2\frac{LC}{D'^2}} \tag{6-69}$$

(2)输出 $\hat{v}(s)$对控制变量 $\hat{d}(s)$的传递函数$G_{vd}(s)$。

$$G_{vd}(s)=\left.\frac{\hat{v}(s)}{\hat{d}(s)}\right|_{\hat{v}_n(s)=0}=\left(\frac{V_n}{D'^2}\right)\frac{1-\frac{sL}{D'^2R}}{1+s\frac{L}{D'^2R}+s^2\frac{LC}{D'^2}} \tag{6-70}$$

(3)开环输入阻抗 $Z(s)$。

令 $\hat{d}(s)=0$，则有

$$Z(s)=\left.\frac{\hat{v}_n(s)}{\hat{i}(s)}\right|_{\hat{d}(s)=0}=sL+D'^2\left(\frac{1}{sC}//R\right)=D'^2R\cdot\frac{1+s\frac{L}{D'^2R}+s^2\frac{LC}{D'^2}}{1+sCR} \tag{6-71}$$

(4)开环输出阻抗$Z_{out}(s)$。

根据图 6-13，求开环输出阻抗的电路如图 6-14 所示，则

$$Z_{out}(s)=\left.\frac{\hat{v}(s)}{\hat{i}_{out}(s)}\right|_{\hat{v}_n(s)=0,\hat{d}(s)=0}=\frac{sL}{D'^2}//\frac{1}{sC}//R=\left(\frac{L}{D'^2}\right)\frac{s}{1+s\frac{L}{D'^2R}+s^2\frac{LC}{D'^2}} \tag{6-72}$$

本节重点介绍 CCM 模式下 DC/DC 变换器建立小信号模型的基本思路(即求平均变量、分离扰动与线性化)，为后续即将介绍的状态空间平均法 DC/DC 变换器建模提供指导；同时本节指出了应用这一思路指导进行建模时，变换器必须首先满足的三个重要前提条件——低频假设、小纹波假设和小信号假设。分析变换器的另一个重要手段是根据变换器的解析模型建立等效电路模型。

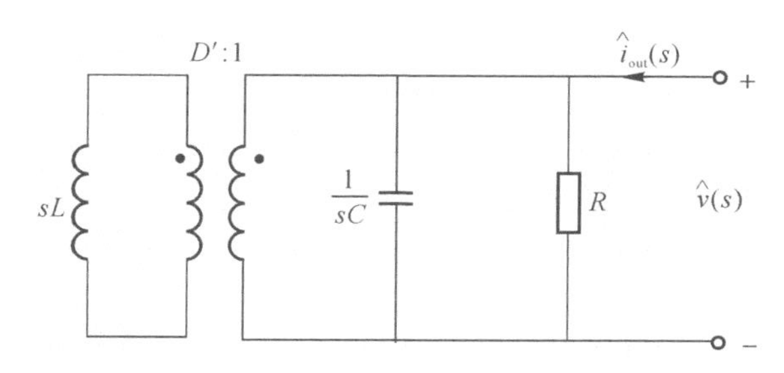

图 6－14　求开环输出阻抗的电路

本节介绍的方法适用于各种情况下的 DC/DC 变换器，包括考虑元件寄生参数以后的非理想变换器以及带变压器隔离的变换器等。

6.6　状态空间平均法建模原理

本节将介绍 CCM 模式下 DC－DC 变换器建模的另一种方法，即状态空间平均法。状态空间平均法与基本建模法遵循相同的建模思想，但用状态方程的形式对基本建模法加以整理后，简化了计算过程，使各种不同结构变换器的解析模型具有了统一的形式，因此这种方法的可操作性更强。同时，根据统一形式的状态方程，还可以进一步建立统一结构的等效电路模型，将不同的变换器纳入相同结构的等效电路中去，给变换器性能的分析与比较带来方便。

6.6.1　状态方程解析模型的建立

回顾上节介绍的基本建模法，可以发现很多表达式已经具有了状态方程的形式，对 Boost 变换器的分析也是从分析电感与电容的状态量的变化开始的，若用状态方程的形式对基本建模法的建模过程加以整理，即可得到状态空间平均法。下面沿袭与基本建模法相同的思路介绍如何为变换器建立状态方程形式的解析模型。

1. 求平均变量

首先为了滤除变换器各变量中的高频开关纹波，突显各变量中的直流分量与交流小信号分量之间的关系，仍需采取在一个开关周期内求变量平均值的方法，并以状态方程的形式建立各平均变量间的关系，称为平均变量的状态方程。

对于 CCM 模式下的理想 DC/DC 变换器，在一个开关周期内，对应开关器件的不同工作状态，通常可以将变换器的工作过程分为两个阶段。针对每个工作阶段，都可以为变换器建立线性状态方程。

(1)工作状态1。在每个开关周期的$[0,dT_s]$时间段内,针对变换器的具体工作状态为变换器建立状态方程为

$$\dot{x}(t)=\boldsymbol{A}_1\boldsymbol{x}(t)+\boldsymbol{B}_1\boldsymbol{u}(t) \tag{6-73}$$

式中:$\boldsymbol{x}(t)$ 为状态向量;$\boldsymbol{A}_1$ 为状态矩阵;$\boldsymbol{B}_1$ 为输入矩阵;$\boldsymbol{u}(t)$ 为输入向量。

为了便于研究系统中其他变量的演化情况,一般还要为变换器建立如下式所示的输出方程

$$\boldsymbol{y}(t)=\boldsymbol{C}_1\boldsymbol{x}(t)+\boldsymbol{E}_1\boldsymbol{u}(t) \tag{6-74}$$

式中:$\boldsymbol{x}(t)$为状态向量;$\boldsymbol{u}(t)$为输入向量;$\boldsymbol{A}_1$和$\boldsymbol{B}_1$分别为状态矩阵与输入矩阵;$\boldsymbol{y}(t)$为输出向量;$\boldsymbol{C}_1$和$\boldsymbol{E}_1$分别为输出矩阵和传递矩阵。

式(6-73)和式(6-74)共同组成了对变换器在每个开关周期的$[0,dT_s]$时间段内工作状态的完整描述。

(2)工作状态2。采用同样的方法,也可以为变换器在每个开关周期的$[dT_s,T_s]$时间段的工作状态建立状态方程与输出方程为

$$\dot{x}(t)=\boldsymbol{A}_2x(t)+\boldsymbol{B}_2\boldsymbol{u}(t) \tag{6-75}$$

$$\boldsymbol{y}(t)=\boldsymbol{C}_2x(t)+\boldsymbol{E}_2\boldsymbol{u}(t) \tag{6-76}$$

式(6-75)和式(6-76)中的状态向量$\boldsymbol{x}(t)$、输入向量$\boldsymbol{u}(t)$和输出向量$\boldsymbol{y}(t)$与式(6-73)和式(6-74)中相同。但由于开关器件的工作状态发生了变化,导致电路结构也相应地变化,所以矩阵$\boldsymbol{A}_2$、$\boldsymbol{B}_2$、$\boldsymbol{C}_2$和$\boldsymbol{E}_2$则具有不同的形式。

为了消除开关纹波的影响,需要对状态变量在一个开关周期内求平均,并为平均状态变量建立状态方程。根据式(6-24),可定义平均状态向量为

$$\overline{x(t)}_{T_s}=\frac{1}{T_s}\int_t^{t+T_s}x(\tau)\mathrm{d}\tau \tag{6-77}$$

同理,也可定义平均输入向量$\overline{\boldsymbol{u}(t)}_{T_s}$,与平均输出向量$\overline{\boldsymbol{y}(t)}_{T_s}$。

进一步可以得到平均状态向量对时间的导数为

$$\dot{\overline{x(t)}}_{T_s}=\frac{\mathrm{d}}{\mathrm{d}t}\overline{x(t)}_{T_s}=\frac{\mathrm{d}}{\mathrm{d}t}\left[\frac{1}{T_s}\int_t^{t+T_s}x(\tau)d\tau\right]=\frac{1}{T_s}[x(t+T_s)-x(t)] \tag{6-78}$$

且
$$\frac{1}{T_s}\int_t^{t+T_s}\dot{x}(\tau)\mathrm{d}\tau=\frac{1}{T_s}\int_t^{t+T_s}\left[\frac{dx(\tau)}{d\tau}\right]\mathrm{d}\tau=\frac{1}{T_s}[x(t+T_s)-x(t)]$$

所以

$$\dot{\overline{x(t)}}_{T_s}=\frac{1}{T_s}\int_t^{t+T_s}\dot{x}(\tau)\mathrm{d}\tau \tag{6-79}$$

对式(6-79)右端作分段积分,并将式(6-73)和式(6-75)代入,则有

$$\begin{aligned}\dot{\overline{x(t)}}_{T_s}&=\frac{1}{T_s}\left[\int_t^{t+\mathrm{d}T_s}\dot{x}(\tau)\mathrm{d}\tau+\int_{t+\mathrm{d}T_s}^{t+T_s}\dot{x}(\tau)\mathrm{d}\tau\right]\\&=\frac{1}{T_s}\left\{\int_t^{t+dT_s}[\boldsymbol{A}_1x(\tau)+\boldsymbol{B}_1u(\tau)]\mathrm{d}\tau+\int_{t+dT_s}^{t+T_s}[\boldsymbol{A}_2x(\tau)+\boldsymbol{B}_2u(\tau)]\mathrm{d}\tau\right\}\end{aligned} \tag{6-80}$$

根据前面的分析,当变换器满足低频假设与小纹波假设时,用状态变量与输入变量在一个开关周期内的平均值代替瞬时值,并近似认为平均值在一个开关周期内维持恒值,不会给分析引入较大的误差,即

$$\left.\begin{aligned}\overline{x(t)}_{T_s} &\approx x(t)\\ \overline{u(t)}_{T_s} &\approx u(t)\end{aligned}\right\} \tag{6-81}$$

且$\overline{x(t)}_{T_s}$与$\overline{u(t)}_{T_s}$，在一个开关周期内可视为常量。则式(6-80)可近似化简为

$$\begin{aligned}\dot{\overline{x(t)}}_{T_s} &\approx \frac{1}{T_s}\left\{\int_t^{t+dT_s}\left[\boldsymbol{A}_1\,\overline{x(\tau)}_{T_s}+\boldsymbol{B}_1\,\overline{u(\tau)}_{T_s}\right]\mathrm{d}\tau+\int_{t+dT_s}^{t+T_s}\left[\boldsymbol{A}_2\,\overline{x(\tau)}_{T_s}+\boldsymbol{B}_2\,\overline{u(\tau)}_{T_s}\right]\mathrm{d}\tau\right\}\\ &\approx \frac{1}{T_s}\left\{\left[\boldsymbol{A}_1\,\overline{x(\tau)}_{T_s}+\boldsymbol{B}_1\,\overline{u(\tau)}_{T_s}\right]dT_s+\left[\boldsymbol{A}_2\,\overline{x(\tau)}_{T_s}+\boldsymbol{B}_2\,\overline{u(\tau)}_{T_s}\right]d'T_s\right\}\end{aligned} \tag{6-82}$$

整理后，得

$$\dot{\overline{x(t)}}_{T_s}=\left[d(t)\boldsymbol{A}_1+d'(t)\boldsymbol{A}_2\right]\overline{x(t)}_{T_s}+\left[d(t)B_1+d'(t)\boldsymbol{B}_2\right]\overline{u(t)}_{T_s} \tag{6-83}$$

式(6-83)即为 CCM 模式下 DC/DC 变换器平均变量状态方程的一般形式。

采取相同的分析方法对输出向量求平均，利用式(6-74)和式(6-76)，可得输出方程为

$$\overline{y(t)}_{T_s}=\left[d(t)\boldsymbol{C}_1+d'(t)\boldsymbol{C}_2\right]\overline{x(t)}_{T_s}+\left[d(t)\boldsymbol{E}_1+d'(t)\boldsymbol{E}_2\right]\overline{u(t)}_{T_s} \tag{6-84}$$

式(6-83)和式(6-84)共同组成了用平均向量表达的状态方程形式的变换器解析模型。引入平均向量后，可以对变换器在一个开关周期内不同阶段的工作状态进行综合考虑，并用统一的表达式表达。

2．分离扰动

得到平均变量状态方程以后，为了进一步确定变换器的静态工作点，并分析交流小信号在静态工作点处的工作状况，应对平均变量进行分解，分解为直流分量与交流小信号分量之和。对平均向量$\overline{\boldsymbol{x}(t)}_{T_s}$、$\overline{\boldsymbol{u}(t)}_{T_s}$和$\overline{\boldsymbol{y}(t)}_{T_s}$可作如下分解：

$$\left.\begin{aligned}\overline{\boldsymbol{x}(t)}_{T_s} &=\boldsymbol{X}+\hat{\boldsymbol{x}}(t)\\ \overline{\boldsymbol{u}(t)}_{T_s} &=\boldsymbol{U}+\hat{\boldsymbol{u}}(t)\\ \overline{\boldsymbol{y}(t)}_{T_s} &=\boldsymbol{Y}+\hat{\boldsymbol{y}}(t)\end{aligned}\right\} \tag{6-85}$$

式中：$\boldsymbol{X}$、$\boldsymbol{U}$、$\boldsymbol{Y}$ 分别是与状态向量、输入向量和输出向量对应的直流分量向量；$\hat{\boldsymbol{x}}(t)$、$\hat{\boldsymbol{u}}(t)$、$\hat{\boldsymbol{y}}(t)$则分别是对应的交流小信号分量向量。

同时对含有交流分量的控制量 $d(t)$也进行分解，分解形式同前，则有

$$\left.\begin{aligned}d(t)&=D+\hat{d}(t)\\ d'(t)&=1-d(t)=D'-\hat{d}(t)\end{aligned}\right\} \tag{6-86}$$

而且变换器满足小信号假设，即各变量的交流小信号分量的幅值均远远小于对应的直流分量。

将式(6-85)和式(6-86)代入式(6-83)和式(6-84)，得

$$\begin{aligned}\dot{X}+\dot{\hat{x}}(t) = &\left\{\left[D+\hat{d}(t)\right]\boldsymbol{A}_1+\left[D'-\hat{d}(t)\right]\boldsymbol{A}_2\right\}\left[X+\hat{x}(t)\right]+\\ &\left\{\left[D+\hat{d}(t)\right]\boldsymbol{B}_1+\left[D'-\hat{d}(t)\right]\boldsymbol{B}_2\right\}\left[U+\hat{u}(t)\right]\end{aligned} \tag{6-87}$$

$$\begin{aligned}Y+\hat{y}(t) = &\left\{\left[D+\hat{d}(t)\right]\boldsymbol{C}_1+\left[D'-\hat{d}(t)\right]\boldsymbol{C}_2\right\}\left[X+\hat{x}(t)\right]+\\ &\left\{\left[D+\hat{d}(t)\right]\boldsymbol{E}_1+\left[D'-\hat{d}(t)\right]\boldsymbol{E}_2\right\}\left[U+\hat{u}(t)\right]\end{aligned} \tag{6-88}$$

合并同类项后，有

$$\dot{X}+\dot{\hat{x}}(t)=(D\boldsymbol{A}_1+D'\boldsymbol{A}_2)X+(D\boldsymbol{B}_1+D'\boldsymbol{B}_2)U+(D\boldsymbol{A}_1+D'\boldsymbol{A}_2)\hat{x}(t)+(D\boldsymbol{B}_1+D'\boldsymbol{B}_2)\hat{u}(t)+[(\boldsymbol{A}_1-\boldsymbol{A}_2)X+(\boldsymbol{B}_1-\boldsymbol{B}_2)U]\hat{d}(t)+(\boldsymbol{A}_1-\boldsymbol{A}_2)\hat{x}(t)\hat{d}(t)+(\boldsymbol{B}_1-\boldsymbol{B}_2)\hat{u}(t)\hat{d}(t) \tag{6-89}$$

$$Y+\hat{y}(t)=(D\boldsymbol{C}_1+D'\boldsymbol{C}_2)X+(D\boldsymbol{E}_1+D'\boldsymbol{E}_2)U+(D\boldsymbol{C}_1+D'\boldsymbol{C}_2)\hat{x}(t)+(D\boldsymbol{E}_1+D'\boldsymbol{E}_2)\hat{u}(t)+[(\boldsymbol{C}_1-\boldsymbol{C}_2)X+(\boldsymbol{E}_1-\boldsymbol{E}_2)U]\hat{d}(t)+(\boldsymbol{C}_1-\boldsymbol{C}_2)\hat{x}(t)\hat{d}(t)+(\boldsymbol{E}_1-\boldsymbol{E}_2)\hat{u}(t)\hat{d}(t) \tag{6-90}$$

令

$$\left.\begin{aligned}\boldsymbol{A}&=D\boldsymbol{A}_1+D'\boldsymbol{A}_2\\ \boldsymbol{B}&=D\boldsymbol{B}_1+D'\boldsymbol{B}_2\\ \boldsymbol{C}&=D\boldsymbol{C}_1+D'\boldsymbol{C}_2\\ \boldsymbol{E}&=D\boldsymbol{E}_1+D'\boldsymbol{E}_2\end{aligned}\right\} \tag{6-91}$$

则式(6-89)及式(6-90)可简记为

$$\dot{X}+\dot{\hat{x}}(t)=\boldsymbol{A}X+\boldsymbol{B}U+\boldsymbol{A}\hat{x}(t)+\boldsymbol{B}\hat{u}(t)+[(\boldsymbol{A}_1-\boldsymbol{A}_2)X+(\boldsymbol{B}_1-\boldsymbol{B}_2)U]\hat{d}(t)+(\boldsymbol{A}_1-\boldsymbol{A}_2)\hat{x}(t)\hat{d}(t)+(\boldsymbol{B}_1-\boldsymbol{B}_2)\hat{u}(t)\hat{d}(t) \tag{6-92}$$

$$Y+\hat{y}(t)=\boldsymbol{C}X+\boldsymbol{E}U+\boldsymbol{C}\hat{x}(t)+\boldsymbol{E}\hat{u}(t)+[(\boldsymbol{C}_1-\boldsymbol{C}_2)X+(\boldsymbol{E}_1-\boldsymbol{E}_2)U]\hat{d}(t)+(\boldsymbol{C}_1-\boldsymbol{C}_2)\hat{x}(t)\hat{d}(t)+(\boldsymbol{E}_1-\boldsymbol{E}_2)\hat{u}(t)\hat{d}(t) \tag{6-93}$$

在式(6-92)和式(6-93)中，等号两边的直流量与交流量必然对应相等。使直流量对应相等可得

$$\dot{X}=\boldsymbol{A}X+\boldsymbol{B}U \tag{6-94}$$

$$Y=\boldsymbol{C}X+\boldsymbol{E}U \tag{6-95}$$

且稳态时状态向量的直流分量 X 为常数，$\dot{X}=0$。由式(6-94)和式(6-95)可以解得变换器的静态工作点为

$$X=-\boldsymbol{A}^{-1}\boldsymbol{B}U \tag{6-96}$$

$$Y=(\boldsymbol{E}-\boldsymbol{C}\boldsymbol{A}^{-1}\boldsymbol{B})U \tag{6-97}$$

再使式(6-92)和式(6-93)中对应的交流项相等，可得

$$\dot{\hat{x}}(t)=A\hat{x}(t)+B\hat{u}(t)+[(\boldsymbol{A}_1-\boldsymbol{A}_2)X+(\boldsymbol{B}_1-\boldsymbol{B}_2)U]\hat{d}(t)+(\boldsymbol{A}_1-\boldsymbol{A}_2)\hat{x}(t)\hat{d}(t)+(\boldsymbol{B}_1-\boldsymbol{B}_2)\hat{u}(t)\hat{d}(t) \tag{6-98}$$

$$\hat{y}(t)=C\hat{x}(t)+E\hat{u}(t)+[(\boldsymbol{C}_1-\boldsymbol{C}_2)X+(\boldsymbol{E}_1-\boldsymbol{E}_2)U]\hat{d}(t)+(\boldsymbol{C}_1-\boldsymbol{C}_2)\hat{x}(t)\hat{d}(t)+(\boldsymbol{E}_1-\boldsymbol{E}_2)\hat{u}(t)\hat{d}(t) \tag{6-99}$$

式(6-98)和式(6-99)分别为变换器的交流小信号状态方程与输出方程，方程中状态向量的稳态值 X 由式(6-96)确定。但式(6-98)和式(6-99)为非线性方程，还需在静态工作点附近将其线性化。

3．线性化

分析式(6-98)和式(6-99)，等号右侧的非线性项均为小信号的乘积项。根据前面的分析，当变换器满足小信号假设时，小信号乘积项的幅值必远远小于等号右侧其余各项的幅值，因此可以将这些乘积项从方程中略掉，而不会给分析引入较大的误差，从而达到将非线

性的小信号方程线性化的目的。

采用这一方法对式(6－98)和式(6－99)作线性化处理，即从中分别略去 $(A_1-A_2)\times\hat{x}(t)\hat{d}(t)+(B_1-B_2)\hat{u}(t)\hat{d}(t)$ 和 $(C_1-C_2)\hat{x}(t)\hat{d}(t)+(E_1-E_2)\hat{u}(t)\hat{d}(t)$ 两项，得到线性化的小信号状态方程与输出方程为

$$\dot{\hat{x}}(t)=\boldsymbol{A}\hat{x}(t)+\boldsymbol{B}\hat{u}(t)+[(\boldsymbol{A}_1-\boldsymbol{A}_2)X+(\boldsymbol{B}_1-\boldsymbol{B}_2)U]\hat{d}(t) \tag{6-100}$$

$$\hat{y}(t)=\boldsymbol{C}\hat{x}(t)+\boldsymbol{E}\hat{u}(t)+[(\boldsymbol{C}_1-\boldsymbol{C}_2)X+(\boldsymbol{E}_1-\boldsymbol{E}_2)U]\hat{d}(t) \tag{6-101}$$

式(6－100)和式((6－101)即是用状态空间平均法为 *CCM* 模式下 *DC*－*DC* 变换器建立的交流小信号解析模型。可见，状态空间平均法的建模思路与基本建模法完全相同，仍然采用求平均、分离扰动与线性化的方法，只是其最终结果是以状态方程的形式表达。然而这种统一的表达形式使得状态空间平均法更具普遍适用性，对于不同类型的变换器，只需求出其各项矩阵 $\boldsymbol{A}_1$、$\boldsymbol{A}_2$、$\boldsymbol{A}$、$\boldsymbol{B}_1$、$\boldsymbol{B}_2$、$\boldsymbol{B}$、$\boldsymbol{C}_1$、$\boldsymbol{C}_2$、$\boldsymbol{C}$、$\boldsymbol{E}_1$、$\boldsymbol{E}_2$、$\boldsymbol{E}$ 代入结果方程即可，省略了许多复杂的中间计算过程。

6.6.2　在理想 Buck 变换器分析中的应用

本节以图 6－15 所示的理想 Buck 变换器为例，具体说明如何应用状态空间平均法确定变换器的静态工作点，并建立状态方程形式的小信号解析模型。

根据前面的分析，首先应为理想 Buck 变换器在一个开关周期内的两种不同工作状态建立状态方程与输出方程。取电感电流 $i(t)$ 和电容电压 $v(t)$ 作为状态变量，组成二维状态向量 $\boldsymbol{x}(t)=[i(t)\quad v(t)]^{\mathrm{T}}$；取输入电压 $v_{\mathrm{n}}(t)$ 作为输入变量，组成一维输入向量 $\boldsymbol{u}(t)=[v_{\mathrm{n}}(t)]$；取电压源 $v_{\mathrm{n}}(t)$ 的输出电流 $i_{\mathrm{n}}(t)$ 和变换器的输出电压 $v(t)$ 作为输出变量，组成二维输出向量 $\boldsymbol{y}(t)=[i_{\mathrm{n}}(t)\quad v(t)]^{\mathrm{T}}$。

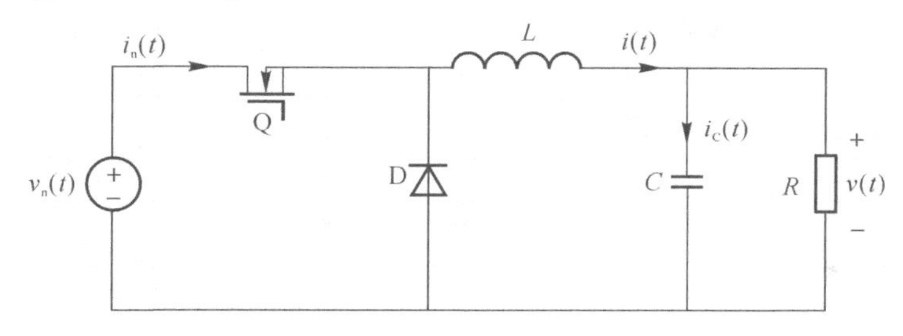

图 6－15　理想 Buck 变换器

1. 工作状态 1

理想 Buck 变换器在连续导电模式下，在每一周期的 $(0,dT_{\mathrm{s}})$ 时间段内，Q 导通，D 截止，此时等效电路如图 6－16(a)所示。电感电压 $v_{\mathrm{L}}(t)$ 与电容电流 $i_{\mathrm{C}}(t)$ 分别为

$$\left.\begin{aligned} v_{\mathrm{L}}(t)&=L\frac{\mathrm{d}i(t)}{\mathrm{d}t}=v_{\mathrm{n}}(t)-v(t)\\ i_{\mathrm{C}}(t)&=C\frac{\mathrm{d}v(t)}{\mathrm{d}t}=i(t)-\frac{v(t)}{R}\end{aligned}\right\} \tag{6-102}$$

输入电流 $i_{\mathrm{n}}(t)$ 即为电感电流 $i(t)$，输出电压 $v(t)$ 即为电容电压，则有

$$\left.\begin{aligned} i_{\mathrm{n}}(t)&=i(t) \\ v(t)&=v(t) \end{aligned}\right\} \tag{6-103}$$

将式(6-103)与式(6-102)写成状态方程与输出方程的形式为

$$\begin{bmatrix} \dot{i}(t) \\ \dot{v}(t) \end{bmatrix}=\begin{bmatrix} 0 & -\frac{1}{L} \\ \frac{1}{C} & -\frac{1}{RC} \end{bmatrix}\begin{bmatrix} i(t) \\ v(t) \end{bmatrix}+\begin{bmatrix} \frac{1}{L} \\ 0 \end{bmatrix}[v_{\mathrm{n}}(t)] \tag{6-104}$$

$$\begin{bmatrix} i_n(t) \\ v(t) \end{bmatrix}=\begin{bmatrix} 1 & 0 \\ 0 & 1 \end{bmatrix}\begin{bmatrix} i(t) \\ v(t) \end{bmatrix}+\begin{bmatrix} 0 \\ 0 \end{bmatrix}[v_{\mathrm{n}}(t)] \tag{6-105}$$

将式(6-104)和式(6-105)与式(6-73)和式(6-74)相对照，可以确定矩阵$\boldsymbol{A}_1$、$\boldsymbol{B}_1$、$\boldsymbol{C}_1$、$\boldsymbol{E}_1$分别为

$$\boldsymbol{A}_1=\begin{bmatrix} 0 & -\frac{1}{L} \\ \frac{1}{C} & -\frac{1}{RC} \end{bmatrix} \quad \boldsymbol{B}_1=\begin{bmatrix} \frac{1}{L} \\ 0 \end{bmatrix} \quad \boldsymbol{C}_1=\begin{bmatrix} 1 & 0 \\ 0 & 1 \end{bmatrix} \quad \boldsymbol{E}_1=\begin{bmatrix} 0 \\ 0 \end{bmatrix} \tag{6-106}$$

2. 工作状态 2

理想 Buck 变换器在每一周期的(dT_s, T_s)时间段内，Q截止，D导通，此时电路如图 6-16(b)所示。这阶段的电感电压$v_{\mathrm{L}}(t)$与电容电流$i_{\mathrm{C}}(t)$分别为

$$\left.\begin{aligned} v_{\mathrm{L}}(t)&=L\frac{\mathrm{d}i(t)}{\mathrm{d}t}=-v(t) \\ i_{\mathrm{C}}(t)&=C\frac{\mathrm{d}v(t)}{\mathrm{d}t}=i(t)-\frac{v(t)}{R} \end{aligned}\right\} \tag{6-107}$$

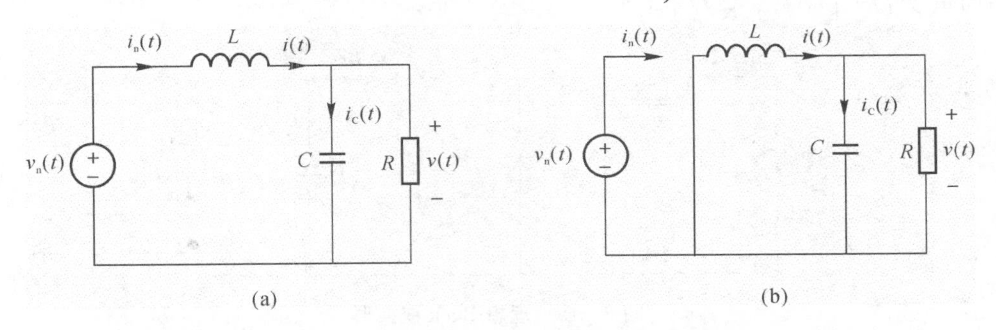

图 6-16 理想 Buck 变换器的两种工作状态
(a)工作状态 1；(b)工作状态 2

由于Q截止，输入电流$i_n(t)$为 0，输出电压$v(t)$仍为电容电压，则有

$$\left.\begin{aligned} i_{\mathrm{n}}(t)&=0 \\ v(t)&=v(t) \end{aligned}\right\} \tag{6-108}$$

将式(6-107)与式(6-108)整理成状态方程与输出方程的形式为

$$\begin{bmatrix} \dot{i}(t) \\ \dot{v}(t) \end{bmatrix} = \begin{bmatrix} 0 & -\dfrac{1}{L} \\ \dfrac{1}{C} & -\dfrac{1}{RC} \end{bmatrix} \begin{bmatrix} i(t) \\ v(t) \end{bmatrix} + \begin{bmatrix} 0 \\ 0 \end{bmatrix} [v_n(t)] \tag{6-109}$$

$$\begin{bmatrix} i_n(t) \\ v(t) \end{bmatrix} = \begin{bmatrix} 0 & 0 \\ 0 & 1 \end{bmatrix} \begin{bmatrix} i(t) \\ v(t) \end{bmatrix} + \begin{bmatrix} 0 \\ 0 \end{bmatrix} [v_n(t)] \tag{6-110}$$

将式(6－109)和式(6－110)与式(6－75)和式(6－76)相对照，可以确定矩阵$\boldsymbol{A}_2$、$\boldsymbol{B}_2$、$\boldsymbol{C}_2$、$\boldsymbol{E}_2$分别为

$$\boldsymbol{A}_2 = \begin{bmatrix} 0 & -\dfrac{1}{L} \\ \dfrac{1}{C} & -\dfrac{1}{RC} \end{bmatrix} \quad \boldsymbol{B}_2 = \begin{bmatrix} 0 \\ 0 \end{bmatrix} \quad \boldsymbol{C}_2 = \begin{bmatrix} 0 & 0 \\ 0 & 1 \end{bmatrix} \quad \boldsymbol{E}_2 = \begin{bmatrix} 0 \\ 0 \end{bmatrix} \tag{6-111}$$

求得$\boldsymbol{A}_1$、$\boldsymbol{A}_2$、$\boldsymbol{B}_1$、$\boldsymbol{B}_2$、$\boldsymbol{C}_1$、$\boldsymbol{C}_2$、$\boldsymbol{E}_1$、$\boldsymbol{E}_2$之后，可以根据式(6－96)和式(6－97)直接确定 Buck 变换器的静态工作点。为此，将式(6－106)和式(6－111)代入式(6－91)求得矩阵$\boldsymbol{A}$、$\boldsymbol{B}$、$\boldsymbol{C}$、$\boldsymbol{E}$分别为

$$\boldsymbol{A} = DA_1 + D'A_2 = D\begin{bmatrix} 0 & -\dfrac{1}{L} \\ \dfrac{1}{C} & -\dfrac{1}{RC} \end{bmatrix} + D'\begin{bmatrix} 0 & -\dfrac{1}{L} \\ \dfrac{1}{C} & -\dfrac{1}{RC} \end{bmatrix} = \begin{bmatrix} 0 & -\dfrac{1}{L} \\ \dfrac{1}{C} & -\dfrac{1}{RC} \end{bmatrix} \tag{6-112}$$

$$\boldsymbol{B} = DB_1 + D'B_2 = D\begin{bmatrix} \dfrac{1}{L} \\ 0 \end{bmatrix} + D'\begin{bmatrix} 0 \\ 0 \end{bmatrix} = \begin{bmatrix} \dfrac{D}{L} \\ 0 \end{bmatrix} \tag{6-113}$$

$$\boldsymbol{C} = DC_1 + D'C_2 = D\begin{bmatrix} 1 & 0 \\ 0 & 1 \end{bmatrix} + D'\begin{bmatrix} 0 & 0 \\ 0 & 1 \end{bmatrix} = \begin{bmatrix} D & 0 \\ 0 & 1 \end{bmatrix} \tag{6-114}$$

$$\boldsymbol{E} = DE_1 + D'E_2 = D\begin{bmatrix} 0 \\ 0 \end{bmatrix} + D'\begin{bmatrix} 0 \\ 0 \end{bmatrix} = \begin{bmatrix} 0 \\ 0 \end{bmatrix} \tag{6-115}$$

与状态向量、输入向量和输出向量相对应的直流分量向量分别为 $\boldsymbol{X} = [I \quad V]^{\mathrm{T}}$，$\boldsymbol{U} = [V_n]^{\mathrm{T}}$及$\boldsymbol{Y} = [I_n \quad V]^{\mathrm{T}}$。将式(6－112)～式(6－115)代入式(6－96)和式(6－97)，可以确定理想 Buck 变换器的静态工作点为

$$\begin{bmatrix} I \\ V \end{bmatrix} = -\begin{bmatrix} 0 & -\dfrac{1}{L} \\ \dfrac{1}{C} & -\dfrac{1}{RC} \end{bmatrix}^{-1} \begin{bmatrix} \dfrac{D}{L} \\ 0 \end{bmatrix} V_n = \begin{bmatrix} \dfrac{D}{R} \\ D \end{bmatrix} V_n \tag{6-116}$$

$$\begin{bmatrix} I_n \\ V \end{bmatrix} = \left(\begin{bmatrix} 0 \\ 0 \end{bmatrix} - \begin{bmatrix} D & 0 \\ 0 & 1 \end{bmatrix} \begin{bmatrix} 0 & -\dfrac{1}{L} \\ \dfrac{1}{C} & -\dfrac{1}{RC} \end{bmatrix}^{-1} \begin{bmatrix} \dfrac{D}{L} \\ 0 \end{bmatrix} \right) V_n = \begin{bmatrix} \dfrac{D^2}{R} \\ D \end{bmatrix} V_n \tag{6-117}$$

由式(6－116)可以得到理想 Buck 变换器的电压比与电感电流的稳态值分别为

$$M = \frac{V}{V_n} = D \tag{6-118}$$

$$I = \frac{V}{R} = \frac{DV_n}{R} \tag{6-119}$$

由式(6－117)还可得到输入电流的稳态值为

$$I_{\mathrm{n}}=\frac{D^2V_{\mathrm{n}}}{R} \tag{6-120}$$

最后根据式(6－100)和式(6－101)可以直接建立变换器的小信号线性状态方程与输出方程。与状态向量、输入向量和输出向量相对应的交流小信号分量向量分别为 $\hat{\boldsymbol{x}}(t)=[\hat{i}(t)\quad \hat{v}(t)]^{\mathrm{T}}$，$\hat{\boldsymbol{u}}(t)=[\hat{v}_n(t)]$，$\hat{\boldsymbol{y}}(t)=[\hat{i}_n(t)\quad \hat{v}(t)]^{\mathrm{T}}$。将式(6－106)、式(6－107)及式(6－112)～式(6－115)代入式(6－100)和式(6－101)，可以得到理想 Buck 变换器的小信号状态方程与输出方程为

$$\begin{bmatrix}\dot{\hat{i}}(t)\\ \dot{\hat{v}}(t)\end{bmatrix}=\begin{bmatrix}0 & -\frac{1}{L}\\ \frac{1}{C} & -\frac{1}{RC}\end{bmatrix}\begin{bmatrix}\hat{i}(t)\\ \hat{v}(t)\end{bmatrix}+\begin{bmatrix}\frac{D}{L}\\ 0\end{bmatrix}\hat{v}_{\mathrm{n}}(t)+$$

$$\left\{\left(\begin{bmatrix}0 & -\frac{1}{L}\\ \frac{1}{C} & -\frac{1}{RC}\end{bmatrix}-\begin{bmatrix}0 & -\frac{1}{L}\\ \frac{1}{C} & -\frac{1}{RC}\end{bmatrix}\right)\begin{bmatrix}I\\ V\end{bmatrix}+\left(\begin{bmatrix}\frac{1}{L}\\ 0\end{bmatrix}-\begin{bmatrix}0\\ 0\end{bmatrix}\right)V_{\mathrm{n}}\right\}\hat{d}(t) \tag{6-121}$$

$$\begin{bmatrix}\hat{i}_{\mathrm{n}}(t)\\ \hat{v}(t)\end{bmatrix}=\begin{bmatrix}D & 0\\ 0 & 1\end{bmatrix}\begin{bmatrix}\hat{i}(t)\\ \hat{v}(t)\end{bmatrix}+\begin{bmatrix}0\\ 0\end{bmatrix}\hat{v}_{\mathrm{n}}(t)+$$

$$\left\{\left(\begin{bmatrix}1 & 0\\ 0 & 1\end{bmatrix}-\begin{bmatrix}0 & 0\\ 0 & 1\end{bmatrix}\right)\begin{bmatrix}I\\ V\end{bmatrix}+\left(\begin{bmatrix}0\\ 0\end{bmatrix}-\begin{bmatrix}0\\ 0\end{bmatrix}\right)V_{\mathrm{n}}\right\}\hat{d}(t) \tag{6-122}$$

式(6－121)和式(6－122)中的直流量 I 和 V 分别由式(6－118)和式(6－119)确定。

也可以根据式(6－121)和式(6－122)写出 $\dot{\hat{i}}(t)$、$\dot{\hat{v}}(t)$ 和 $\hat{i}_n(t)$ 的解析表达式，其结果与运用基本建模法得到的结果完全相同。

6.6.3 状态空间平均法的基本步骤

为了方便理解应用状态空间平均法，本小节对状态空间平均法的操作过程进行归纳整理。

1. 分阶段列写状态方程

对于连续导电的 DC/DC 变换器，由于开关器件的不同工作状态，一般情况下在每个开关周期内变换器都有两个工作阶段。首先需要对这两个阶段分别列写如下形式状态方程与输出方程

$$\begin{cases}\dot{x}(t)=\boldsymbol{A}_1x(t)+\boldsymbol{B}_1u(t)\\ y(t)=\boldsymbol{C}_1x(t)+\boldsymbol{E}_1u(t)\end{cases}\quad (0<t<dT_{\mathrm{s}}) \tag{6-123}$$

$$\begin{cases}\dot{x}(t)=\boldsymbol{A}_2x(t)+\boldsymbol{B}_2u(t)\\ y(t)=\boldsymbol{C}_2x(t)+\boldsymbol{E}_2u(t)\end{cases}\quad (dT_{\mathrm{s}}<t<T_{\mathrm{s}}) \tag{6-124}$$

通常选取独立的电感电流与电容电压组成状态向量 $x(t)$，以输入电压作为输入向量 $u(t)$，选取感兴趣的其他变量组成输出向量 $y(t)$。

2. 求静态工作点

当变换器满足低频假设与小纹波假设时，变换器的静态工作点可由下式确定：

$$\left.\begin{aligned}\boldsymbol{AX}+\boldsymbol{BU}&=0\\ \boldsymbol{Y}&=\boldsymbol{CX}+\boldsymbol{EU}\end{aligned}\right\}\tag{6-125}$$

式中：$\boldsymbol{X}$、$\boldsymbol{U}$、$\boldsymbol{Y}$ 分别是状态向量 $x(t)$、输入向量 $u(t)$ 与输出向量 $y(t)$ 的直流分量向量，矩阵 $\boldsymbol{A}$、$\boldsymbol{B}$、$\boldsymbol{C}$、$\boldsymbol{E}$ 分别为

$$\left.\begin{aligned}\boldsymbol{A}&=D\boldsymbol{A}_1+D'\boldsymbol{A}_2\\ \boldsymbol{B}&=D\boldsymbol{B}_1+D'\boldsymbol{B}_2\\ \boldsymbol{C}&=D\boldsymbol{C}_1+D'\boldsymbol{C}_2\\ \boldsymbol{E}&=D\boldsymbol{E}_1+D'\boldsymbol{E}_2\end{aligned}\right\}\tag{6-126}$$

式中：D 为控制量 $d(t)$ 的稳态值，$D'=1-D$。

求解式(6－125)可以得到变换器状态变量与输出变量的静态工作点为

$$\boldsymbol{X}=-\boldsymbol{A}^{-1}\boldsymbol{BU}\tag{6-127}$$

$$\boldsymbol{Y}=(\boldsymbol{E}-\boldsymbol{CA}^{-1}\boldsymbol{B})\boldsymbol{U}\tag{6-128}$$

3. 建立交流小信号状态方程与输出方程

交流小信号的状态方程与输出方程的形式为

$$\dot{\hat{x}}(t)=\boldsymbol{A}\hat{x}(t)+\boldsymbol{B}\hat{\boldsymbol{u}}(t)+[(\boldsymbol{A}_1-\boldsymbol{A}_2)X+(\boldsymbol{B}_1-\boldsymbol{B}_2)\boldsymbol{U}]\hat{d}(t)\tag{6-129}$$

$$\hat{y}(t)=\boldsymbol{C}\hat{x}(t)+\boldsymbol{E}\hat{\boldsymbol{u}}(t)+[(\boldsymbol{C}_1-\boldsymbol{C}_2)\boldsymbol{X}+(\boldsymbol{E}_1-\boldsymbol{E}_2)\boldsymbol{U}]\hat{d}(t)\tag{6-130}$$

式中：$\hat{x}(t)$、$\hat{u}(t)$、$\hat{y}(t)$ 分别是与状态向量、输入向量和输出向量对应的交流小信号分量向量；$\hat{d}(t)$ 为控制量 $d(t)$ 的交流分量，X 由式(6－127)确定；$\hat{u}(t)$ 与 $\hat{d}(t)$ 由外界输入决定，为已知量。

可以根据式(6－129)和式(6－130)解得 $\hat{x}(t)$ 与 $\hat{y}(t)$，求解过程将在后面中介绍。

以上即是用状态空间平均法为变换器建立解析模型的基本步骤，只需在分析变换器两个阶段基本工作状态的基础上直接进行矩阵运算即可，较基本建模法省略了许多复杂的代数运算过程。而且任何形式的 DC/DC 变换器，包括非理想的 DC－DC 变换器与带变压器隔离的 DC/DC 变换器，只要能够为其写出形如式(6－123)与(6－124)的状态方程，即可应用状态空间平均法求得静态工作点并建立小信号解析模型。

从式(6－129)的状态方程中也可以整理出含电感的回路电压方程以及含电容的节点电流方程，然后为变换器建立 CCM 模式下交流小信号的等效电路模型。

此外，根据得到的变换器的交流小信号状态方程还可以分析变换器的各种动态性能，为变换器的其他性能指标的分析做好准备。

6.6.4　小信号状态方程的分析

任何类型的 DC/DC 变换器，当为其建立了形如式(6－129)和式(6－130)的小信号状态方程与输出方程以后，都可以据此求得变换器的各种动态小信号特性。

首先求解式(6－129)和式(6－130)中的状态变量与输出变量。对其进行拉普拉斯变换，设各状态变量的初始值均为零，得

$$s\hat{x}(s)=\boldsymbol{A}\hat{x}(s)+\boldsymbol{B}\hat{u}(s)+[(\boldsymbol{A}_1-\boldsymbol{A}_2)\boldsymbol{X}+(\boldsymbol{B}_1-\boldsymbol{B}_2)\boldsymbol{U}]\hat{d}(s) \tag{6-131}$$

$$\hat{y}(s)=\boldsymbol{C}\hat{x}(s)+\boldsymbol{E}\hat{u}(s)+[(\boldsymbol{C}_1-\boldsymbol{C}_2)\boldsymbol{X}+(\boldsymbol{E}_1-\boldsymbol{E}_2)\boldsymbol{U}]\hat{d}(s) \tag{6-132}$$

由式(6-131)可解得

$$\hat{x}(s)=(s\boldsymbol{I}-\boldsymbol{A})^{-1}\boldsymbol{B}\hat{u}(s)+(s\boldsymbol{I}-\boldsymbol{A})^{-1}[(\boldsymbol{A}_1-\boldsymbol{A}_2)\boldsymbol{X}+(\boldsymbol{B}_1-\boldsymbol{B}_2)\boldsymbol{U}]\hat{d}(s) \tag{6-133}$$

式中：$\boldsymbol{I}$ 为单位矩阵。

将式(6-133)代入式(6-132)可得

$$\hat{y}(s)=[\boldsymbol{C}(s\boldsymbol{I}-\boldsymbol{A})^{-1}\boldsymbol{B}+\boldsymbol{E}]\hat{u}(s)+\{\boldsymbol{C}(s\boldsymbol{I}-\boldsymbol{A})^{-1}[(\boldsymbol{A}_1-\boldsymbol{A}_2)\boldsymbol{X}+(\boldsymbol{B}_1-\boldsymbol{B}_2)\boldsymbol{U}]+[(\boldsymbol{C}_1-\boldsymbol{C}_2)\boldsymbol{X}+(\boldsymbol{E}_1-\boldsymbol{E}_2)\boldsymbol{U}]\}\hat{d}(s) \tag{6-134}$$

对式(6-133)与式(6-134)进行拉普拉斯反变换，即可求得变换器的时域状态变量与输出变量。

根据式(6-133)与式(6-134)还可以得到变换器的各项传递函数，通常变换器的输入变量为输入电压$v_n(t)$，则 $\hat{u}(s)=[\hat{v}_n(s)]$，代入式(6-133)与式(6-134)可以得到以下各项传递函数向量：

(1)状态变量 $\hat{x}(s)$ 对输入$\hat{v}_n(s)$的传递函数$G_{xn}(s)$为

$$G_{xn}(s)=\left.\frac{\hat{x}(s)}{\hat{v}_n(s)}\right|_{\hat{d}(s)=0}=(sI-A)^{-1}B \tag{6-135}$$

(2)状态变量 $\hat{x}(s)$ 对控制变量$\hat{d}(s)$的传递函数$G_{xd}(s)$为

$$G_{xd}(s)=\left.\frac{\hat{x}(s)}{\hat{d}(s)}\right|_{\hat{v}_n(s)=0}=(s\boldsymbol{I}-\boldsymbol{A})^{-1}[(\boldsymbol{A}_1-\boldsymbol{A}_2)\boldsymbol{X}+(\boldsymbol{B}_1-\boldsymbol{B}_2)V_n] \tag{6-136}$$

(3)输出变量 $\hat{y}(s)$ 对输入$\hat{v}_n(s)$的传递函数$G_{yn}(s)$为

$$G_{yn}(s)=\left.\frac{\hat{y}(s)}{\hat{v}_n(s)}\right|_{\hat{d}(s)=0}=\boldsymbol{C}(s\boldsymbol{I}-\boldsymbol{A})^{-1}\boldsymbol{B}+\boldsymbol{E} \tag{6-137}$$

(4)输出变量 $\hat{y}(s)$ 对控制变量$\hat{d}(s)$的传递函数$G_{yd}(s)$为

$$G_{yd}(s)=\left.\frac{\hat{y}(s)}{\hat{d}(s)}\right|_{\hat{v}_n(s)=0}=\boldsymbol{C}(s\boldsymbol{I}-\boldsymbol{A})^{-1}[(\boldsymbol{A}_1-\boldsymbol{A}_2)\boldsymbol{X}+(\boldsymbol{B}_1-\boldsymbol{B}_2)\boldsymbol{V}_n]+(\boldsymbol{C}_1-\boldsymbol{C}_2)\boldsymbol{X}+(\boldsymbol{E}_1-\boldsymbol{E}_2)\boldsymbol{V}_n \tag{6-138}$$

以理想 Buck 变换器为例，可以用上述求传递函数的方法求解 Buck 变换器的交流小信号动态特性。例如将有关的理想 Buck 变换器的参数代入式(6-135)，得到传递函数向量为

$$\begin{bmatrix}\left.\dfrac{\hat{i}(s)}{\hat{v}_n(s)}\right|_{\hat{d}(s)=0}\\ \left.\dfrac{\hat{v}(s)}{\hat{v}_n(s)}\right|_{\hat{d}(s)=0}\end{bmatrix}=\begin{bmatrix}s & \dfrac{1}{L}\\ -\dfrac{1}{C} & s+\dfrac{1}{RC}\end{bmatrix}^{-1}\begin{bmatrix}\dfrac{D}{L}\\ 0\end{bmatrix}=\frac{1}{\dfrac{1}{LC}+\dfrac{s}{RC}+s^2}\begin{bmatrix}\dfrac{D}{L}\left(\dfrac{1}{RC}+s\right)\\ \dfrac{D}{LC}\end{bmatrix} \tag{6-139}$$

从中可以整理出理想 Buck 变换器输出 $\hat{v}(s)$ 对输入$\hat{v}_n(s)$的传递函数$G_{vn}(s)$为

$$G_{vn}(s)=\left.\frac{\hat{v}(s)}{\hat{v}_n(s)}\right|_{\hat{d}(s)=0}=\frac{D}{1+s\dfrac{L}{R}+s^2LC} \tag{6-140}$$

若将理想 Buck 变换器的有关参数代入式(6-136)，可以从中得到输出 $\hat{v}(s)$ 对控制变量 $\hat{d}(s)$ 的传递函数$G_{vd}(s)$为

$$G_{vd}(s)=\left.\frac{\hat{v}(s)}{\hat{d}(s)}\right|_{\hat{v}_n(s)=0}=\frac{V_n}{1+s\dfrac{L}{R}+s^2LC} \tag{6-141}$$

利用式(6－137)可以得到理想 Buck 变换器的开环输入导纳 $Y(s)$ 为

$$Y(s)=\left.\frac{\hat{i}_{\mathrm{n}}(s)}{\hat{v}_{\mathrm{n}}(s)}\right|_{\hat{d}(s)=0}=\frac{D^2}{R}\frac{1+sCR}{1+s\dfrac{L}{R}+s^2LC} \tag{6-142}$$

取其倒数则得到开环输入阻抗 $Z(s)$ 为

$$Z(s)=\left.\frac{\hat{v}_{\mathrm{n}}(s)}{\hat{i}(s)}\right|_{\hat{d}(s)=0}=\frac{1}{Y(s)}=\frac{R}{D^2}\frac{1+s\dfrac{L}{R}+s^2LC}{1+sCR} \tag{6-143}$$

6.6.5　根据状态方程建立典型等效电路

6.5.4 节已经介绍了一种为 CCM 模式下的 DC/DC 变换器建立交流小信号等效电路的方法，但不同的变换器具有不同的电路结构与参数，这种等效电路模型必须针对每一种变换器一一加以建立，且需要对每种变换器的特性单独进行分析。本节将介绍一种根据变换器的小信号状态空间模型建立的统一结构的稳态和动态低频小信号等效电路，该等效电路模型不仅可以直观地反映变换器的直流电压变换作用、小信号在变换器中的传递过程以及变换器的低频特性，同时由于各种变换器都具有相同的结构，更有利于对各种变换器的特性进行统一分析和比较，称这种等效电路为典型等效电路，如图 6－17 所示。

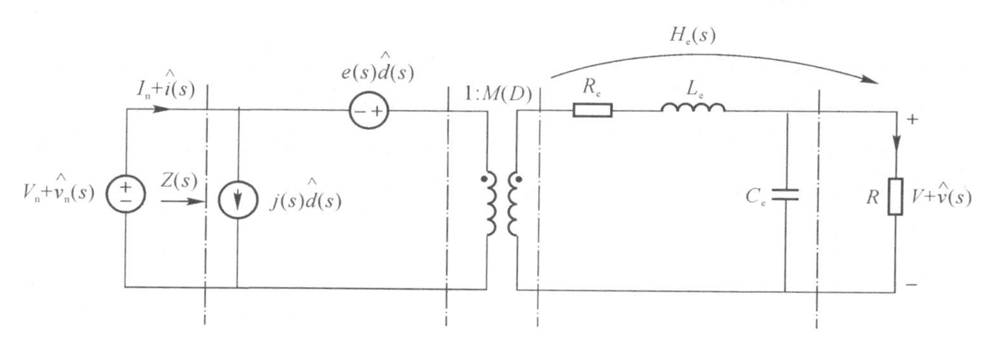

图 6－17　CCM 模式下 DC/DC 变换器稳态和低频小信号典型等效电路

典型等效电路的结构之所以如此设计，是由 DC/DC 变换器的功能决定的。根据对 CCM 模式 DC/DC 变换器的分析可知，一个 DC/DC 变换器应该具有以下功能：

(1)直流变换。为了完成这一功能，在图 6－17 所示的典型等效电路中设计了电压比为 1∶$M(D)$的理想变压器，$M(D)$为不考虑任何寄生参数时理想变换器的稳态电压之比。该理想变压器不仅可以变换直流，同时可以变换交流小信号。

(2)低通滤波作用。变换器中用于存储与转换能量的储能元件对高频开关纹波具有滤波作用，同时对低频小信号的幅值与相位也产生相应的影响，因此在图 6－17 中用L_e、C_e组成最简单的 LC 低通滤波器模拟这一功能，下标 e 表示该元件值为等效值，并非实际电路中的物理元件值。R_e则用于模拟各种寄生电阻引起的功率损耗，理想变换器中$R_e=0$。

(3)控制变量的控制作用。控制变量 $d(t)$的小信号分量 $\hat{d}(t)$的作用在前面 *Boost* 变换器的等效电路中，是通过独立电压源与独立电流源共同体现的，在图 6－17 中，也由一个电压源 $e(s)\hat{d}(s)$与一个电流源 $j(s)\hat{d}(s)$来模拟，$e(s)$与 $j(s)$为控制系数，由变换器的元件参数及静态工作点决定,不同变换器 $e(s)$ 与 $j(s)$ 也不同。

可见,图 6－17 集中表征了 DC/DC 变换器需要完成的三项功能。图中主要的电压电流变量同时标注了直流分量与交流小信号分量,这是由于该等效电路既能模拟 DC/DC 变换器的直流电压变换功能,又能作为交流小信号的等效电路模型。

若利用该典型等效电路模拟变换器的直流变换功能,只需令图 6－17 中所有变量和元件参数的小信号分量全部为零,同时将电感短路,电容开路,则可得到

$$\frac{V}{V_n}=M(D)\frac{R}{R+R_e}=M(D)k \tag{6-144}$$

式中:$M(D)$ 为变换器的稳态电压比的理想值;k 为考虑了非理想因素(如变换器中的各种寄生电阻)后而增加的校正系数。

小信号状态方程是变换器的解析模型,典型等效电路是变换器的等效电路模型,二者间必然存在着对应关系,从状态方程出发可以确定图 6－17 中典型等效电路的各项参数。参数的求解过程可以按以下三步进行:

(1)首先确定 $M(D)$ 与 R_e。由式(6－144)已知 $M(D)$ 与 R_e。和 V/V_n 有关。若变换器仅有唯一的输入变量——输入电压 $v_n(t)$,并以输出电压 $v(t)$ 为唯一的输出变量,则根据式(6－128)可得

$$V=(\boldsymbol{e}_V-\boldsymbol{c}_V\boldsymbol{A}^{-1}\boldsymbol{b})V_n \tag{6-145}$$

式中:$\boldsymbol{A}$ 为状态矩阵;$\boldsymbol{b}$ 是以 $v_n(t)$ 为输入变量时的矩阵 $\boldsymbol{B}$(由于只有单一输入变量 $v_n(t)$,矩阵 $\boldsymbol{B}$ 退化为列向量 $\boldsymbol{b}$);$\boldsymbol{c}_V$ 是以 $v(t)$ 为输出变量时的矩阵 $\boldsymbol{C}$(由于只有单一输出变量 $v(t)$,矩阵 $\boldsymbol{C}$ 退化为行向量 $\boldsymbol{c}_V$);$\boldsymbol{e}_V$ 是以 $v_n(t)$ 为输入变量、以 $v(t)$ 为输出变量时的矩阵 $\boldsymbol{E}$(由于只有单一输入变量和单一输出变量,所以矩阵 $\boldsymbol{E}$ 退化为数值量 $\boldsymbol{e}_V$)。

实际电压比为

$$\frac{V}{V_n}=\boldsymbol{e}_V-\boldsymbol{c}_V\boldsymbol{A}^{-1}\boldsymbol{b} \tag{6-146}$$

代入式(6－144)可得

$$M(D)k=\boldsymbol{e}_V-\boldsymbol{c}_V\boldsymbol{A}^{-1}\boldsymbol{b} \tag{6-147}$$

当忽略变换器的所有寄生参数时,即理想变换器情况下,图 6－17 中 R_e 必为零,则校正系数 $k=1$,代入式(6－147)可以得到 $M(D)$ 为

$$M(D)=\left.\frac{V}{V_n}\right|_{\text{所有寄生参数}=0}=\left.e_V-c_VA^{-1}b\right|_{\text{所有寄生参数}=0} \tag{6-148}$$

将从式(6－148)得到的 $M(D)$ 值和式(6－146)代入式(6－144),可得

$$R_e=R\left[\frac{M(D)}{\frac{V}{V_n}}-1\right]=R\left(\frac{M(D)}{\boldsymbol{e}_V-\boldsymbol{c}_V\boldsymbol{A}^{-1}\boldsymbol{b}}-1\right) \tag{6-149}$$

(2)确定图 6－17 中控制变量电压源与电流源的系数 $e(s)$ 与 $j(s)$。根据式(6－134)可知,当输入电压 $v_n(t)$ 为变换器的唯一输入变量时,任意输出变量的交流小信号分量都可以表示为

$$\hat{y}(s)=G_{yn}(s)\hat{v}_n(s)+G_{yd}(s)\hat{d}(s) \tag{6-150}$$

式中:$G_{yn}(s)$ 为指定的输出变量 $\hat{y}(s)$ 对输入变量 $\hat{v}_n(s)$ 的传递函数;$G_{yd}(s)$ 为 $\hat{y}(s)$ 对控制变量

$\hat{d}(s)$的传递函数。

若以输入电流$i_n(t)$和输出电压 $v(t)$为输出变量，则利用式(6-134)可以将$\hat{i}_n(s)$和 $\hat{v}(s)$表示为

$$\hat{i}_n(s)=G_{in}(s)\hat{v}_n(s)+G_{in}(s)\hat{d}(s) \tag{6-151}$$

$$\hat{v}(s)=G_{vn}(s)\hat{v}_n(s)+G_{vd}(s)\hat{d}(s) \tag{6-152}$$

从式(6-151)和式(6-152)可以分别整理出传递函数$G_{in}(s)$和$G_{id}(s)$、$G_{vn}(s)$和$G_{vd}(s)$。

另一方面根据图 6-17 所示典型等效电路也可以确定这四项传递函数。根据图 6-17 可以得到

$$\hat{i}_n(s)=\frac{1}{Z(s)}\hat{v}_n(s)+\left[j(s)+\frac{e(s)}{Z(s)}\right]\hat{d}(s) \tag{6-153}$$

$$\hat{v}(s)=M(D)H_e(s)\hat{v}_n(s)+e(s)M(D)H_e(s)\hat{d}(s) \tag{6-154}$$

式中：$Z(s)$为典型等效电路的输入阻抗；$H_e(s)$为低通滤波器的传递函数，其中包括了负载电阻 R 的作用，如图 6-17 所示。

因此，上述 4 项传递函数可表示为

$$G_{in}(s)=\left.\frac{\hat{i}_n(s)}{\hat{v}_n(s)}\right|_{\hat{d}(s)=0}=\frac{1}{Z(s)} \tag{6-155}$$

$$G_{id}(s)=\left.\frac{\hat{i}_n(s)}{\hat{d}(s)}\right|_{\hat{v}_n(s)=0}=j(s)+e(s)\frac{1}{Z(s)}=j(s)+e(s)G_{in}(s) \tag{6-156}$$

$$G_{vn}(s)=\left.\frac{\hat{v}(s)}{\hat{v}_n(s)}\right|_{\hat{d}(s)=0}=M(D)H_e(s) \tag{6-157}$$

$$G_{vd}(s)=\left.\frac{\hat{v}(s)}{\hat{d}(s)}\right|_{\hat{v}_n(s)=0}=e(s)M(D)H_e(s)=e(s)G_{vn}(s) \tag{6-158}$$

从式(6-158)和式(6-156)可以得到 $e(s)$与 $j(s)$分别为

$$e(s)=\frac{G_{vd}(s)}{G_{vn}(s)} \tag{6-159}$$

$$j(s)=G_{id}(s)-e(s)G_{in}(s) \tag{6-160}$$

式(6-159)和式(6-160)中的传递函数由式(6-151)和式(6-152)确定。

(3)确定图 6-17 中的L_e与C_e。L_e与C_e是低通滤波器$H_e(s)$的组成部分，由式(6-157)可知

$$H_e(s)=\frac{G_{vn}(s)}{M(D)} \tag{6-161}$$

同时，根据图 6-17 的电路结构也可以求得$H_e(s)$为

$$H_e(s)=\frac{R//\frac{1}{sC_e}}{R_e+sL_e+R//\frac{1}{sC_e}}=\frac{1}{\left(1+\frac{R_e}{R}\right)+\left(\frac{L_e}{R}+R_eC_e\right)s+L_eC_es^2} \tag{6-162}$$

只需令式(6-161)与式(6-162)的对应项相等，即可求得L_e与C_e。

以上即是根据 DC/DC 变换器的状态方程求解稳态和低频小信号典型等效电路参数的过程。对于任何类型的 DC/DC 变换器，只需写出其在 CCM 模式下的状态方程与输出方程，按照上面的步骤即可得到统一结构的典型等效电路参数。基于典型等效电路对 DC/DC

变换器做统一的分析，从而为分析比较各种变换器的性能提供了有利条件。

6.7 基本降压电路状态空间平均法建模

根据上节的论述，若要利用该标准型电路模拟变换器的交流动态特性，只需在图 6-17 中令各变量的直流分量为零，同时在参数 $e(s)$、$j(s)$、$M(D)$与R_e中将已知的稳态值代入，再分析电路即可。本节最后将以 Buck 变换器为例，说明如何根据典型等效电路分析变换器的动态特性。

6.7.1 小信号典型等效电路的建立

下面以 6.6.5 节图 6-15 所示理想 Buck 变换器为例，为其建立典型等效电路，并分析其低频动态特性。

(1)首先确定 $M(D)$ 与R_e。根据上文叙述的确定典型等效电路参数的步骤，欲确定$M(D)$与R_e，需要首先求解变换器的稳态电压比V/V_n。求解V/V_n可以输出电压 $v(t)$为唯一的输出变量列写状态方程与输出方程，再利用式(6-146)求得V/V_n。由于已经对理想 Buck 变换器作了较详细的分析，在此直接利用其分析结果。根据式(6-118)可知理想 Buck 变换器的稳态电压比为

$$\frac{V}{V_n}=D \tag{6-163}$$

将式(6-163)代入式(6-144)则有

$$\frac{V}{V_n}=M(D)k=D \tag{6-164}$$

由于分析对象为理想 Buck 变换器，必有 $k=1$，则电压比 $M(D)$为

$$M(D)=D \tag{6-165}$$

理想变换器未考虑任何寄生参数造成的损耗，故

$$R_e=0 \tag{6-166}$$

也可以根据式(6-149)计算R_e，结果相同。

(2)确定 $e(s)$与 $j(s)$。根据上文介绍的分析步骤，欲确定 $e(s)$与 $j(s)$，应以$i_n(t)$和 $v(t)$为输出变量列写理想 Buck 变换器在两个工作阶段的状态方程和输出方程。仍可利用以前的分析结果，将各项矩阵[式(6-106)、式(6-111)～式(6-115)]以及状态量的稳态值[式(6-116)]代入式(6-134)，可得

$$\begin{bmatrix}\hat{i}_n(s)\\ \hat{v}(s)\end{bmatrix}=\frac{1}{s^2+\frac{1}{RC}s+\frac{1}{LC}}\begin{bmatrix}\frac{D^2}{L}\left(s+\frac{1}{RC}\right)\\ \frac{D}{LC}\end{bmatrix}\hat{v}_n(s)+$$

$$\left(\frac{1}{s^2+\frac{1}{RC}s+\frac{1}{LC}}\begin{bmatrix}\frac{D}{L}\left(s+\frac{1}{RC}\right)V_n\\ \frac{1}{LC}V_n\end{bmatrix}+\begin{bmatrix}\frac{D}{R}V_n\\ 0\end{bmatrix}\right)\hat{d}(s) \tag{6-167}$$

则理想 Buck 变换器的各项传递函数为

$$\left.\begin{aligned}
G_{in}(s)&=\frac{1}{\Delta}\frac{D^2}{L}\left(s+\frac{1}{RC}\right)\\
G_{id}(s)&=\frac{1}{\Delta}\frac{D}{L}\left(s+\frac{1}{RC}\right)V_n+\frac{D}{R}V_n\\
G_{vn}(s)&=\frac{1}{\Delta}\left(\frac{D}{LC}\right)\\
G_{vd}(s)&=\frac{1}{\Delta}\left(\frac{V_n}{LC}\right)
\end{aligned}\right\}\tag{6-168}$$

式中：

$$\Delta=s^2+\frac{1}{RC}s+\frac{1}{LC}$$

根据式(6－159)与式(6－160)可以得到 $e(s)$ 与 $j(s)$ 为

$$\left.\begin{aligned}
e(s)&=\frac{G_{vd}(s)}{G_{vn}(s)}=\frac{V_n}{D}=\frac{V}{D^2}\\
j(s)&=G_{id}(s)-e(s)G_{in}(s)=\frac{DV_n}{R}=\frac{V}{R}
\end{aligned}\right\}\tag{6-169}$$

(3)确定L_e与C_e。根据式(6－161)可求得$H_e(s)$为

$$H_e(s)=\frac{G_{vn}(s)}{M(D)}=\frac{1}{\Delta}\frac{1}{LC}=\frac{1}{LC}\frac{1}{s^2+\frac{1}{RC}s+\frac{1}{LC}}\tag{6-170}$$

使式(6－170)与式(6－162)对应项相等，可得

$$\left.\begin{aligned}
L_e&=L\\
C_e&=C
\end{aligned}\right\}\tag{6-171}$$

对于理想 Buck 变换器，其典型等效电路中的等效电感与等效电容值恰好与变换器中的实际电感与电容值相等。

至此，CCM 模式下理想 Buck 变换器稳态和低频小信号典型等效电路中的所有参数都已获得，将这些参数代入图 6－17，得到如图 6－18 所示的典型等效电路。用同样的方法也可以求得其他类型 DC/DC 变换器 CCM 模式下的稳态和低频小信号典型等效电路，表6－1列出了常见的两种理想 DC/DC 变换器典型等效电路的各项参数，将这些参数直接代入图6－17即可得到相应的典型等效电路。由于考虑的是理想变换器，均有 $R_e=0$，表中略去了R_e参数。

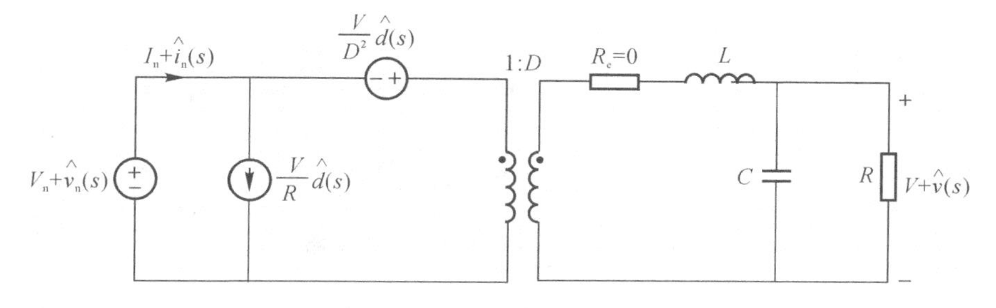

图 6－18　CCM 模式下理想 Buck 变换器稳态和低频小信号典型等效电路

表 6-1 两种理想 DC/DC 变换器 CCM 模式下典型等效电路参数

变换器名称	$M(D)$	$e(s)$	$j(s)$	L_e	C_e
Buck 变换器	D	$\frac{V}{D^2}$	$\frac{V}{R}$	L	C
Boost 变换器	$\frac{1}{D'}$	$V\left(1-\frac{sL}{D'^2R}\right)$	$\frac{V}{D'^2R}$	$\frac{L}{D'}$	C

6.7.2 稳态和动态小信号特性

理想 Buck、Boost 变换器典型等效电路中低通滤波器的传递函数如式(6-162)所示，只需令式中$R_e=0$，则$H_e(s)=\frac{1}{L_eC_e}\frac{1}{s^2+\frac{1}{C_eR}s+\frac{1}{L_eC_e}}$。

根据图 6-18 的典型等效电路，可以进一步分析变换器的各种动态小信号特性。以图 6-18 所示的理想 Buck 变换器典型等效电路为例，该变换器的几项动态特性如下：

(1)输出 $\hat{v}(s)$对输入$\hat{v}_n(s)$的传递函数$G_{vn}(s)$为

$$G_{vn}(s)=\left.\frac{\hat{v}(s)}{\hat{v}_n(s)}\right|_{\hat{d}(s)=0}=DH_e(s)=\frac{D}{LCs^2+\frac{L}{R}s+1} \tag{6-172}$$

(2)输出 $\hat{v}(s)$对控制变量 $\hat{d}(s)$的传递函数$G_{vd}(s)$为

$$G_{vd}(s)=\left.\frac{\hat{v}(s)}{\hat{d}(s)}\right|_{\hat{v}_n(s)=0}=DH_e(s)e(s)=\frac{V}{D}\frac{1}{LCs^2+\frac{L}{R}s+1} \tag{6-173}$$

(3)开环输入阻抗 $Z(s)$为

$$Z(s)=\left.\frac{\hat{v}_n(s)}{\hat{i}_n(s)}\right|_{\hat{d}(s)=0}=\left(\frac{1}{D}\right)^2\left(sL_e+\frac{1}{sC_e}//R\right)=\frac{R}{D^2}\frac{LCs^2+\frac{L}{R}s+1}{RCs+1} \tag{6-174}$$

(4)开环输出阻抗$Z_{out}(s)$(电路见图 6-19)

$$Z_{out}(s)=\left.\frac{\hat{v}(s)}{\hat{i}_{out}(s)}\right|_{\hat{v}_n(s)=0,\hat{d}(s)=0}=sL//\frac{1}{sC}//R=\frac{Ls}{LCs^2+\frac{L}{R}s+1} \tag{6-175}$$

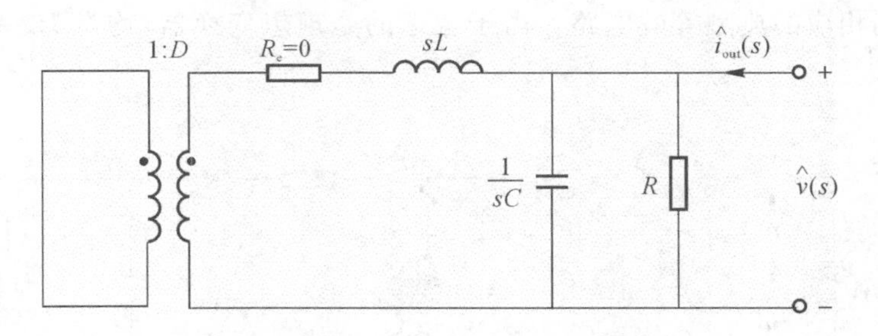

图 6-19 求开环输出阻抗的电路

表 6-2 列出了理想 Buck、Boost 变换器在连续导电模式下稳态和动态小信号特性表达

式，供查询参考。

表 6－2　两种理想 DC/DC 变换器 CCM 模式下稳态与动态小信号特性

变换器名称	$M(D)$	$\left.\frac{\hat{v}(s)}{\hat{v}_n(s)}\right\|_{\hat{d}(s)=0}$	$\left.\frac{\hat{v}(s)}{\hat{d}(s)}\right\|_{\hat{v}_n(s)=0}$	输入阻抗 $Z(s)$	开环输出阻抗 $Z_{out}(s)$	L_e	C_e
Buck 变换器	D	$\frac{D}{LCs^2+\frac{L}{R}s+1}$	$\frac{V_n}{LCs^2+\frac{L}{R}s+1}$	$\frac{R}{D^2}\frac{LCs^2+\frac{L}{R}s+1}{RCs+1}$	$\frac{Ls}{LCs^2+\frac{L}{R}s+1}$	L	C
Boost 变换器	$\frac{1}{D'}$	$\frac{1}{D'}\frac{1}{LCs^2+\frac{L_e}{R}s+1}$	$\left(\frac{V_n}{D'^2}\right)\frac{1-\frac{L_e}{R}s}{LCs^2+\frac{L_e}{R}s+1}$	$D'^2R\frac{L_eCs^2+\frac{L_e}{R}s+1}{RCs+1}$	$\frac{L_es}{L_eCs^2+\frac{L_e}{R}s+1}$	$\frac{L}{D'}$	C

第7章　弧焊电源的智能控制原理与算法设计

传统的控制理论很长一段时间都是以古典的控制理论和现代控制理论为主导。随着科技的进步，出现了复杂的、高度非线性的、不确定的研究对象，如复杂机器人系统，其控制问题难以用传统的控制方法解决。因此，广泛研究新的概念、原理和方法才能顺应社会高速发展的需求。正是在这种背景下，智能控制应运而生。20世纪50年代，人工智能的概念产生了，其基本思想是通过机器模仿来实现人类智慧，完成人类脑力劳动自动化。它是由多种学科（如数学、计算机科学、信息论、控制论以及神经生理学）相互渗透的结果。智能控制正是由人工智能和控制相结合而诞生的一种控制方法。

7.1　智能控制技术概述

智能控制是以控制理论、计算机科学、人工智能、运筹学等学科为基础，扩展了相关的理论和技术，其中应用较多的有模糊逻辑、神经网络、专家系统、遗传算法等理论和自适应控制、自组织控制、自学习控制等技术。

随着智能控制在工程领域里的广泛而成功的应用，它已经成为控制理论和工程技术领域中最具应用性和最富于魅力的分支之一，受到了工程技术人员的广泛关注。智能控制的主要特点：

(1)智能控制是一门边缘交叉学科，具有很强的综合性和多学科交叉特性。其研究领域渗透到其他各个新型领域，其发展需要其他相关学科的配合与支撑，同时也能够推动其他相关学科的发展。

(2)智能控制的受控对象是具有模糊性、不确定性和非完全性、高度复杂性（多输入多输出、强耦合、严重非线性、迟滞延时等）的系统，在设计智能控制系统时，通过结合广义非数学模型和数学模型，应用学习启发与知识推理来实现问题的求解，从而获得拟人的智能控制方式。

(3)智能控制系统的结构是分层递阶的。其关键层为高组织级控制层，通过对实际环境或控制对象进行规划、组织和决策，来实现拟人的思维特征。

1. 模糊控制

模糊控制(Fuzzy Control)是以模糊集理论、模糊控制逻辑推理和模糊语言变量为基础的一种智能控制方法。该方法的研究对象一般为难以准确建立数学模型的系统，通过模拟人的思维行为方式，展开模糊推理和模糊决策，来实现对研究对象的智能控制。模糊控制的基本思想是用机器模拟人的大脑实现对系统的控制，其控制规则是专家经验和先验知识，它的理论基础是模糊语言变量、模糊推理以及模糊集合。模糊集合的概念，将人们的判断和思维通过表达为简单的数学式子，即通过简单的数学模型来解决复杂不确定性问题。模糊控制具有如下优点：

(1)模糊控制是一种反映人类智慧思维的智能控制方法，能够模拟人工控制过程，增强系统的适应能力，是一种智能控制方法。

(2)模糊控制不需要知道被控对象的精确数学模型，其研究对象通常为难以获取数学模型、不易掌握动态特性以及变化非常显著的系统。

(3)模糊控制易被人们接受，它是一种语言型控制规则型的方法，设计简单且便于应用，仅依据专家知识和现场工程技术人员的工作经验便能完成，其规则和策略易于理解并接受。

(4)模糊控制的鲁棒性强，非常适合时变及纯滞后、非线性以及机器人系统的控制，可以降低外界因素干扰以及参数变化带来控制效果的影响。

(5)模糊控制的结构简单，实际运行时基本模糊控制器只要进行简单的查表运算，且可以离线进行，系统的软硬件实现比较容易，容易被操作者和工程技术人员掌握。

模糊控制的缺点主要表现在：

(1)模糊信息处理过于简单可能会导致系统的控制精度降低和动态品质变差。

(2)控制器设计方法尚缺乏系统性。

2. 神经网络

神经网络是利用大量的神经元按一定的拓扑结构和学习调整方法进行并行信息处理的算法数学模型。它能表示出丰富的特性：并行计算、分布存储、可变结构、高度容错、非线性运算、自我组织、学习或自学习等。这些特性是人们长期追求和期望的系统特性，它在智能控制的参数、结构或环境的自适应、自组织、自学习等控制方面具有独特的能力。神经网络能够得到广泛的应用，主要因为其具有如下三个方面的特点和优越性：

(1)联想存储能力。神经网络是模拟人的大脑因而具有联想功能，能够对相关的事物产生联想存储和记忆。

(2)自学习功能。神经网络具有5个基本的学习规则：基于记忆的学习、误差-修正学习、随机学习、Hebb学习、竞争学习。设计这些学习规则的目的是训练网络来完成某些任务。

(3)高速寻找优化解的能力。一般需要很大的计算量才能求得复杂问题的最优解，而通过神经网络的高速运算能力可以快速求得优化解。

模糊控制和神经网络作为智能控制的主要技术已被广泛应用。两者既有相同性，又有不同性。其相同性：两者都可作为万能逼近器解决非线性问题，并且两者都可以应用到控制器设计中。不同的是：模糊控制可以利用语言信息描述系统，而神经网络则不行；模糊控制应用到控制器设计中，其参数定义有明确的物理意义，因而可提出有效的初始参数选择方法；神经网络的初始参数(如权值等)只能随机选择。但在学习方式下，神经网络经过各种训练，其参数设置可以达到满足控制所需的行为。根据模糊控制和神经网络的各自特点，所结合的技术即为模糊神经网络技术和神经模糊控制技术。模糊控制、神经网络和它们混合技术适用于各种学习方式。智能控制的相关技术与控制方式结合或综合交叉结合，构成风格和功能各异的智能控制系统和智能控制器可能取得更好的控制效果。

焊接过程是一个时变的非线性过程，电弧负载剧烈燃烧时受到现场多种扰动的影响易发生长度和形态的变化，传统单一的PID控制参数无法应对不同时刻弧长控制的实时精确需要。针对单纯的PID控制无法获得较好的控制效果的情况，对焊接理论的深入分析，结合模糊控制理论和神经网络控制算法，研究弧焊电源的智能控制理论，期望实现对弧焊电源的良好控制。

7.2 神经网络控制基本原理

人工神经网络作为一个非线性动力学系统，也是一个信号与信息处理系统，其与人脑类似的强大的功能使它能够解决传统信息处理方法难以解决的棘手问题。与传统的建模及仿真方法相比，神经网络具有快速准确的信息处理能力、稳定的通用性和自学能力以及强大的信息存储能力，可模拟复杂的非线性函数关系。

7.2.1 神经网络的基本模型

工程技术上，用来模拟生物神经元网络结构的主要方式为神经网络系统。神经网络发展至今已有百余种模型，按结构主要分为前馈网络和反馈网络两大类。多层感知器是前馈网络中的典型代表，而Elman网络和Hopfield网络是反馈神经网络的典型代表。

1. 神经元模型

人工神经元是构成神经网络的基本单元，也称作单神经元。它的结构和特性由确定的物理器件来模拟。如图7-1所示，即为单神经元的一种简化形式。

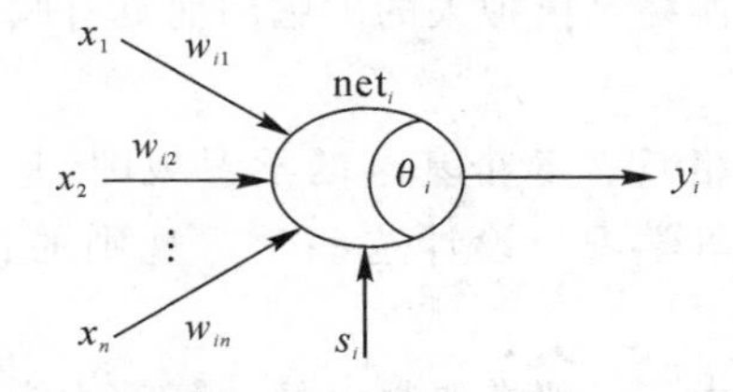

图7-1 神经元模型

单神经元的组成有以下4部分：

(1)一组连接权，表示各连接上的连接强度。有激励作用时为正，抑制时为负。

(2)一个求和单元，用于计算各输入信息的线性组合。

(3)一个非线性激励函数，表示输入、输出之间的映射关系，同时限制输出在一定幅度范围之内([0,1]或[-1,1])。

(4)阈值θ_i。

$$\mathrm{net}_i = \sum_{j=1}^{n} w_{ij} x_j + s_i - \theta_i \tag{7-1}$$

$$y_i = f(\mathrm{net}_i) \tag{7-2}$$

图 7-1 中 net_i 为神经元的内部状态，θ_i 为阈值，$x_1, x_2, \ldots, x_n$ 为神经元输入，w_{i1}，$w_{i2}, \ldots, w_{in}$ 为神经元的权值，s_i 为外部输入信号，y_i 为神经元的输出。式(7—2)中 $f()$ 为激励函数。

神经元具有如下功能：

(1)兴奋与抑制：如果传入神经元的冲动经整合后超过动作的阈值时即兴奋状态，产生神经冲动，经神经末梢传出；如果传入神经元的冲动经整合后低于动作的阈值时即抑制状态，不产生神经冲动。

(2)学习与遗忘：由于神经元结构的可塑性，传递作用可增强或减弱，所以神经元具有学习与遗忘的功能。

决定神经网络模型性能的三大要素包括神经元的特性、神经元之间相互连接的形式结构以及为适应环境而改善性能的学习规则。

激励函数 $f(x)$ 一般具有非线性特性，如图 7-2 所示，几种常见的激励函数，分述如下：

(1)阈值函数。

当 y_i 的值限定为 0 或 1，如图 7-2(a)所示，$f(x)$ 可表示为阶跃函数：

$$f(x)=\begin{cases}1, x\geqslant 0\\ 0, x<0\end{cases} \tag{7-3}$$

当 y_i 的值限定为 −1 或 1，如图 7-2(b)所示，$f(x)$ 可表示为符号函数：

$$\mathrm{sgn}(x)=f(x)=\begin{cases}1, & x\geqslant 0\\ -1, & x<0\end{cases} \tag{7-4}$$

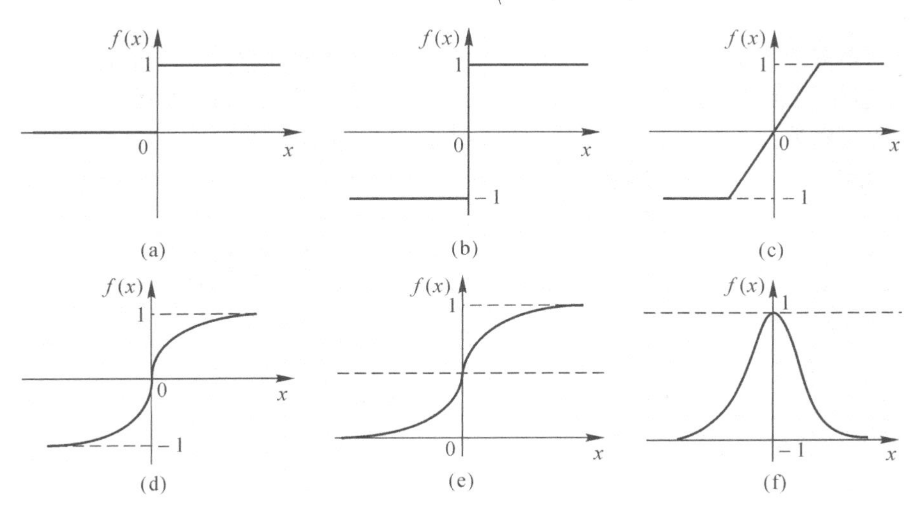

图 7-2　常见的激励函数

(2)斜坡饱和函数。

如图 7-2(c)所示，$f(x)$ 可表示为如下函数：

$$f(x)=\begin{cases}1, x\geqslant\frac{1}{k}\\ kx, -\frac{1}{k}\leqslant x<\frac{1}{k}\\ -1, x<-\frac{1}{k}\end{cases} \quad (7-5)$$

式中：k 为常数，且 $k>0$。

(3)双曲正切函数。

如图 7-2(d)所示，$f(x)$可表示为如下函数：

$$f(x)=\tanh(x) \quad (7-6)$$

(4)Sigmoid 函数。

如果神经元输入与其状态之间的关系用(0,1)范围内连续的单调可微函数来表示，可称该函数为 Sigmoid 函数，有时也称作 S 型函数。如图 7-2(e)所示，$f(x)$可表示为如下函数：

$$f(x)=\frac{1}{1+e^{-\beta x}}(\beta>0) \quad (7-7)$$

其中：β 通常取为 1；若趋向无穷，该函数可简化为阶跃函数。

(5)高斯函数。

一般用于构成径向基神经网络，如图 7-2(f)所示，$f(x)$可表示为高斯函数：

$$f(x)=e^{-x^2} \quad (7-8)$$

2. 神经网络模型

前馈网络的各层神经元有两种作用，分别用于接受输入和计算输出，每个单元可接受多个输入。各神经元在接受上一层输入的同时，将新信息输出给下一层。前馈网络中间层称为隐含层，每一层只与前一层输出相连。前馈网络的结构如图 7-3 所示。

反馈网络的所有节点在接受输入的同时，需进行计算向外界输出新的信息。如图 7-4 所示网络中，假设总结点数为 n，那么每个节点就有 1 个输出与 n 个输入。

以上为两种典型的神经网络结构。人工神经网络主要分两个阶段工作：学习期和工作期。在学习期时，各层节点上通过学习对权值进行修改，这时各节点上计算状态不变。在工作期，各层连接权值不变，计算单元工作使网络达到预期的稳定状态。

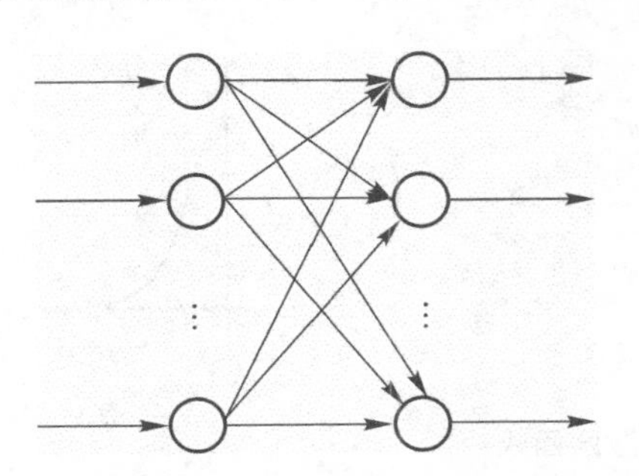

图 7-3　单层全连接前馈网络

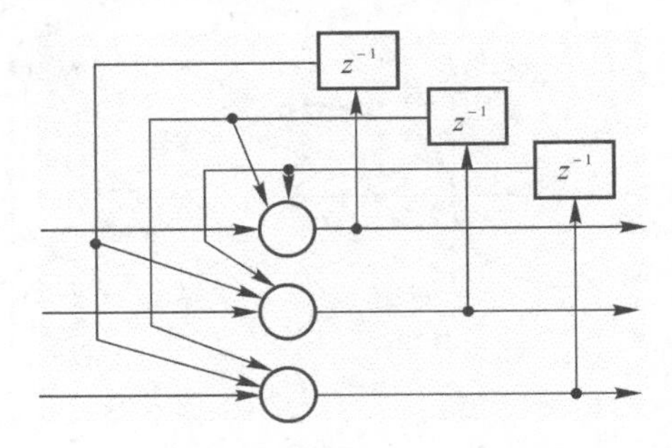

图 7-4　单层全连接反馈网络

从效果上分析，前馈网络因为计算单元的作用，可用于函数逼近与模式识别；从能量角度分析，因为函数极小点的作用，可用于各种存储器。反馈网络只用到了全局极小点，主要在求解过程中起优化作用。

7.2.2 神经网络的工作方式

1. 学习方式

神经网络的学习方式主要分为三种：监督学习、非监督学习和再励学习。在监督学习中，神经网络的实际输出与期望输出相比较，网络加权系数就通过两者间差的函数进行调整，使目标函数达到最优。在非监督学习中，网络按照提前设定的规则对权值作调整，使网络具备模式分类工作的能力。再励学习方式介于二者之间。

(1)监督学习的显著特点是存在“教师”指导，针对给定的输入可以得出正确的输出结果，所得输入、输出数据可以作为训练样本使用。该系统参数可以通过系统给定输出与实际输出的差值来进行调整。监督学习的结构如图7-5所示。

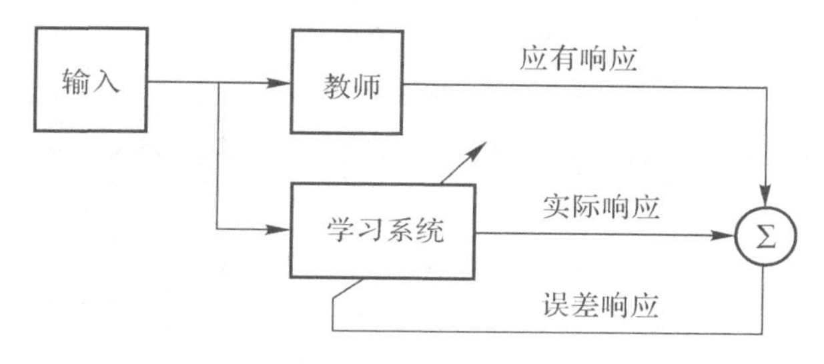

图7-5　监督学习结构图

(2)非监督学习相比于监督学习结构较简单，它没有外部“教师”指导，根据外部环境数据输入的某些统计规律，学习系统可以对自身参数进行调节，以此方式来表现出外部环境输入的一些固有特性。非监督学习的结构图如图7-6所示。

(3)再励学习同时具有监督学习和非监督学习的特点，但是又并非完全相同。具体学习方法：首先外部环境对学习系统的输出结果仅仅给予评价；其次学习系统保持评价较好的动作，以此改善系统性能。再励学习的结构图如图7-7所示。

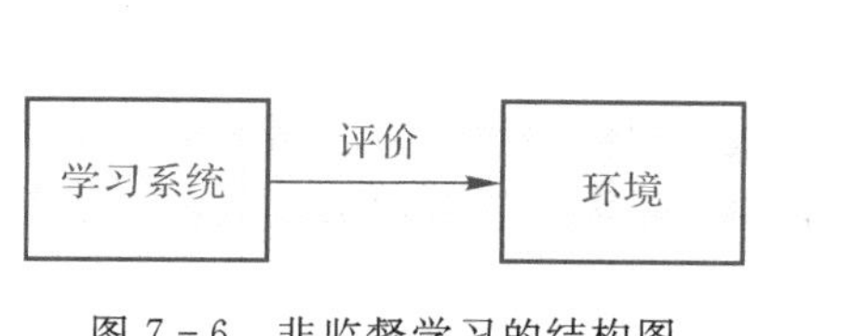

图7-6　非监督学习的结构图

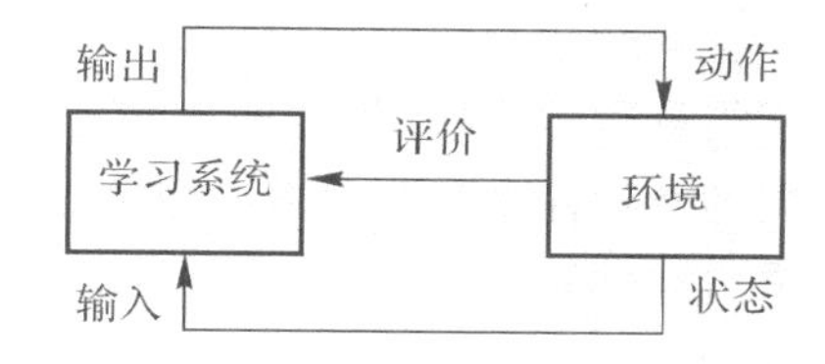

图7-7　再励学习结构图

2. 学习算法

通过向外部环境学习，并以此改善系统性能是神经网络的重要特征。在一般情况下，系统性能的改善过程是根据预先设定的目标函数通过调整网络本身权值逐步变化的。研究神经网络主要针对它的学习算法，这也是神经网络的核心部分。现在已经研究出很多不同学习算法与相应的神经网络结构匹配。主要有以下三种：

(1)误差纠正学习。

令$y_k(n)$为神经元k在输入为$x_k(n)$时的实际输出，$d_k(n)$为训练样本对应的输出，则其误差可表示为

$$e_k(n)=d_k(n)-y_k(n) \tag{7-9}$$

该学习方式的最终目标是使目标性能函数$e_k(n)$的值达到最小，使每个节点实际输出逼近某种实际意义上的输出结果。误差纠正的学习方式在选定目标性能函数之后就成了一个最优化问题。目标函数中最常用的是均方误差判据，如下所示：

$$J=E\left[\frac{1}{n}\sum_k e_k{}^2(n)\right] \tag{7-10}$$

使用该判据时需确保宽平稳的被学习过程，学习中可采用梯度下降法调整权值。因为只有在了解所学习过程的统计特性前提下，才能使用J作为目标函数，所以用J的瞬时值$\zeta(n)$替换J来解决这个问题，$\zeta(n)$计算方法如下所示：

$$\zeta(n)=\frac{1}{n}\sum_k e_k{}^2(n) \tag{7-11}$$

这时，求$\zeta(n)$对权值w的极小值即可。按照梯度下降法计算，此即误差纠正学习方法，η为学习步长。则有

$$\Delta w_{kj}=\eta e_k(n)x_j(n) \tag{7-12}$$

(2)Hebb 学习。

Hebb 学习规则可描述为当相邻两神经元同时增强或减弱，这两神经元之间的连接应增强或者减弱。用数学方法可表示为

$$\Delta w_{kj}=F[y_k(n),x_j(n)] \tag{7-13}$$

式中：$y_k(n)$、$x_j(n)$分别为w_{kj}两端神经元的状态。

最常用的一种 Hebb 学习规则为

$$\Delta w_{kj}=\eta y_k(n)x_j(n) \tag{7-14}$$

由于Δw_{kj}与$y_k(n)$，$x_j(n)$的相关程度成比例，因此 Hebb 学习规则又可叫作相关学习规则。

(3)竞争学习。

在网络竞争学习中，各输出节点互相竞争，只有一个最强者在最后时刻激活。输出节点间有侧向抑制特性是竞争学习中最常见的学习方式，具体连接如图 7-8 所示。若某一输出单元竞争力强，则其他单元将受到抑制。只有最强输出单元最后在激活状态。该竞争规则可用下式表示：

$$\Delta w_{kj}=\begin{cases}\eta(x_i-w_{ji}), & \text{若神经元 } j \text{ 竞争获胜}\\ 0, & \text{若神经元 } j \text{ 竞争失败}\end{cases}$$

3. 学习与自适应

当学习系统周围环境处于平稳状态时，从理论上来说，该环境统计特性可通过监督学习被神经网络系统当作经验记住。如果学习系统所处环境不平稳，监督学习方式就无法跟踪这种变化，这种情况下网络须具备一定自适应能力才能解决这个问题。图 7-9 表示其工作

过程，此时模型被视为预测器，用前一时刻的模型参数与输入 $x(n-1)$ 估计输出 $\hat{x}(n)$ 然后计算出 $e(n)$，如果 $e(n)=0$，则模型参数保持不变，否则应修正参数以适应环境的变化。

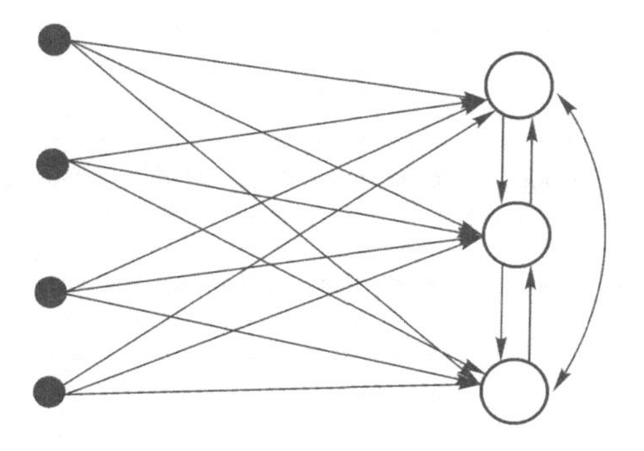

图 7－8　具有侧向抑制连接的竞争学习网络

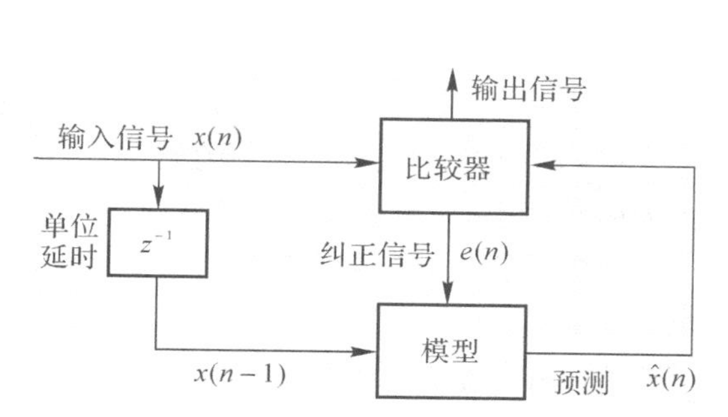

图 7－9　自适应系统结构图

7.2.3　感知器和 BP 网络

1. 感知器及其学习算法

感知器是一种只有单层节点的两层前向网络，仅仅包括输入层和输出层两部分。它具有接收环境信息和模拟人的视觉的能力，以神经冲动形式对信息进行传递。最简单感知器是单层单个神经元的感知器，如图 7－10 所示。

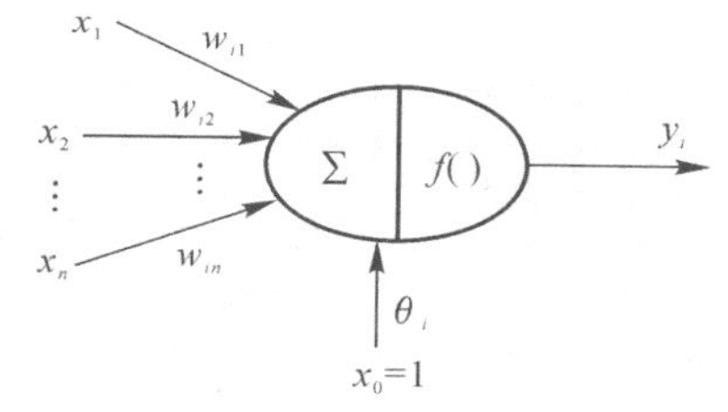

图 7－10　单层单个神经元的感知器

为了方便表示，将该感知器阈值 θ 以权的形式表示，其中，$x_0=1$，$-\theta=w_0$，则输入与输出可以用如下形式表示：

$$u_i=\sum_{j=1}^{n}w_{ij}x_j \tag{7-15}$$

$$v_i=u_i-\theta_i=\sum_{j=0}^{n}w_{ij}x_j \tag{7-16}$$

$$y_i=f(v_i)=f(\sum_{j=0}^{n}w_{ij}x_j) \tag{7-17}$$

式中：$x_1,x_2,x_3,\cdots,x_n$ 为神经元输入；$w_{i1},w_{i2},w_{i3},\cdots,w_{in}$ 为神经元的权值；u_i 为权值与输入的组合；$f(g)$ 为激励函数，y_i 为神经元的输出。

若输入的加权结果小于阈值，则输出为－1 或 0，否则为 1。

感知器学习算法的工作流程如下：

(1)首先给定连接权 $w_i(0)$ 一组随机且较小的非零值，k 时刻的阈值用 $w_0(k)$ 表示，第 i 个输入权值用 $w_i(k)$ 表示。

(2)将样本 $\boldsymbol{X}=[x_1,x_2,\cdots,x_n]^{\mathrm{T}}$ 与期望输出 d 作为感知器输入。y_d 在 $\boldsymbol{X}\in A$ 时为 1，在 $\boldsymbol{X}\in B$ 时为－1。

(3)感知器的输出计算，计算方法如下所示：

$$y(k)=f\left(\sum_{i=0}^{n} w_i(k)x_i\right)\begin{cases}1, \sum_{i=0}^{n} w_i(k)x_i \geq 0 \\ -1, \sum_{i=0}^{n} w_i(k)x_i < 0\end{cases} \tag{7-18}$$

(4)权值修正,修正方法如下所示:

$$w_i(k+1)=w_i(k)+\eta[d(k)-y(k)]x_i \tag{7-19}$$

式中:$w_i(k)$为 k 时刻权值;$y(k)$为感知器 k 时刻输出;$d(k)$为导师信号;η 为学习速率,η 选取太大引起振荡,太小影响学习速度。

(5)选取别的样本,重复(2)~(5)之间的步骤,直到对所有样本权值均保持不变,则学习结束。

2. BP 网络及其学习算法

BP 网络属于多层前向网络,学习方式属于监督学习类型。它的误差反向学习算法是神经网络中最著名的学习算法,也称为负梯度算法。该学习算法原理就是求出误差平方和沿网络权值梯度方向修正网络的加权系数,使 BP 网络达到预期的学习效果。BP 网络在自适应控制、优化计算、系统辨识和模式识别等领域有着广泛的应用,其一般网络结构如图 7-11 所示。

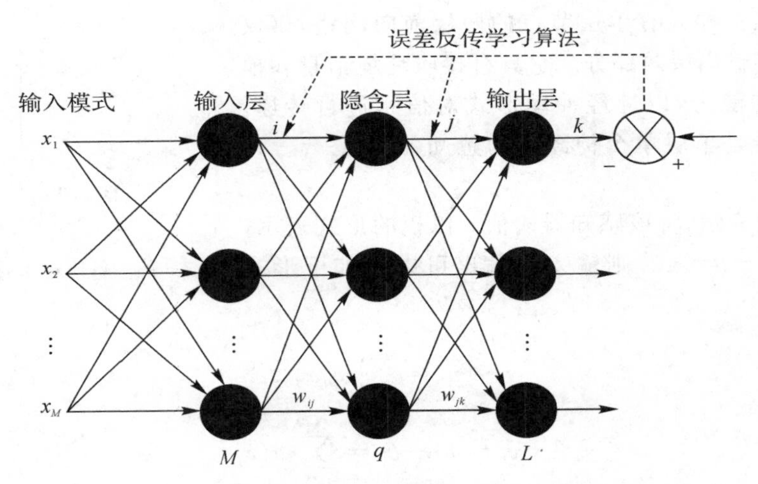

图 7-11　图 BP 神经网络基本结构示意图

BP 神经网络算法的基本方法是最小二乘算法。它采用梯度搜索技术,以使网络的实际输出值与期望输出值之间的误差均方值为最小。图 7-11 中 BP 神经网络是一个前馈神经网络,输入层有 M 个神经元,隐含层有 q 个神经元,输出层有 L 个神经元。其变量定义如下:输入向量 $X=[x_1,x_2,\cdots,x_M]$,隐含层第 j 个节点的输入为 net_j,隐含层第 j 个节点的输出为 O_j,输出层第 k 个节点的输入为 net_k,输出层第 k 个节点的输出为 O_k,期望输出向量为 d_k。输入层与隐含层的连接权值为 w_{ij},隐含层与输出层的连接权值为 w_{jk},隐含层各神经元的阈值为 θ_j,输出层各神经元的阈值为 θ_k,样本数据个数为 P,激励函数定义如下:

$$f(x)=\frac{1}{1+e^{-\frac{(x-\theta_j)}{\theta_O}}}$$

设每一样本 p 的输入输出模式对的二次型误差函数为

$$E_p = \frac{1}{2}\sum_{k=1}^{L}(d_{pk} - O_{pk})^2$$

系统的平均误差代价函数为

$$E = \frac{1}{2}\sum_{p=1}^{P}\sum_{k=1}^{L}(d_{pk} - O_{pk})^2 = \sum_{p=1}^{P} E_p$$

BP神经网络算法一般分为正向传播和误差反向传播两个阶段。在正向传播中，输入样本依次经过输入层、隐含层各神经元的计算，经过输出层输出；若输出层的实际输出与期望输出不相符，则转入误差反向传播阶段。在误差反向传播中，误差以某种形式在各层表示，修正各层连接权值，直到BP神经网络的输出误差减少到可接受的程度或进行到预先设定的学习次数。

BP神经网络算法的主要步骤如下。

步骤1　初始化。置所有权值和阈值为较小的随机数，一般范围可选为[−1,1]或[0,1]，给定计算精度要求和最大学习次数。

步骤2　提供训练样本集。给定输入向量 $X = [x_1, x_2, \cdots, x_M]$，给定期望的目标输出向量 $D = [d_1, d_2, \cdots, d_L]$。

步骤3　BP神经网络的前馈计算。隐含层第 j 个节点的输入为

$$\mathrm{net}_{pj} = \mathrm{net}_j = \sum_{i=1}^{M} w_{ij} O_i \tag{7-20}$$

隐含层第 j 个节点的输出为

$$O_j = f(\mathrm{net}_j) = \frac{1}{1 + e^{-(\mathrm{net}_j - \theta_j)}} \tag{7-21}$$

式中：θ_j 表示阈值，正的 θ_j 可使激励函数沿水平轴向右移动。

对式(7-21)求导可得

$$f'(\mathrm{net}_j) = f(\mathrm{net}_j)[1 - f(\mathrm{net}_j)]$$

输出层第 k 个节点的总输入为

$$\mathrm{net}_k = \sum_{j=1}^{q} w_{jk} O_j \tag{7-22}$$

输出层第 k 个节点的实际网络输出为

$$O_k = f(net_k) \tag{7-23}$$

步骤4　BP神经网络权值的调整。设每一样本的输入输出模式对的二次型误差函数为

$$E = \frac{1}{2}\sum_{p=1}^{P}\sum_{k=1}^{L}(d_{pk} - O_{pk})^2 = \sum_{p=1}^{P} E_p$$

系统的平均误差代价函数为

$$E_p = \frac{1}{2}\sum_{k=1}^{L}(d_{pk} - O_{pk})^2 \tag{7-24}$$

式中：P 为样本模式对数；L 为网络输出层节点数。接下来设法调整连接权系数以使代价函数 E 最小。

为简便起见，略去下标 p，重写式(7-24)，有

$$E_p = \frac{1}{2}\sum_{k=1}^{L}(d_k - O_k)^2$$

权值应按 E 函数梯度变化的反方向进行调整，使网络的实际输出接近期望输出。输出层权值的修正公式为

$$\Delta w_{jk} = -\eta \frac{\partial E}{\partial w_{jk}} \tag{7-25}$$

式中：η 为学习速率，$\eta > 0$。

误差函数对 w_{jk} 的偏导数定义为

$$\frac{\partial E}{\partial w_{jk}} = \frac{\partial E}{\partial \mathrm{net}_k}\frac{\partial \mathrm{net}_k}{\partial w_{jk}}$$

定义反传误差信号 δ_k 为

$$\delta_k = -\frac{\partial E}{\partial \mathrm{net}_k} = -\frac{\partial E}{\partial O_k}\frac{\partial O_k}{\partial \mathrm{net}_k} \tag{7-26}$$

式中：

$$\frac{\partial E}{\partial O_k} = -(d_k - O_k)$$

$$\frac{\partial O_k}{\partial \mathrm{net}_k} = \frac{\partial}{\partial \mathrm{net}_k} f(\mathrm{net}_k) = f(\mathrm{net}_k)$$

因此，式(7-26)可改写为

$$\delta_k = (d_k - O_k) f'(\mathrm{net}_k) = O_k(1 - O_k)(d_k - O_k)$$

又有

$$\frac{\partial \mathrm{net}_k}{\partial w_{jk}} = \frac{\partial}{\partial w_{jk}}\left(\sum_{j=1}^{q} w_{jk} O_j\right) = O_j$$

由此可得输出层的任意神经元权值的修正公式为

$$\Delta w_{jk} = \eta(d_k - O_k) f(\mathrm{net}_k) O_j = \eta \delta_k O_j$$

或

$$\Delta w_{jk} = \eta O_k(1 - O_k)(d_k - O_k) \tag{7-27}$$

隐含层节点权值的变化量为

$$\begin{aligned}\Delta w_{ij} &= -\eta \frac{\partial E}{\partial w_{ij}} = -\eta \frac{\partial E}{\partial \mathrm{net}_j}\frac{\partial \mathrm{net}_j}{\partial w_{ij}} = -\eta \frac{\partial E}{\partial \mathrm{net}_j} O_i \\ &= -\eta\left(-\frac{\partial E}{\partial O_j}\frac{\partial O_j}{\partial \mathrm{net}_j}\right)O_i = \eta\left(-\frac{\partial E}{\partial O_j}\right) f'(\mathrm{net}_j) O_j \\ &= -\eta \delta_j O_i\end{aligned} \tag{7-28}$$

显然有

$$\begin{aligned}-\frac{\partial E}{\partial O_j} &= -\sum_{k=1}^{L}\frac{\partial E}{\partial \mathrm{net}_k}\frac{\partial \mathrm{net}_k}{\partial O_j} = \sum_{k=1}^{L}\left(-\frac{\partial E}{\partial \mathrm{net}_k}\right)\frac{\partial}{\partial O_j}\left(\sum_{j=1}^{q} w_{jk} O_j\right) \\ &= \sum_{k=1}^{L}\left(-\frac{\partial E}{\partial \mathrm{net}_k}\right) w_{jk} = \sum_{k=1}^{L}\delta_k w_{jk}\end{aligned}$$

$$\delta_j = f'(\mathrm{net}_j)\sum_{k=1}^{L}\delta_k w_{jk}$$

将样本标记 p 代入式(7-27)后,对于输出层节点 k 有

$$\Delta_p w_{jk} = \eta f'(\text{net}_k)(d_{pk} - O_{pk})O_{pj} = \eta O_{pk}(1 - O_{pk})O_{pj} \tag{7-29}$$

将样本标记 p 代入式(7-28)后,对于隐含层节点 j 有

$$\Delta_p w_{ij} = \eta f'(\text{net}_{pj})\left(\sum_{k=1}^{L} \delta_{pk} w_{jk}\right)O_{pi} = \eta O_{pj}(1 - O_{pj})\left(\sum_{k=1}^{L} \delta_{pk} w_{jk}\right)O_{pi} \tag{7-30}$$

式中:O_{pk} 为输出节点 k 的输出;O_{pj} 为隐含层节点 j 的输出;O_{pi} 为输入节点 i 的输出。

由式(7-30)可知,网络连接权值调整式为

$$w_{ij}(t+1) = w_{ij}(t) + \eta\delta_j O_i + \alpha[w_{ij}(t) - w_{ij}(t-1)] \tag{7-31}$$

式中:$t+1$ 表示第 $t+1$ 次迭代;α 为平滑因子,取值范围为 $0 < \alpha < 1$。

步骤 5　循环或结束。判断网络误差是否满足要求,如果误差达到预设精度或学习次数大于设定的最大次数,则结束算法;否则,选取下一个学习样本及对应的期望输出,返回步骤 2,进入下一轮学习。

简而言之,BP 神经网络学习的过程就是在外来输入样本的刺激下不断改变网络的连接权值,以使网络的输出不断地接近期望的输出。因此,按照学习类型分类,BP 神经网络是一种有导师学习的神经网络。其核心思想就是将输出误差以某种形式通过隐含层向输入层逐层反传,将误差分摊给各层的所有单元,各层单元的误差信号修正各单元权值,学习的过程就是信号的正向传播和误差的反向传播。BP 神经网络学习的本质是对各连接权值的动态调整,学习规则即权值调整规则,就是在学习过程中网络各神经元的连接权值变化所依据的一定的调整规则。

BP 神经网络算法实际应用时需要注意如下一些问题。

(1)学习开始时,各隐含层连接权值的初值一般设置成较小的随机数较为合适。

(2)采用 S 型激励函数时,输出层各神经元的输出只能趋于 0 或 1,不能达到 0 或 1。在设置各训练样本时,期望输出向量不能设置为 0 或 1,以设置为 0.9 或 0.1 较合适。

(3)学习速率 η 的选择。在学习开始时,η 选取较大的值可加快学习速度。学习接近优化区时,η 必须相当小,否则权值将产生振荡而不收敛。此外,平滑因子 α 的取值一般 0.9 左右。

BP 神经网络具有如下优点。

(1)非线性映射能力。BP 神经网络能学习和存储大量输入-输出模式的映射关系,而无须事先了解描述这种映射关系的数学方程。只要能提供足够多的样本模式给 BP 神经网络进行学习训练,它便能完成由 n 维输入空间到 m 维输出空间的非线性映射。

(2)泛化能力。向网络输入训练时未曾见过的非样本数据,网络也能完成由输入空间向输出空间的正确映射,这种能力称为泛化能力。

(3)容错能力。输入样本中带有较大的误差甚至个别错误,对网络的输入输出规律影响很小。但是,BP 神经网络也具有如下明显的缺点。

(1)待寻优的参数较多,收敛速度较慢。

(2)目标函数存在多个极值点,按梯度下降法学习,容易陷入局部极小值。

(3)隐含层及隐含层节点的数目难以确定。目前,如何根据特定的问题来确定具体的网络结构还没有统一的规定,往往根据实际情况试凑确定。

BP神经网络具有很好的非线性映射能力，可广泛应用于模式识别、图像处理、系统辨识、函数拟合、优化计算、最优预测和自适应控制等领域。BP神经网络具有很好的逼近特性和泛化能力，可用于神经网络控制器的设计。但BP神经网络收敛速度慢，难以满足工业过程实时控制的要求。

7.3 神经网络的权值调整与电流控制仿真

本节内容包括两个神经网络训练实例，一个是有师学习算法调整神经网络权值的实例，一个是神经网络PID控制脉冲电流实例。

7.3.1 神经网络权值训练实例

神经网络主要通过两种学习算法进行训练，即监督式(有师)学习算法和非监督式(无师)学习算法。此外，还存在第三种学习算法，即增强学习算法；可把它看作有师学习的一种特例，

有师学习算法能够根据期望的和实际的网络输出(对应于给定输入)间的差来调整神经元间连接的强度或权。因此，有师学习需要有个老师或导师来提供期望或目标输出信号，根据误差由输出层反向传至输入层，而输出则是由正向传播给出网络的最终响应。这种误差反向传播式学习规则，对于前馈网络的有师学习具有重要意义。下面设计一个有师学习算法调整神经网络权值的实例。

已知网络结构如图7-12所示，网络输入/输出如表7-1所示。其中$f(x)$为x的符号函数，$f(\text{net})=f(w_1x_1+w_2x_2+w_3)$，$x_3$取常数1，设初始值随机取成(0.75,0.5,−0.6)。利用误差传播学习算法调整神经网络权值。

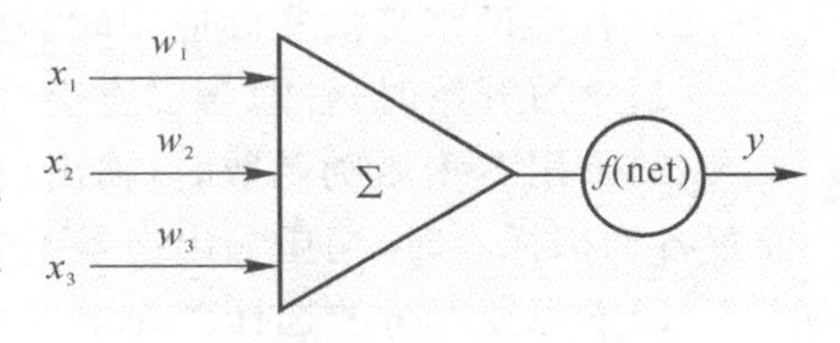

图7-12 神经网络结构示例图

本实例说明了一种有师学习算法调整神经网络权值的过程，将第一组训练数据代入$f(\text{net})$，则$f(\text{net})=f(w_1x_1+w_2x_2+w_3)$。令$f(\text{net})^1$表示第一组训练数据经过$f(\text{net})$网络计算后的输出，则

$$\begin{aligned} f(\text{net})^1 &= f(w_1x_1+w_2x_2+w_3) \\ &= f(0.75\times1+0.5\times1+-0.6\times1)=f(0.65)=1 \end{aligned}$$

与输出值Y相符，全值无需调整。

表7-1 输入输出训练参数表

训练序号	x_1	x_2	Y
1	1.0	1.0	1
2	9.4	6.4	−1
3	2.5	2.1	1
4	8.0	7.7	−1
5	0.5	2.2	1
6	7.9	8.4	−1

续 表

训练序号	x_1	x_2	Y
7	7.0	7.0	−1
8	2.8	0.8	1
9	1.2	3.0	1
10	7.8	6.1	−1

同理，将第二组训练数据代入 $f(\text{net})=f(w_1x_1+w_2x_2+w_3)$ 网络中，令 $f(\text{net})^2$ 表示第二组训练数据经过 $f(\text{net})$ 网络计算后的输出，则

$$f(\text{net})^2=f(0.75\times 9.4+0.5\times 6.4+-0.6\times 1)=f(9.65)=1$$

而输出 Y 值为 −1，需要用有师学习算法调整神经网络权值。

$$w^t=w^{t-1}+c[d^{t-1}-\text{sign}(w^{t-1}x^{t-1})]x^{t-1}$$

式中：c 为学习因子，这里取 0.2；x 和 w 是输入和权值向量，$t-1$ 为迭代次数；d^{t-1} 是第 $t-1$ 代的理想输出值。

于是

$$\begin{aligned}w^3&=w^2+0.2[d^2-\text{sign}(w^2x^2)]x^2=w^2+0.2[(-1)-1]x^2\\&=\begin{bmatrix}0.75\\0.50\\-0.60\end{bmatrix}-0.4\begin{bmatrix}9.4\\6.4\\1.0\end{bmatrix}=\begin{bmatrix}-3.01\\-2.06\\-1.00\end{bmatrix}\end{aligned}$$

将第三组训练数据代入 $f(\text{net})=f(w_1x_1+w_2x_2+w_3)$ 网络中，其中 $f(\text{net})^3$ 表示第三组训练数据代入 $f(\text{net})$ 网络计算的训练输出。

$$f(\text{net})^3=f(-3.01\times 2.5-2.06\times 2.1-1.0\times 1)=f(-12.85)=-1$$

与输出 Y 中的理想值不符，所以需要调整权值

$$\begin{aligned}w^4&=w^3+0.2[d^3-\text{sign}(w^3x^3)]x^3=w^3+0.2[(-1)-1]x^3\\&=\begin{bmatrix}-3.01\\-2.06\\-1.00\end{bmatrix}+0.4\begin{bmatrix}2.5\\2.1\\1.0\end{bmatrix}=\begin{bmatrix}-2.01\\-1.22\\-0.60\end{bmatrix}\end{aligned}$$

经过 500 次迭代训练，最终可以得到一组权值(−1.3，−1.1，10.9)。利用这组权值和相应的网络模型，不仅可以准确地区分已知数据(训练集)，还可对未知数据进行预测，获得该神经网络的输出为

$$Y=f(w_1x_1+w_2x_2+w_3)=f(-1.3x_1-1.1x_2+10.9)$$

7.3.2　神经网络 PID 控制脉冲电流实例

1. 几种典型的学习规则

(1)无监督 Hebb 学习规则。

Hebb 学习是一类相关学习，其基本思想：如果两个神经元同时被激活，则它们之间的连接强度的增强与他们的激励成正比。以o_i表示神经元 i 的激活值，o_j表示神经元 j 的激活值，w_{ij} 表示神经元 i 和神经元 j 的连接权值，则 Hebb 学习规则可表示为

$$\Delta w_{ij}(k)=\eta o_j(k)o_i(k) \tag{7-32}$$

式中：η 为学习效率。

(2)有监督 Delta 学习规则。

在 Hebb 学习规则中，引入教师符号，即将o_j换成希望输出d_j与实际输出o_j之差，就构成有监督学习的 Delta 学习规则：

$$\Delta w_{ij}(k)=\eta(d_j(k)-o_j(k))o_i(k) \tag{7-33}$$

(3)有监督 Hebb 学习规则。

将无监督的 Hebb 学习规则和有监督的 Delta 学习规则两者结合起来就构成有监督的 Hebb 学习规则：

$$\Delta w_{ij}(k)=\eta[d_j(k)-o_j(k)]o_i(k)o_j(k) \tag{7-34}$$

2. 单神经元自适应 PID 控制

为了对单神经元控制问题进行深入研究，分析一种单神经元自适应 PID 控制的结构，如图 7-13 所示。

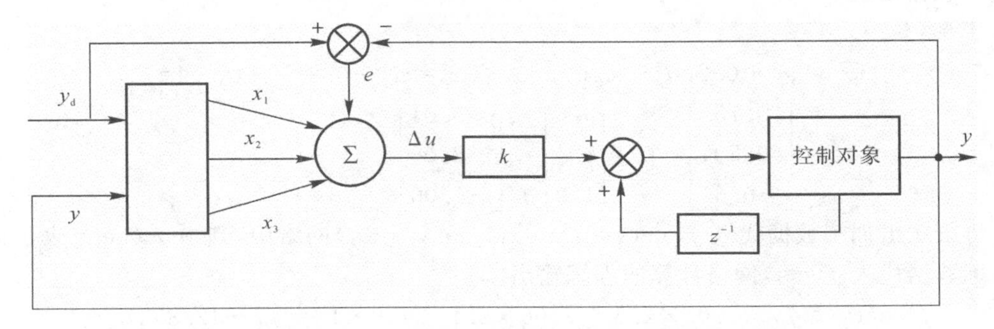

图 7-13　单神经元自适应 PID 控制结构

单神经元自适应控制器是通过对加权系数的调整来实现自适应、自组织功能，加权系数的调整是按有监督的 Hebb 学习规则实现的。控制算法及学习算法为

$$u(k)=u(k-1)+K\sum_{i=1}^{3}w_i'(k)x_i \tag{7-35}$$

$$w_i'(k)=w_i/\sum_{i=1}^{3}|w_i(k)| \tag{7-36}$$

其中$w_1(k)$、$w_2(k)$、$w_3(k)$为

$$\left.\begin{aligned}w_1(k)&=w_1(k-1)+\eta_I z(k)u(k)x_1(k)\\w_2(k)&=w_2(k-1)+\eta_P z(k)u(k)x_2(k)\\w_3(k)&=w_3(k-1)+\eta_D z(k)u(k)x_3(k)\end{aligned}\right\} \tag{7-37}$$

式中：$x_1(k)=e(k)$；$x_2(k)=e(k)-e(k-1)$；$x_3(k)=\Delta^2 e(k)=e(k)-2e(k-1)+e(k-2)$；$z(k)=e(k)$；$\eta_I$、$\eta_P$、$\eta_D$分别为积分、比例、微分的学习速率；$K$ 为神经元的比例系数，$K>0$。

对积分 I、比例 P 和微分 D 分别采用了不同的学习速率η_I、η_P和η_D以便对不同的加权系数分别进行调整。K 值的选择非常重要，K 越大，则快速性越好，但超调量大，甚至可能使系统不稳定。当被控对象时延增大时，K 值必须减少，以保证系统稳定。K 值选择过小，会使系统的快速性变差。

3. 改进的单神经元自适应 PID 控制

单神经元自适应控制有许多改进方法。在大量的实际应用中，通过实践表明，PID 参数的在线学习修正主要与 $e(k)$ 和 $\Delta e(k)$ 有关。基于此可将单神经元自适应 PID 控制算法中的加权系数学习修正部分进行修改，即将其中的 $x_i(k)$ 改为 $e(k)+\Delta e(k)$，改进后的算法表达如下：

$$u(k)=u(k-1)+K\sum_{i=1}^{3}w_i(k)x_i(k) \tag{7-38}$$

$$w_i(k)=w_j(k)/\sum_{j=1}^{3}|w_j(k)| \tag{7-39}$$

其中

$$\left.\begin{aligned}w_1(k)&=w_1(k-1)+\eta_1 z(k)u(k)[e(k)+\Delta e(k)]\\w_2(k)&=w_2(k-1)+\eta_P z(k)u(k)[e(k)+\Delta e(k)]\\w_3(k)&=w_3(k-1)+\eta_D z(k)u(k)[e(k)+\Delta e(k)]\end{aligned}\right\} \tag{7-40}$$

式中：$\Delta e(k)=e(k)-e(k-1)$；$z(k)=e(k)$。

采用上述改进算法后，权系数的在线修正就不完全根据神经网络学习原理，而是参考实际经验制定的。

4. 单神经元脉冲电流 PID 仿真实例

设定被控电源对象为

$$y(k)=0.368y(k-1)+0.26y(k-2)+0.10u(k-1)+0.63u(k-2)$$

输入一个电流脉冲指令信号为

$$y_d(k)=60\text{sgn}[\sin(4\pi t)]+80$$

其中采样时间为 1 ms，分别采用三种控制律进行单神经元 PID 控制，即有监督的 Delta 学习规则、有监督的 Hebb 学习规则、改进的单元神经元自适应，跟踪结果如图 7-14 所示。

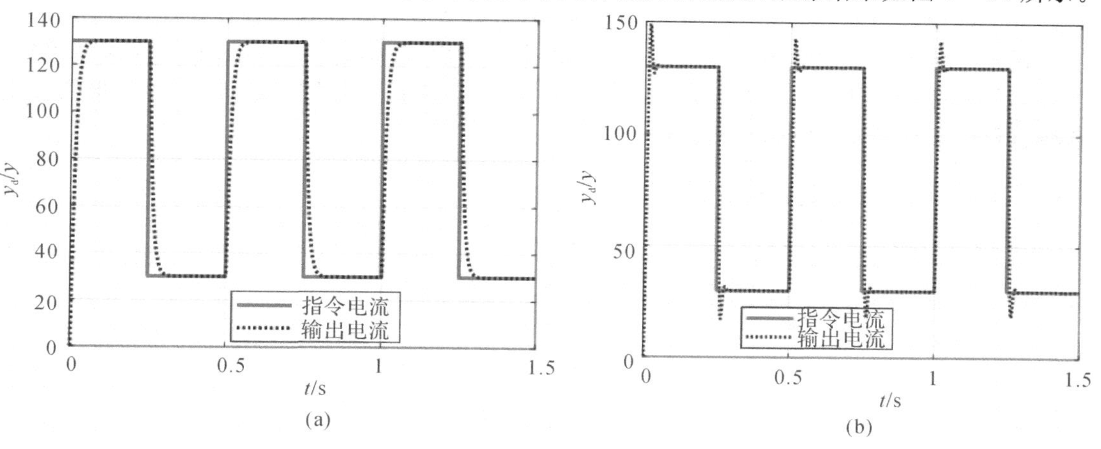

图 7-14　单神经元自适应 PID 控制输出电流跟踪仿真波形

(a)有监督 Delta 学习；(b)有监督 Hebb 学习规则

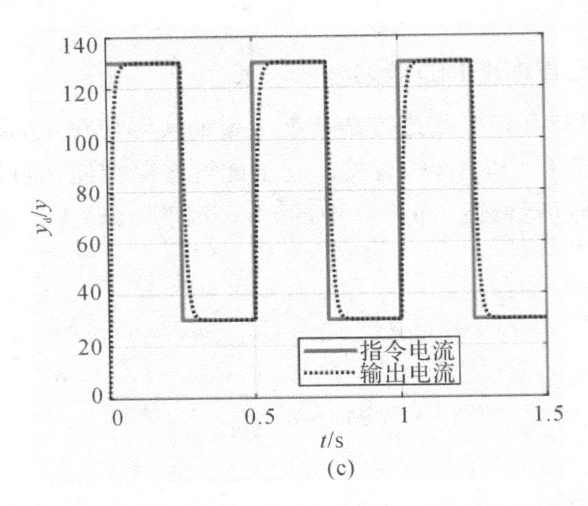

(c)

续图 7-14　单神经元自适应 PID 控制输出电流跟踪仿真波形
(c)改进的单元神经元自适应 PID 控制

7.4　模糊 PI 控制器设计原理

虽然在工业自动化中经典的 PID 控制依旧占据主要部分，但是离线整定得到的固定不变的 PID 参数并不适合参数时变的非线性系统如电弧控制系统。而对弧焊电源仿真时，固定的 PID 参数调节效果不错，主要是因为仿真时考虑的因素不全。当电弧受到干扰较大时，固定的 PID 就并不适合了，当然对于精度要求不高的场合，经典的 PID 控制意义依旧非凡。如何让 PID 适应时变非线性系统呢?

自模糊集合论创立之后，对不明确系统的控制有着重大的突破，在实际中也逐步得到广泛运用。模糊控制本质上是非线性控制，一般模糊控制系统主要有控制系统的输入、输出变量的确定，输入值模糊化，通过论域中模糊值的隶属度和控制策略进行逻辑的判断，最后将得到的模糊值采取解模化转换为实际的控制信号，即下一状态的输入值。

模糊控制器的设计步骤如下：①分析控制器的结构；②确定输入输出变量的模糊子集；③建立模糊控制规则表；④确定模糊化和解模方法；⑤控制器参数的设置，下面将根据以上步骤详细介绍了模糊 PID 调节器的设计。

7.4.1　模糊控制器的结构

模糊控制器结构框图如 7-15 所示：

图 7-15 中输入 PID 调节器的参数关系如下式：

$$\left.\begin{aligned} K_p &= K_{p0} + \Delta K_p \\ K_i &= K_{i0} + \Delta K_i \\ K_d &= K_{d0} + \Delta K_d \end{aligned}\right\} \tag{7-41}$$

因为模糊控制器(Fuzzy Controler，FC)的作用是模拟操作人员的控制经验，而操作人员在控制过程中一般只能观察到系统输出相对于给定值的误差，因此模糊控制的输入量一般为 e(误差)和 ec(误差的变化)或者误差的变化率，这里取误差的变化。

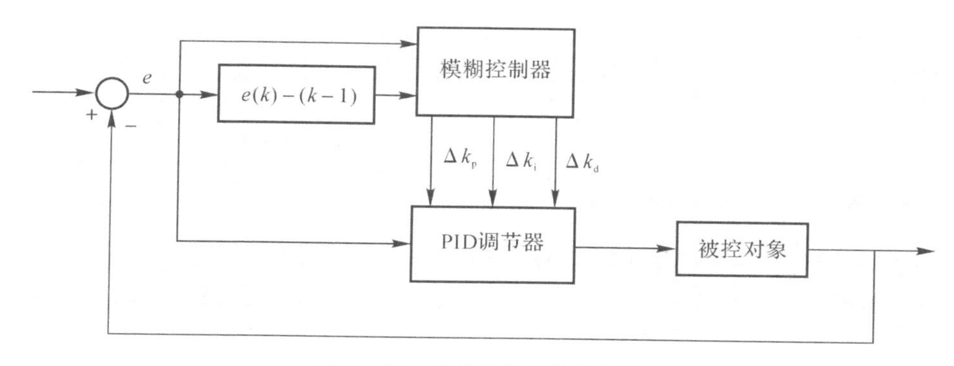

图 7-15　模糊控制器结构框图

7.4.2　输入、输出变量的模糊子集

根据模糊子集隶属度函数曲线就可以确定模糊变量的模糊子集，模糊子集的个数一般为奇数个，现在举较为简单的梯形隶属度曲线为例，将模糊子集分成7类，如图7-16所示。

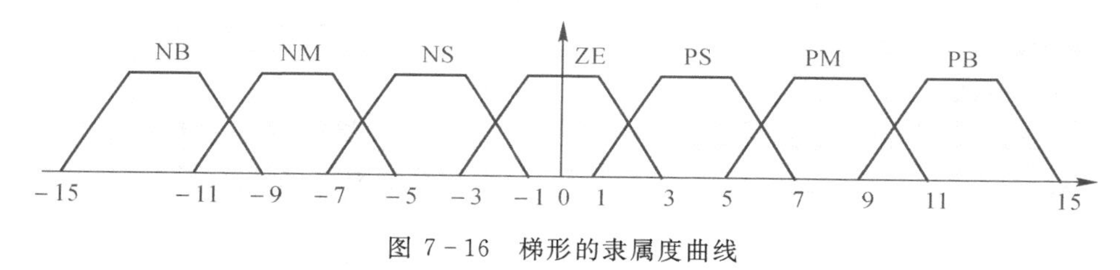

图 7-16　梯形的隶属度曲线

图7-16中NB、NM、NS、ZO、PS、PM、PB是论域中模糊集合的标记，其意义如下：

NB(Negative Big)为负方向大的偏差 、NM(Negative Medium)为负方向中的偏差、NS(Negative Small)为负方向小的偏差、ZE(Zero)为近于零的偏差、PS(Positive)为正方向上的偏差。

对于模糊控制系统而言，系统性能的优劣与重叠指数有着密切的关系，重叠指数包括重叠率和重叠鲁棒性。重叠指数越大，控制规则越复杂，模糊性越高，控制精度越准确，重叠率在0.2～0.6间为宜，重叠鲁棒性在0.3～0.7范围内比较合适。关于重叠率和重叠鲁棒性的计算如图7-17所示，以三角形隶属度函数曲线为例。

如图7-17所示，设 $a<b<c<d$。

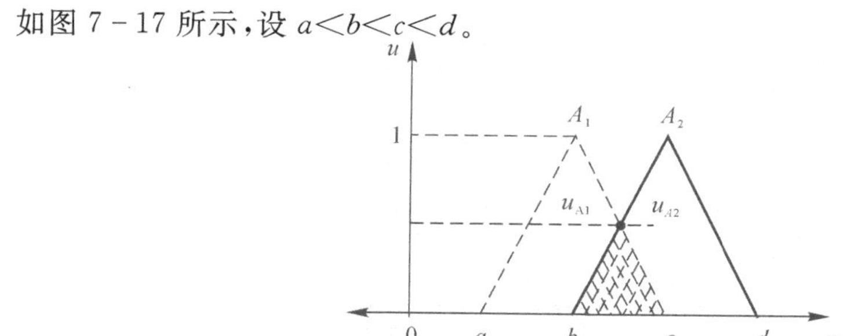

图 7-17　三角形隶属度函数曲线图

重叠率＝重叠范围/附近模糊隶属度函数的范围＝$(c-b)/(d-a)$

重叠鲁棒率＝总的重叠范围/总的重叠最大面积，公式表示为

$$\int_b^c (u_{A1}+u_{A2})\mathrm{d}x/[2\times(c-b)] \tag{7-42}$$

7.4.3 建立模糊控制规则

模糊规则的建立，非常依赖实验数据和经验，所以一个好的规则表，需要对当前系统做一些充分的数据分析。主要分两点：一是比例、积分、微分系数对系统的影响，二是系统在什么情况下应该加大或者减小 PID 各参数。

PID 各个参数对系统的影响如下：

(1) 比例系数。

比例系数(k_p)有助于系统响应速度的提升，调节精度的提高。但 k_p 过大，系统易超调甚至不稳定；k_p 过小，调节精度变差，系统响应变慢，调节时间变长。

(2) 积分系数。

积分系数(k_i)越大，越利于系统静态误差的消除，但过大易引起较大超调，过小则静态误差消除困难且系统调节精度变差。

(3) 微分系数。

微分系数(k_d)有利于改善系统动态特性，在响应过程中提前预报偏差从而抑制偏差的变化。但微分系数过大，系统响应制动提前、调节时间变长、抗干扰性降低。

由于控制永磁同步电机的系统干扰繁多，为了降低 k_d 对系统造成不良影响，本书将 K_d 系数选择为零，以免降低系统的抗干扰性。因此本系统采用 PI 调节器和模糊 PI 控制器进行调节对比，模糊控制器理论上是一个非线性的 PD 控制，因此模糊 PI 调节器可以弥补系统去掉微分环节的不足。

如图 7-18 所示的系统响应曲线，进一步分析在不同时刻的误差(e)和误差变化(ec)对参数 PI 的影响(与稳定状态对比，高于稳定状态误差 e 为负，低于稳定状态误差 e 为正，在坐标上斜率为正时误差变化 ec 为负，斜率为负时 ec 为正)。

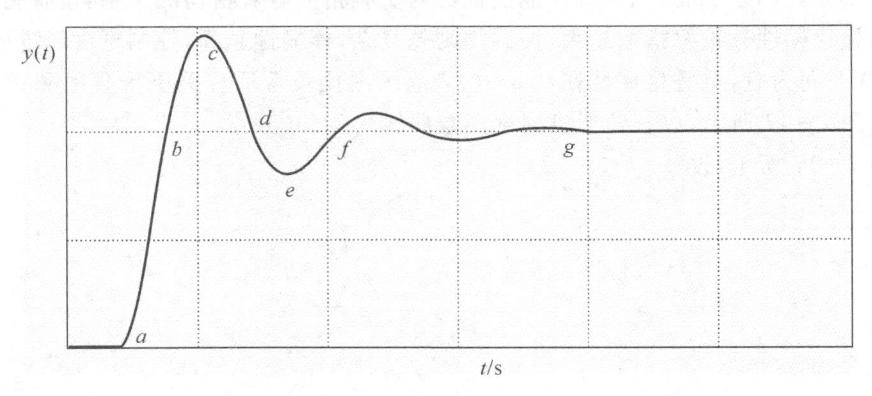

图 7-18　系统阶跃响应曲线

对图 7-18 的分析如下：

ab 段($e>0$,ec<0):此时误差与误差变化异号,在靠近 *a* 点时误差为 *PB*,此时误差已经在减小了,为了尽快减小误差但不超调,因取适量 K_p 和较小 K_i;当接近 *b* 点,误差为 PS,误差变化仍然很大为 *NB* 或 *NM*,系统接近稳态,为了防止超调,应减小 K_i,K_p。

bc 段($e<0$,ec<0):此时误差与误差变化同号,系统输出已经超调且超调继续变大,此时应抑制超调的上升,在此阶段应取较大 K_p 将系统输出“拉”回,而此时积分系数应该取负大。

cd 段($e<0$,ec>0):此时误差与误差变化异号,误差已经在减小,为防止超调应减小 Kp 和 Ki。

de 段($e>0$,ec>0):此时误差与误差变化率同号,并且误差还将继续增大,为消除已有的正大误差并且抑制其变大,此时比例系数取负大,积分系数取正大。

fg 段:系统基本进入稳态误差和误差变化基本为 ZE 的状态,此时取适中的比例系数和积分系数以使系统具有良好的稳态特性。

根据 PI 参数对系统的作用,以及在各误差 *e* 和误差变化 ec 下对 PI 参数的要求,加上个人的大量实验(实验模型后文将会提到)和前人的经验总结,可以得出关于 ΔK_p和 ΔK_i参数自整定的模糊规则表,如表 7－2 所示。

7.4.4　模糊化与解模方法

模糊子集确定之后,就需要将输入 *e* 和 ec 进行分类归属,也就是模糊化。也就是要确定,多大的 *e* 属于 PB 这一类或者某一误差应多大的隶属度属于 PM 或 PB,而这需要固定的函数进行规定,这个固定的函数就叫隶属度函数。隶属度函数在模糊控制中起到关键性的作用,但其确定过程目前并没有非常有效的方法。

表 7－2　$\Delta K_p/\Delta K_i$的模糊规则表

ec	*e*						
	NB	NM	NS	ZE	PS	PM	PB
NB	PB/NB	PB/NB	PM/NM	PM/NM	PS/NS	PS/ZE	ZE/ZE
NM	PB/NB	PM/NB	PM/NM	PS/NS	PS/NS	ZE/ZE	NS/ZE
NS	PM/NM	PM/NM	PS/NS	PS/NS	ZE/ZE	ZS/PS	NS/PS
ZE	PM/NM	PS/NS	PS/NS	ZE/ZE	ZE/PS	NS/PM	NM/PM
PS	PS/NS	PS/NS	ZE/ZE	NS/PS	NS/PM	NM/PM	NM/PB
PM	PS/ZE	ZE/ZE	NS/PS	NS/PS	NM/PM	NM/PB	NB/PB
PB	ZE/ZE	ZE/ZE	NS/PS	NM/PM	NM/PM	NB/PB	NB/PB

去模糊化常用的方法有三角形法、梯形法和高斯法,本实验选用三角形法进行去模糊化。解模方法主要有最大隶属度法、重心法则和加权平均法则。由于最大隶属度法则,忽略了较小隶属度因素,显得不够平滑,本文采用重心法则解模。三角形重心解模糊化,主要有两种:一种是最小法则,第二种是乘积法则。MATLAB 中自带有 FUZZY 控制箱,操作界面

图如图 7－19 所示。

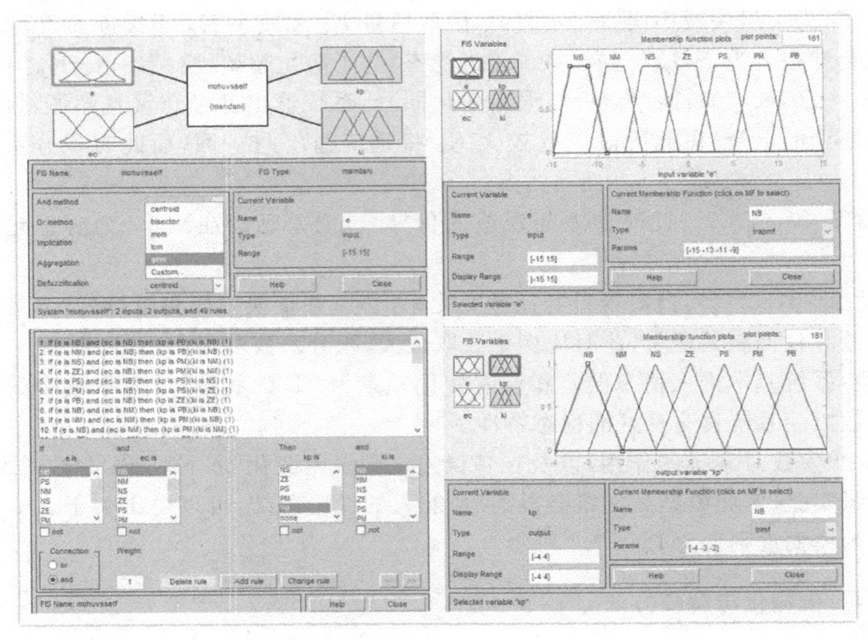

图 7－19　FUZZY 控制箱界面

图 7－19 中的左上方为 FUZZY 控制器的整体界面图，可以看出输入参数为 e 和 ec，输出参数为 k_p 和 k_i；右上方为输入隶属度曲线图，这里选择的隶属度曲线为等腰梯形；左下方为模糊控制规则的模糊推理，语句一般采用 if (A and B) then C 的语句，根据模糊规则表可以写出如下推理语句：

1：If (e is NB)and(ec is NB) then (ΔK_p is PB)(ΔK_i is PB)

2：If (e is NB)and(ec is NM) then (ΔK_p is PB)(ΔK_i is PB)……

右下方为输出隶属度函数曲线图，这里选择隶属度曲线为等腰三角形。

图 7－20 所示是关于 Mamdani 型模糊推理中的模糊逻辑算法，在模糊逻辑区中，有 5 类模糊逻辑词语和若干可选算法，分别是 And Method、Or Method、Implication、Aggregation 和 Defuzzification。由于本书涉及的规则表都是关于 And Method 的算法，所以不分析 Or Method 算法。Implication 算法在 Mamdani 型模糊推理中选择 Min 型算法。And Method 算法有 Min(取小)和 Prod(求积)；aggregation 算法有 max(各模糊集取最大项)、sum(有界和)、and probor(代数和)；Defuzzification(清晰化)算法有重心法、面积平均法、最大隶属度法[(mom(最大隶属度的平均值)、lom(最大隶属度中取大)、som(最大隶属度中取小)]。

为了便于更好的理解最小法则和乘积法则的区别，举例某误差在某隶属度函数下有 0.6 隶属度是 PM，0.4 的隶属度属于 PB；误差变化有 0.2 的隶属度属于 NS，0.8 的隶属度属于 ZE。如表 7－3 和表 7－4 所示。

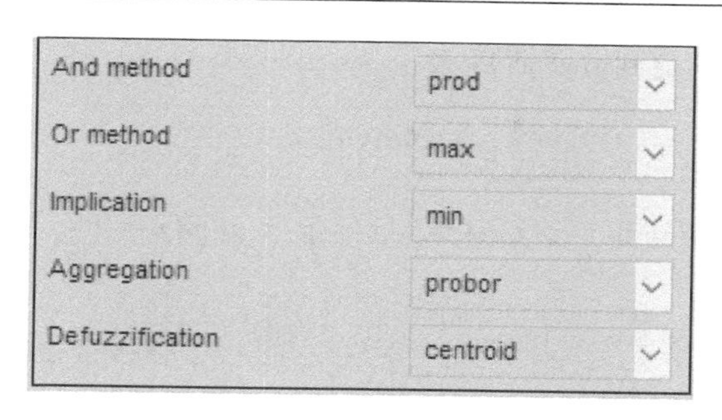

图 7-20　Mamdani 型模糊逻辑区

表 7-3　最小法则示例分析表

ec	e	
	PM(0.6)	PB(0.4)
NS(0.2)	NS(0.2)	NS(0.2)
ZE(0.4)	NS(0.4)	BM(0.4)

表 7-4　乘积法则示例分析表

ec	e	
	PM(0.6)	PB(0.4)
NS(0.2)	NS(0.12)	NS(0.08)
ZE(0.8)	NS(0.48)	NM(0.32)

采用最小法则时，模糊集 NS 的隶属度为 0.6(属于 NS 的三个隶属度中取最大值)，模糊集 NM 的隶属度为 0.4；而乘积法则时，模糊集 NS 的隶属度为 0.68(相同模糊集下，隶属度取代数和)，模糊集 NM 的隶属度为 0.32。

FUZZY 的整体流程：将输入量 e 和 ec 通过隶属度函数，将其以一定隶属度归属某一模糊集下，通过模糊规则表，采用最小法则或者乘积法则，计算规则表内输出模糊集的隶属度值，通过重心法则解模，计算出模糊值，最后通过一定的比例计算得到具体的输出值。

对于模糊集隶属度下的概率，需要重心计算实现重心解模糊。这里采用的是三角形重心法则，在 MATLAB 仿真中，系统有提供 FUZZY 工具箱，无需用算法实现重心解模，但是由于需要将模糊控制的仿真运用到 DSP 控制系统中，所以需要具体计算三角形重心解模法。其他解模方式如梯形法则、高斯法则，都可以通过类似的方式进行解模。

模糊控制三角形重心解模法的推理计算，辅助重心计算图如图 7-21 所示。

由图 7-21 可以知图中某一输入在模糊集 ZE 的隶属度为 u_1，PS 的隶属度为 u_2，重心的计算公式为

$$\tilde{X}=\frac{\int xy\,\mathrm{d}x}{\int y\mathrm{d}x} \tag{7-43}$$

将式(7-43)的分子分成 ZE 和 PS 两部分隶属度，计算 X_1、X_2 两部分的质量和，然后

减去重合部分 X_c 的质量得到分子质量 X。

$$u_{\min}=\min(u_1,u_2,\frac{1}{2}) \tag{7-44}$$

$$X_1=\int xy\mathrm{d}x=\int_{-1}^{u_1-1}x(x+1)\mathrm{d}x+\int_{u_1-1}^{1-u_1}u_1x\mathrm{d}x+\int_{1-u_1}^{1}x(1-x)dx \tag{7-45}$$

$$X_2=\int xy\mathrm{d}x=\int_0^{u_2}x^2\mathrm{d}x+\int_{u_2}^{2-u_2}u_2x\mathrm{d}x+\int_{2-u_2}^{2}x(2-x)\mathrm{d}x \tag{7-46}$$

重合部分质量 X_c 的计算：

$$X_c=\int_0^{u_{\min}}x^2\mathrm{d}x+\int_{u_{\min}}^{1-u_{\min}}u_{\min}x\mathrm{d}x+\int_{1-u_{\min}}^{1}x(1-x)\mathrm{d}x \tag{7-47}$$

$$X=X_1+X_2-X_c=-u_2^2+2\times u_2-(-\frac{u_{\min}^2}{2}+\frac{u_{\min}}{2}) \tag{7-48}$$

分母积分即为阴影部分面积，为了方便推广一般性，阴影部分的面积分为模糊集 ZE 下的面积 Y_1 加上模糊集 PS 下的面积 Y_2，减去两模糊集下重合的面积 Y_c，如图 7-22 所示。面积 Y_1 和 Y_2 计算如下：

$$Y_1=\int y\mathrm{d}x=\int_{-1}^{u_1-1}(x+1)\mathrm{d}x+\int_{u_1-1}^{1-u_1}u_1\mathrm{d}x+\int_{1-u_1}^{1}(1-x)\mathrm{d}x \tag{7-49}$$

$$Y_2=\int y\mathrm{d}x=\int_0^{u_2}x\mathrm{d}x+\int_{u_2}^{2-u_2}u_2\mathrm{d}x+\int_{2-u_2}^{2}(2-x)\mathrm{d}x \tag{7-50}$$

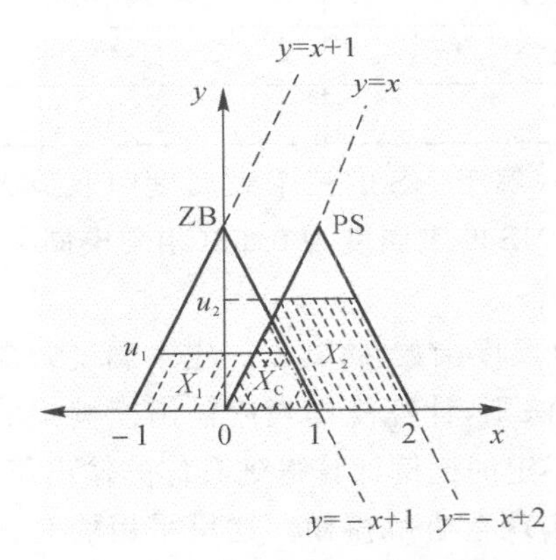

图 7-21　辅助重心计算图

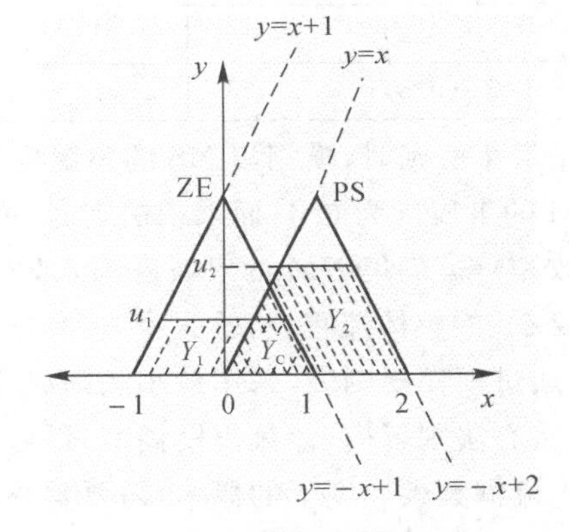

图 7-22　面积计算辅助图

重叠面积计算如下：

$$u_3=\min(u_1,u_2,\frac{1}{2}) \tag{7-51}$$

$$Y_c=\int_0^{u_3}x\mathrm{d}x+\int_{u_3}^{1-u_3}u_3\mathrm{d}x+\int_{1-u_3}^{1}(1-x)\mathrm{d}x \tag{7-52}$$

重心计算如下：

$$\widetilde{X}=\frac{\int xy\mathrm{d}x}{\int y\mathrm{d}x}=\frac{X_1+X_2-X_c}{Y_1+Y_2-Y_c} \tag{7-53}$$

将特殊性推广为三角型解模的所有模糊子集中，具有一般性，如图 7-23 所示。

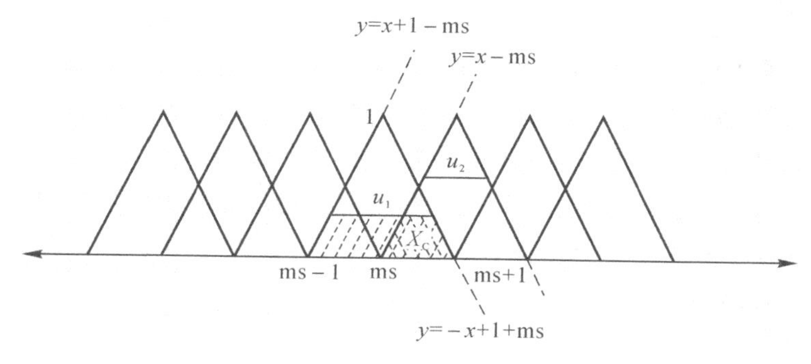

图 7-23 三角形解模示例图

以下公式中，ms 为当前模糊集，当前模糊集的隶属度为 u_i，令

$$u_{\min}=\min(u_i,u_{i+1},\frac{1}{2}) \tag{7-54}$$

当前模糊集 ms，隶属度 u_i 下的质量计算如下：

$$\begin{aligned}X_i&=\int_{\mathrm{ms}-1}^{u_i+\mathrm{ms}-1}x(x+1-\mathrm{ms})\mathrm{d}x+\int_{u_i+\mathrm{ms}-1}^{-u_i+\mathrm{ms}+1}u_i x\,\mathrm{d}x+\int_{-u_i+\mathrm{ms}+1}^{\mathrm{ms}+1}x(-x+1+\mathrm{ms})\mathrm{d}x\\&=-\mathrm{ms}\times u_i\times(u_i-2)\end{aligned} \tag{7-55}$$

当前模糊集与其右边紧邻的模糊集的重合部分质量计算（当前模糊集为最后一个模糊集时，重合部分质量为零）如下：

$$\begin{aligned}X_{ci}&=\int_{\mathrm{ms}}^{\mathrm{ms}+u_{\min}}x(x-\mathrm{ms})\mathrm{d}x+\int_{\mathrm{ms}+u_{\min}}^{1+\mathrm{ms}-u_{\min}}u_{\min}x\mathrm{d}x+\int_{1+\mathrm{ms}-u_{\min}}^{\mathrm{ms}+1}x(1+\mathrm{ms}-x)\mathrm{d}x\\&=-[u_{\min}\times(2\mathrm{ms}+1)\times(u_{\min}-1)]/2\end{aligned} \tag{7-56}$$

当前模糊集 ms，隶属度 u_i 下的面积计算如下：

$$\begin{aligned}Y_i&=\int_{\mathrm{ms}-1}^{u_i+\mathrm{ms}-1}(x+1-\mathrm{ms})\mathrm{d}x+\int_{u_i+\mathrm{ms}-1}^{-u_i+\mathrm{ms}+1}u\mathrm{d}x\\&\quad+\int_{-u_i+\mathrm{ms}+1}^{\mathrm{ms}+1}(-x+1+\mathrm{ms})\mathrm{d}x=-u_i(u_i-2)\end{aligned} \tag{7-57}$$

当前模糊集与其右边紧邻的模糊集的重合部分重合面积计算（当没有下一模糊集时，重合面积为零）如下：

$$\begin{aligned}Y_{ci}&=\int_{\mathrm{ms}}^{\mathrm{ms}+u_{\min}}(x-\mathrm{ms})\mathrm{d}x+\int_{\mathrm{ms}+u_{\min}}^{1+\mathrm{ms}-u_{\min}}u_{\min}\mathrm{d}x+\int_{1+\mathrm{ms}-u_{\min}}^{\mathrm{ms}+1}\\&\quad(1+\mathrm{ms}-x)\mathrm{d}x=-u_{\min}^2+u_{\min}\end{aligned} \tag{7-58}$$

最终得到重心计算公式：

$$\tilde{X}=\frac{\int xy\mathrm{d}x}{\int y\mathrm{d}x}=\frac{\sum_i X_i-\sum_i X_{ci}}{\sum_i Y_i-\sum_i Y_{ci}} \tag{7-59}$$

最后根据数学理论推导，在仿真中用 MATLAB 函数实现，以便更好地推广到以 DSP 为核心的控制系统中。

7.4.5 模糊控制器参数设置

由于模糊控制器的输入、输出都是精确量，而模糊控制器里的推理量却是模糊量。因此需要将实际量误差、误差变化以及输出控制量，转换成模糊量。而实际量如何转换成模糊量呢？这里将实际量的范围称为这些变量的基本论域。设误差和误差变化的基本论域为$[-X_e, X_e]$和$[-X_{ec}, X_{ec}]$，输出量Δk_p与Δk_i的基本论域分别为$[-O_p, O_p]$和$[-O_i, O_i]$。

由于实际的误差和误差的变化基本论域范围难以确定。为了在不同条件下隶属度函数更加合理。现引入误差与目标比，如规定高于目标10%及以上属于NB，低于目标10%以上的为PB，这样对误差和误差变化的基本论域均可确定，如e的基本论域为$[-0.15, 0.15]$。而对于输出量的基本论域，因为输出量是Δk_p和Δk_i为了使系统的兼容性更强，可以设其基本论域范围为k_p和k_i的一定比重，如Δk_p的基本论域为$[-k_p/2, k_p/2]$。

取误差和误差变化的模糊集的论域分别为$[-N_p, N_p]$和$[-N_i, N_i]$，控制量Δk_p和Δk_i模糊子集的论域分别为$[-L_p, L_p]$和$[-L_i, L_i]$。模糊化的进行，需通过合适的量化因子或比例因子将输入、输出变量从基本论域到模糊集论域进行转换。这两种因子的选定对控制器的性能也很重要，这里取误差和误差变化的量化因子分别为K_e和K_{ec}、输出控制量的PI比例因子分别为K_{up}和K_{ui}。由下式表示：

$$\left.\begin{aligned} K_e=\frac{N_p}{X_e}; K_{ec}=\frac{N_i}{X_{ec}} \\ K_{up}=\frac{O_p}{L_p}; K_{ui}=\frac{O_i}{L_i} \end{aligned}\right\} \tag{7-60}$$

模糊控制器参数的设置完成后，可以对图7-15模糊控制结构框图建立MATLAB仿真图进行仿真。

7.5 电源弧长模糊控制设计与仿真

7.5.1 弧长模糊控制器设计

本设计中将使用由MATLAB提供的5个模糊逻辑工具箱GUI用户界面：模糊推理系统编辑器(FIS)、隶属度函数编辑器、控制规则编辑器、规则观察器和曲面观察器来完成模糊控制器离线设计的工作。

1. 选取合适的模糊控制器

本系统对控制器的实时性要求很高，但要求的控制精度没有那么高，综合两点考虑，本系统中选择电弧电压和给定电压的偏差值e和偏差变化率ec作为输入量，因此，本系统中选择二维模糊控制器。

2. 确定控制变量

本设计的反馈量是电弧电压，所以模糊控制器的输入量为电弧电压的实际采集值和电弧电压的给定值的偏差 e，以及偏差变化率 ec，输出量用来调整焊接过程中脉冲电流的基值时间，因此输出量是基值时间的增量，通过对基值时间的调整以及电弧的自调节作用实现对弧长的调节。利用 MATLAB 工具箱的模糊推理系统编辑器可以直观地完成该弧长模糊控制器结构的设计和输入、输出参量的设定，如图 7-24 所示。

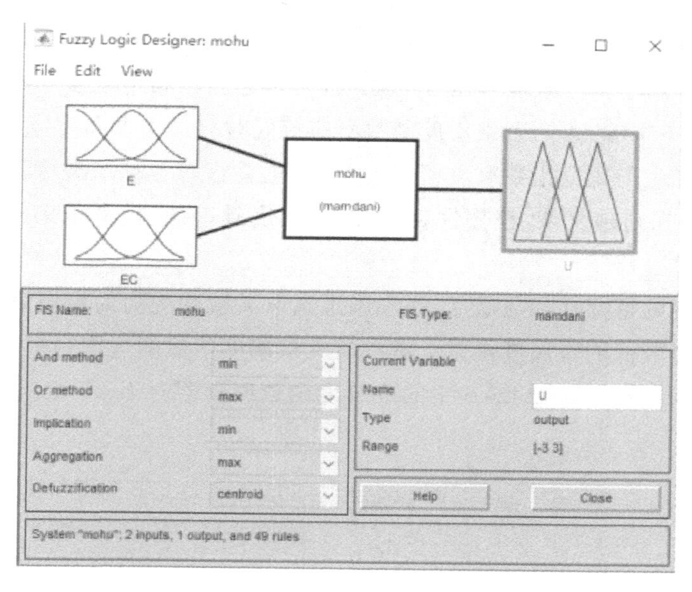

图 7-24　MATLAB 模糊推理系统编辑器(FIS)

3. 输入-输出变量论域及语言确定

根据实际焊接情况，电弧电压偏差 e 的变化范围为[－3.5，3.5]，根据经验偏差率变化范围一般为偏差 e 的二倍，即为[－7，7]。

为了实现焊接过程中的稳定焊接并且飞溅少，焊接电流的基值时间范围一般是0.003～0.015 s，基值时间变化的跨度是 0.012 s，基值时间的变化范围是－0.006～＋0.006 s。

取偏差 E，偏差变化率 EC 和输出量 U 的论域均为[－3，3]，分成 7 个等级，如下：

$E=\{-3,-2,-1,0,+1,+2,+3\}$；

$EC=\{-3,-2,-1,0,+1,+2,+3\}$；

$U=\{-3,-2,-1,0,+1,+2,+3\}$；

各个论域中取 7 个语言值：记为{NB、NM、NS、ZO、PS、PM、PB}，即 Negative Big，Negative Medium，Negative Small，Zero，Positive Small，Positive，Medium，Positive Big，分别表示{负大，负中，负小，零，正小，正中，正大}，如下：

E＝{ NB、NM、NS、ZO、PS、PM、PB }；

EC＝{ NB、NM、NS、ZO、PS、PM、PB }；

U＝{ NB、NM、NS、ZO、PS、PM、PB }；

偏差 e 的量化因子：$k_e=3/3.5=0.857$

偏差变化率 ec 的量化因子 ：$k_{ec}=3/7=0.4286$

输出量 u 的比例因子：$k_u=0.006/3=0.002$

4. 确定隶属度函数

隶属度函数是模糊控制的应用基础，正确构造隶属度函数是能否用好模糊控制的关键之一。隶属度函数的形状包括三角形、钟形、正态分布型以及梯形等。需要保证的是，论域中每个点应该至少属于一个隶属度函数的区域，同时它应该属于至多不超过两个隶属度函数的区域，对于同一个输入，两个隶属度函数不应该同时有最大隶属度。

系统性能的优劣与重叠指数有着密切的关系，重叠指数包括重叠率和重叠鲁棒性。重叠指数越大，控制规则越复杂，模糊性越高，控制精度越准确，模糊子集的交集的重叠率在 0.2～0.6 间为宜。

为了增加系统的鲁棒性和灵敏度，在 0 附近选取灵敏度更高的隶属度函数，而在远离 0 时选取灵敏度相对较低的隶属度函数。本次研究隶属度函数的选取是根据一些工程实践人员的经验而得来的，通过 MATLAB 中的隶属度函数编辑器对 E、EC、U 的隶属度函数的选取如图 7－25 所示。

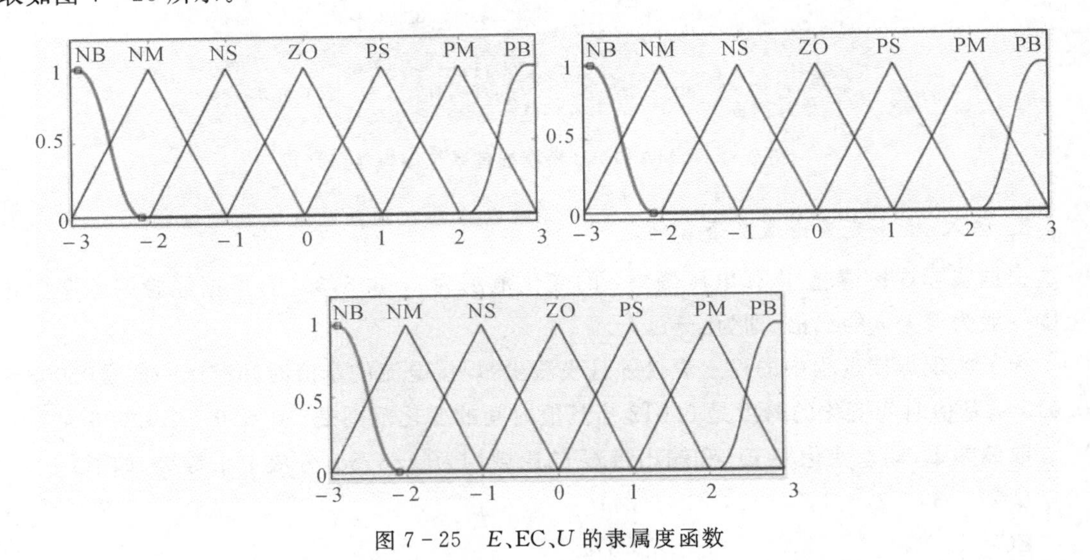

图 7－25　E、EC、U 的隶属度函数

5. 建立模糊控制规则

模糊控制规则是专家经验和思想在模糊控制器中的集中体现，其实质是将专家的控制经验总结成一条条的条件语句，形成模糊条件集合。这些条件语句就是输入量偏差值 E 和偏差变化率 EC 与输出量 U 之间的关系。

对于本系统，输入量平均电弧电压的偏差值和输出量基值时间增量 Δt 之间的基本关系如下：

(1)如果偏差为正值，即平均弧压小于给定值，需要减小脉冲基值时间，此时 Δt 应该为负值，从而使得平均弧压增大到给定值；

(2)如果偏差为负值,即平均弧压大于给定值,则需要增大基值时间,此时 Δt 应该为正值,从而使得平均弧压减小到给定值。

本系统设计了二维模糊控制器,能够兼顾系统的动、静态特性,使得系统性能达到最佳,其基本设计原则:当偏差较大时,以消除偏差为主;当偏差较小时,则尽量使系统稳定为主,减少系统超调或震荡。

平均弧压和基值时间的基本控制原则:

(1)平均弧压过大且大幅增加,大大增大基值时间;

(2)平均弧压过小且大幅降低,大大减小基值时间;

(3)平均弧压过大且大幅降低,稍微增大基值时间;

(4)平均弧压过小且大幅增加,稍微减小基值时间;

(5)平均弧压大小适合且大幅增加,增大基值时间;

(6)平均弧压大小适合且大幅减小,减小基值时间。

根据以上基本控制原则,使用目前比较成熟的 Mamdani(Max - Min)算法,设计的模糊控制规则,按如下形式利用 MATLAB 控制规则编辑器编辑条件语句,如图 7 - 26 所示。

IF $\{E=A_i \text{ and } \mathrm{EC}=B_i\}$ THEN $U=C_i, i=1,2,3,...,7$

其中 A_i、B_i、C_i 是模糊语言值,如 NB、NM、NS 等。

由每条件语句可得到一个 E、EC 和 U 之间的模糊关系:

$$R_{ij}=(E_i\times EC_j)\times U_{ij} \tag{7-61}$$

对应的隶属度函数为

$$\mu_{R_{ij}}(e,\mathrm{ec},u)=\mu_{E_i}(e)\wedge\mu_{EC_j}(\mathrm{ec})\wedge\mu_{U_{ij}}(u) \tag{7-62}$$

$\forall e\in E, \forall \mathrm{ec}\in \mathrm{EC}, \forall u\in U$

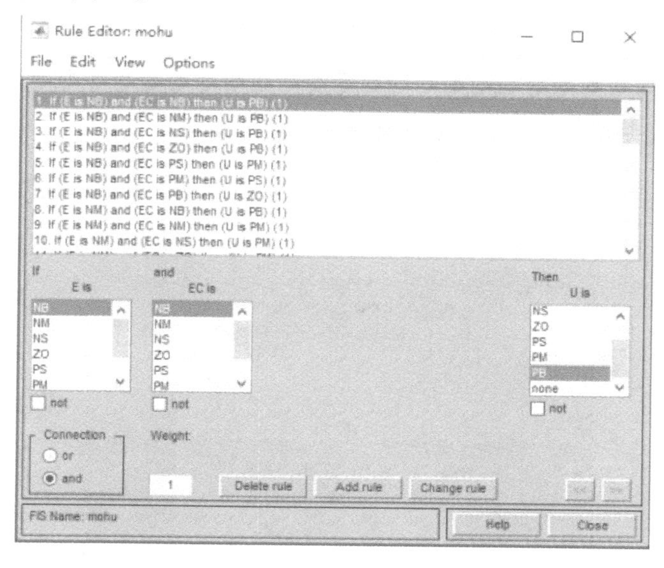

图 7 - 26　控制规则编辑器

采用 Mamdani(Max－Min)算法得到：

$$R=\bigcup_{i=1,j=1}^{i=7,j=7} R_{ij} \tag{7-63}$$

对应的隶属函数为

$$\mu_R(e,\mathrm{ec},u)=\max_{i=1\sim 7,j=1\sim 7}[\mu_{R_{ij}}(e,\mathrm{ec},u)] \tag{7-64}$$

输出控制量 U 和输入量 E、EC 的关系为

$$\mathrm{U}=(E\times EC)\circ R \tag{7-65}$$

对应的隶属函数为

$$\mu_{\mathrm{U}}(u)=\vee\mu_R(e,\mathrm{ec},u)\wedge[\mu_E(e)\wedge\mu_{\mathrm{EC}}(\mathrm{ec})] \tag{7-66}$$

$\forall e\in E,\forall \mathrm{ec}\in \mathrm{EC},\forall u\in U$。

由此可以得到表 7－5。

表 7－5　模糊控制规则

控制量 U		偏差率 EC						
		NB	NM	NS	ZO	PS	PM	PB
偏差 E	NB	PB	PB	PB	PB	PM	PS	ZO
	NM	PB	PM	PM	PM	PM	PS	ZO
	NS	PB	PM	PS	PS	ZO	NS	NS
	ZO	PS	ZO	ZO	ZO	ZO	ZO	NS
	PS	PS	PS	ZO	NS	NS	NM	NB
	PM	ZO	NS	NM	NM	NM	NM	NB
	PB	ZO	NS	NM	NB	NB	NB	NB

MATLAB 的曲面观察器，如图 7－27 所示。从曲面观察器可以看出，输入、输出量的关系呈非线性，变化平缓，应该会具有比较平缓的输出推理。

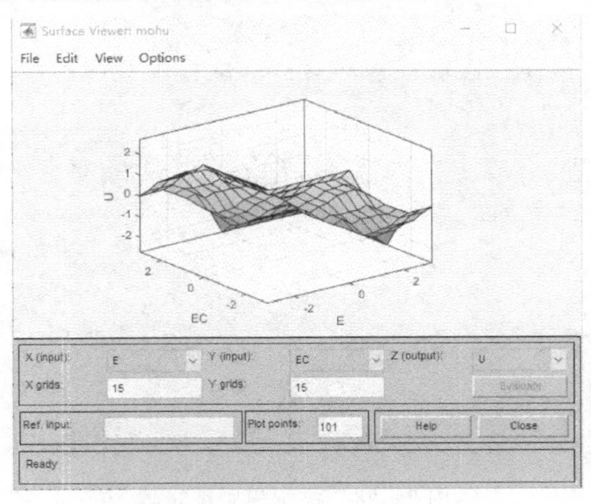

图 7－27　曲面观察器

6. 去模糊判决

通过模糊推理得出的模糊输出量要通过去模糊判决过程才能得到一个精确值，作用于被控对象。去模糊法则主要有最大隶属度法和重心法则。由于最大隶属度法则忽略了较小隶属度因素，显得不够平滑，产生的平均方差较高，而重心法则具有更加平滑的输出推理机制，能够产生较低的平均方差，可以获得更高的控制精度和更好的稳态性能，因此本书采用重心法则进行去模糊判决。重心法则将模糊隶属函数曲线和基础变量坐标轴所围成面积的重心所对应的基础变量为确定值，输出后作用于被控对象，实现去模糊判决。

重心计算公式如下：

$$u=\frac{\sum_{i=1}^{n}\mu(U_i)U_i}{\sum_{i=1}^{n}\mu(U_i)} \tag{7-67}$$

7. 模糊控制算法在 ARM 上实现

由于在 ARM 上运行并实时计算生成模糊控制表会大大增加运算时间，影响了系统的实时性。本书利用 MATLAB 中的 systemtest 以及 looktable 工具箱，借助 simulink 工具生成离线模糊规则表，如表 7－6 所示，然后将模糊控制表保存在主程序代码中。将模糊控制表看成 7×7 矩阵，U_{ij} 对应的是矩阵的第 i 行、第 j 列的元素，通过这种离线查询的方法，在兼顾控制器性能的同时，做到快速、实时地查询所需的数据。实际控制过程的控制流程如图 7－28 所示。

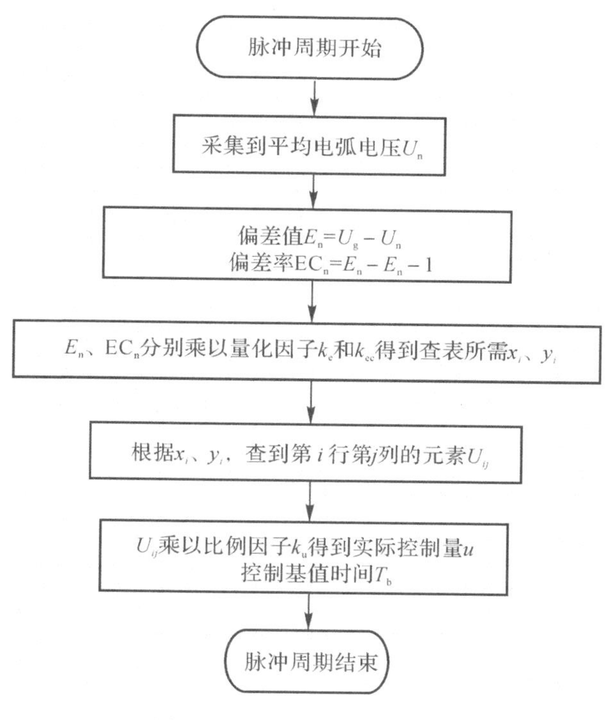

图 7－28 模糊控制实现流程

表 7-6　模糊控制规则表

控制量 U		偏差率 EC						
		−3	−2	−1	0	1	2	3
偏差 E	−3	3	3	3	3	2	1	0
	−2	3	2	2	2	2	1	0
	−1	3	2	1	1	1	−1	−1
	0	1	0	0	0	0	0	−1
	1	1	1	0	−1	−1	−2	−3
	2	0	−1	−2	−2	−2	−2	−3
	3	0	−1	−2	−3	−3	−3	−3

7.5.2　基于模糊控制器的弧长控制模型

利用 Simulink 中的 Fuzzy Logic Controller 工具，搭建基于二维模糊控制器的电压外环控制器，输入量为弧压的偏差量和偏差变化率，输出为基值时间的增量。

根据以上叙述，将波形产生模块、二维模糊控制器模块、电流控制器模块、电源电弧模块、弧压计算模块以及弧压负载模块连接起来，进行整个焊机系统的仿真，如图 7-29 所示。利用 MATLAB 提供的 scope 模块，可以对弧压、弧长等进行监控，从而更好地进行分析。

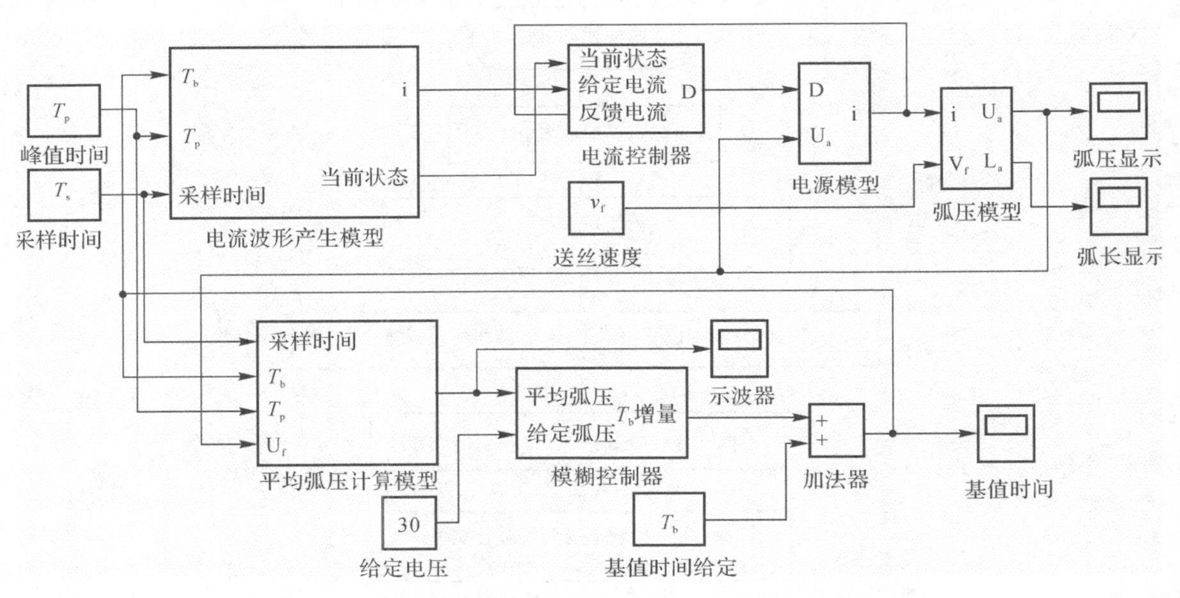

图 7-29　基于模糊控制的整体系统的仿真模型

7.5.3　仿真结果分析

下面对在二维模糊控制下弧长和弧压进行分析。在模拟焊接过程中，为了模拟焊枪和工件距离发生阶跃变化时系统的响应，阶跃信号模型模拟焊枪抬高，在 0.5 s 时，将焊枪和工件的距离参数设置成由 0.02 m 阶跃变化为 0.025 m，观察弧长和弧压变化的波形，如图 7－30 所示。

在 0.5 s 时，焊枪突然抬高，焊枪和工件之间的距离发生突变，由图 7－30 可以看出，在 0.5 s 这一时刻，弧长和弧压都相应发生突变，经过 9 个脉冲周期后，弧长和弧压重新达到稳定状态，这说明二维模糊控制器模型起了作用，且调整时间较短，能达到设计要求。因此，基于模糊控制器的弧焊电源弧长控制具有良好的控制效果。

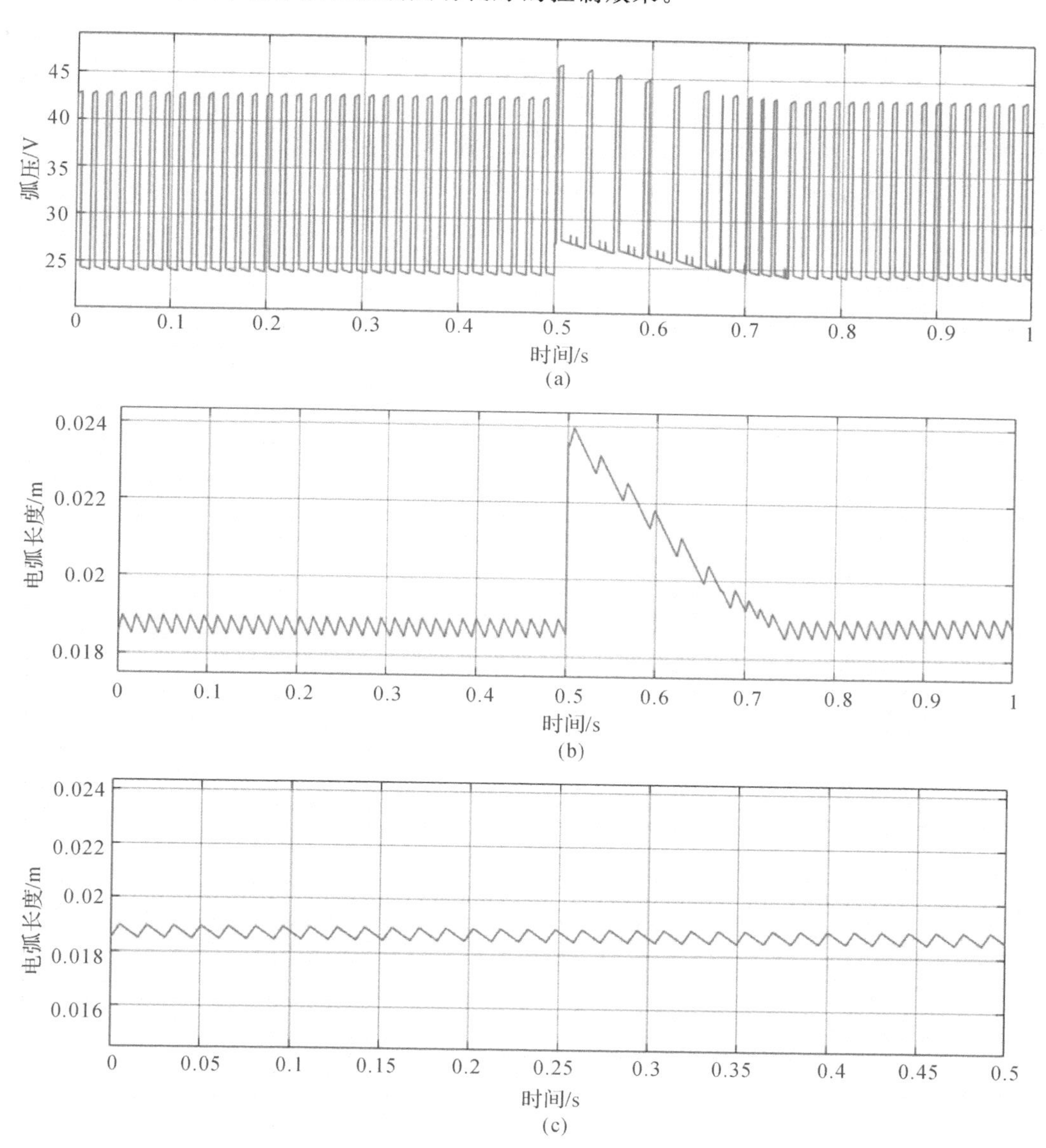

图 7－30　弧压、弧长以及焊接电流仿真结果

(a)焊枪和工件距离突变时弧压变化波形图；(b)焊枪和工件距离突变时弧长变化波形图；(c)稳态工作时弧长波形图

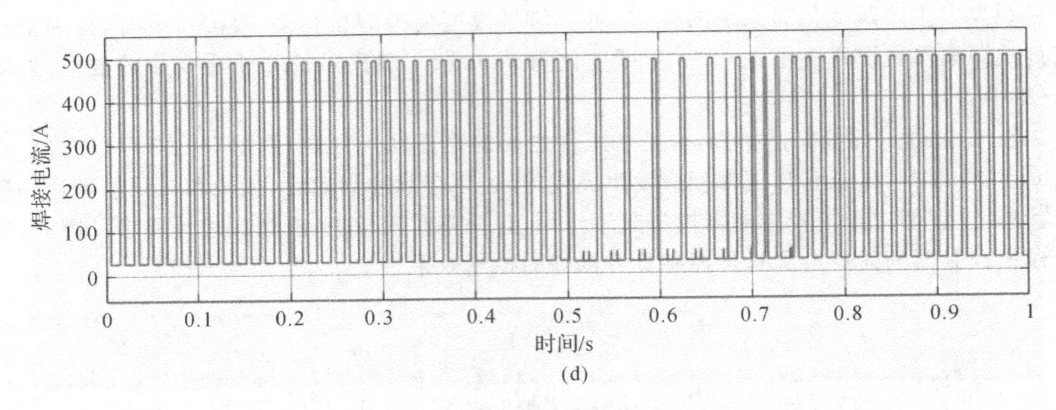

(d)

续图 7-30 弧压、弧长以及焊接电流仿真结果

(d)焊枪和工件距离突变时焊接电流波形图

第 8 章　弧焊电源的数值模拟仿真

弧焊电源数值模拟仿真是在计算机辅助设计和仿真技术的支持下发展起来的一种重要工程仿真方法。这项技术的背景可以追溯到对焊接工艺和设备性能优化的需求，以及对传统试验方法的限制和挑战。传统的焊接工艺和设备设计通常依赖于试验和经验积累，然而这种方法成本高昂且耗时，难以满足不断增长的质量和效率需求。随着计算机技术和数学建模方法的不断发展，工程仿真技术开始成为优化焊接工艺和设备性能的重要手段。弧焊电源数值模拟的核心在于对电源电路的建模和仿真，包括整流电路、滤波电路、逆变电路等，它描述电源如何将输入的交流电转换为直流电，并提供给焊接电弧。此外，电磁场模拟用来描述焊接过程中复杂的电磁场分布情况，而热场模拟则能够预测焊接区域的温度分布和变化规律，以及对熔滴和电弧行为的模拟，从而实现对焊接过程的综合模拟和分析。这些数值方法能够有效地处理复杂的边界条件和非线性效应，为提高焊接质量、降低能耗、增强设备稳定性等方面提供了有力的支持和指导，成为现代焊接技术研究和电源设计优化中不可或缺的重要工具。

数值模拟技术的应用得益于计算机软硬件技术突飞猛进。如今市面上各种数值模拟软件已经非常之多，最为常见和常用软件有 ANSYS 软件，主要用于有限元分析，为计算机模拟实验提供了重要方法。本章熔滴和电弧数值模拟采用的 FLUENT 软件同样有着广泛的应用市场，在流体力学模拟实验几乎是必不可少的。该软件凭借庞大的物理模型、先进的数值算法与强大的后处理功能已经斩获了大量粉丝和爱好者。该软件大致分成前处理、分析器、后处理三部分。

8.1　脉冲 MIG 焊熔滴过渡数值模拟基础理论

气体保护焊以熔化极惰性气体保护焊（Metal Inert Gas Welding，MIG 焊）为主。熔化极惰性气体保护焊，即以可熔化金属丝作为焊丝的采用惰性气体作为焊接熔池保护介质的焊接。熔化极惰性气体保护焊是一种明弧焊，焊接过程与焊缝质量易于控制，焊接过程没有熔渣，适用范围广，生产效率高。脉冲 MIG 焊是通过熔滴过渡实现焊接过程的。因此研究熔滴过渡的过程对于保证焊接过程的稳定十分有必要。

熔滴的形成、长大和脱落，是影响 MIG 焊接过程稳定、焊接效率和焊接质量的重要因素。因此，想要控制好焊接质量必然要控制好熔滴的过渡行为。外加纵向磁场能够显著增加焊接电弧的弧柱电场能量，增大能量密度，增强弧柱挺度，从根本上解决诸如反向等离子流阻碍等离子流等问题，从而显著改善熔滴过渡困难的问题。

脉冲 MIG 焊机理复杂，涉及领域广泛，如电磁学、流体动力学、材料学等学科领域，在引入新材料和新工艺的研究初期，采用实验的方法做研究往往耗费巨大且收效甚微，因此通常采用数值模拟的方法来替代实验。这样可以初步获得外加磁场下熔滴的运动机制和变化规律，为磁控脉冲 MIG 焊焊接参数的选择和焊接工艺的改进提供了理论依据，具有重要的工程应用价值。

8.1.1 脉冲 MIG 焊基本原理

脉冲 MIG 焊接过程中，脉冲特性是指脉冲电流周期性地重复出现，即使平均电流小于临界电流，仍然可以在低电流区域内实现喷射过渡。MIG 焊的临界电流值一般是固定值，在焊接电流峰值小于临界电流值的情况下进行焊接是困难的。

熔滴过渡状态和这种电流波形的关系如图 8-1 所示。

基值电流I_b小于临界电流，在基值电流期间只发生焊丝的加热熔化，熔滴积聚到一定大小但还不足以脱落。但峰值电流期间输入的能量急剧增多，温度升高，加速熔滴的缩颈使熔滴迅速脱落，如图 8-1 中①②所示。由于基值区域和峰值区域的平均电流值仍然是小于临界电流值，因此采用脉冲电流就能在小于临界电流的大范围低电流区域内实现喷射过渡。

采用脉冲 MIG 焊，可以实现较低能量输入，因此也是相对稳定的焊接过程。脉冲 MIG 焊可以使用粗焊丝，而粗焊丝价格便宜，易于拉丝，具有良好的送丝工艺性能。

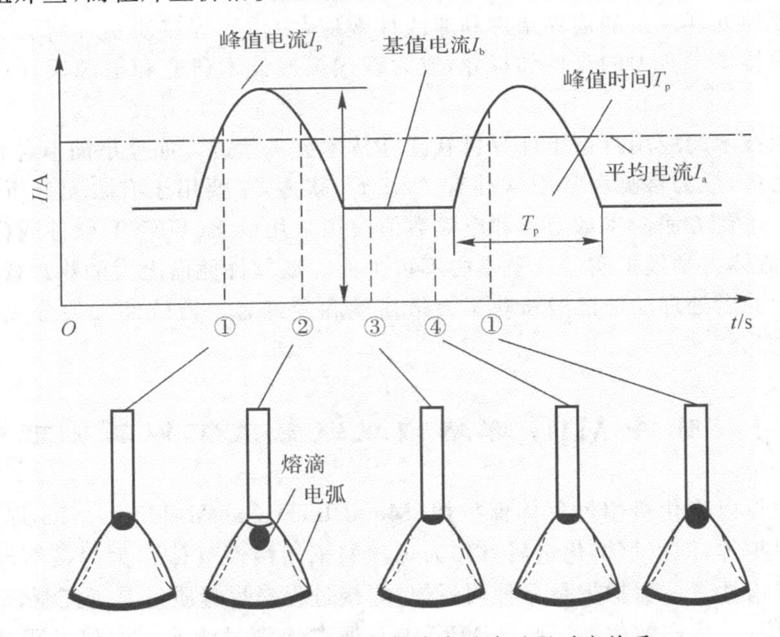

图 8-1 脉冲电流波形与熔滴过渡过程对应关系

8.1.2 脉冲 MIG 焊熔滴过渡形式

熔滴过渡行为是指在电弧加热作用下，焊丝熔化变为熔滴，熔滴在包括重力、表面张力、电磁力等多种力的作用下从焊丝脱离，从而进入熔池的整个过程。熔滴过渡形式对焊接过程中的弧长是否稳定起决定性作用，因此需要重点讨论。

整个脉冲 MIG 焊的熔滴过渡过程可以分成三个主要阶段。

1. 施加脉冲电流阶段

这一阶段从基值电流的末期延续到峰值电流的初期。在电流较低时电弧的亮度和直径都较小，这主要是因为当温度较低时金属蒸气较少地存在于电弧中，随着电流强度的增大，温度上升，电弧中的蒸气含量上升，电弧亮度和直径随之增加，到达一定程度后，电弧形状与射滴过渡下的形状相同。脉冲电流开始施加时，焊丝顶端开始熔化，持续一段时间后形成缩颈，并且这一过程在熔滴脱落前将持续一段时间。

2. 维持峰值电流阶段

这一阶段都处于峰值电流阶段。处于该阶段时，熔滴脱落后如果仍保持高电流，射流过渡现象就会出现。熔滴脱落后电弧的根部仍保持在焊丝缩颈的上方，熔滴在一段时间内保持不变后会出现沸腾的现象，大量的金属蒸气进入电弧，出现射流过渡。

3. 降为基值电流阶段

这一阶段从峰值电流的末期延续到基值电流的初期。在这一阶段，只有电流降到基值后熔滴才会从焊丝脱落。需要注意的是，如果峰值电流的持续时间保持到熔滴以射滴过渡形式脱落后，接下来的过渡形式将仍是射流过渡。

依据脉冲峰值电流和基值电流持续时间的不同，可以把脉冲 MIG 焊的熔滴过渡形式分为一脉一滴、一脉多滴和多脉一滴 3 种。

(1)一脉一滴。

一脉一滴具体表现为一个周期内电源提供的能量合适，在这个周期内只有一个熔滴过渡发生，这种情况下可以有很高的可控度，飞溅较少，有良好的熔深，焊缝比较美观，如图 8 - 2 所示。

(2)一脉多滴。

一脉多滴发生在脉冲峰值时间过长的情况下，一个周期内除了会滴落一个大熔滴，还会在峰值电流的作用下滴落多个小熔滴，这些小熔滴会造成过渡过程难以控制，焊接效果差，如图 8 - 3 所示。

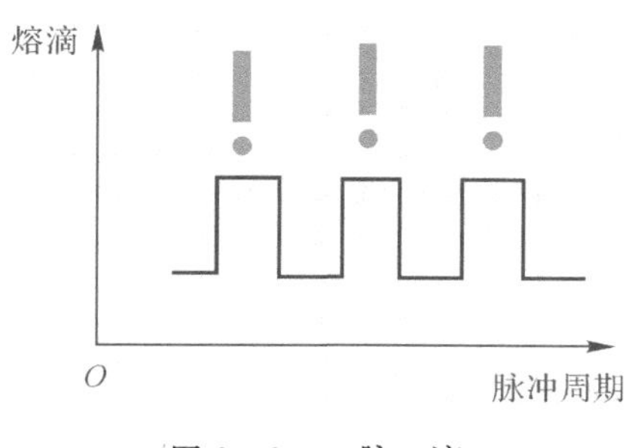

图 8 - 2　一脉一滴

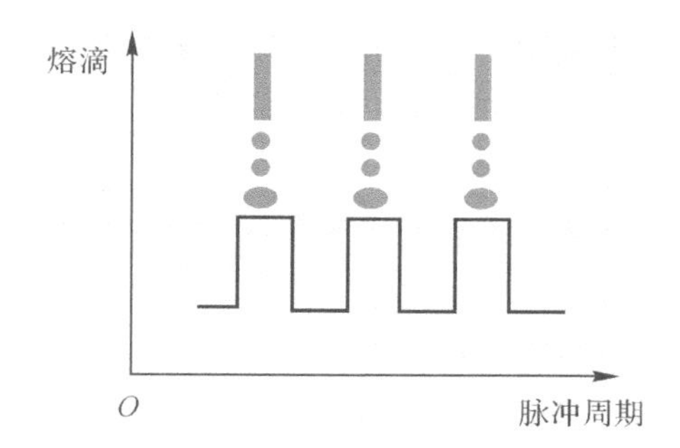

图 8 - 3　一脉多滴

（3）多脉一滴。

多脉一滴是由于未能提供足够的能量，使熔滴在一个周期内不能过渡到熔池，在经过多个周期之后熔滴累积到足够大才能从焊丝脱落。这会导致熔滴过渡很不规律，进而导致焊接过程的不稳定，无法得到规则的焊缝。造成这一情况的可能原因主要是峰值时间低于熔滴过渡下临界值或者峰值时间过短，如图 8-4 所示。

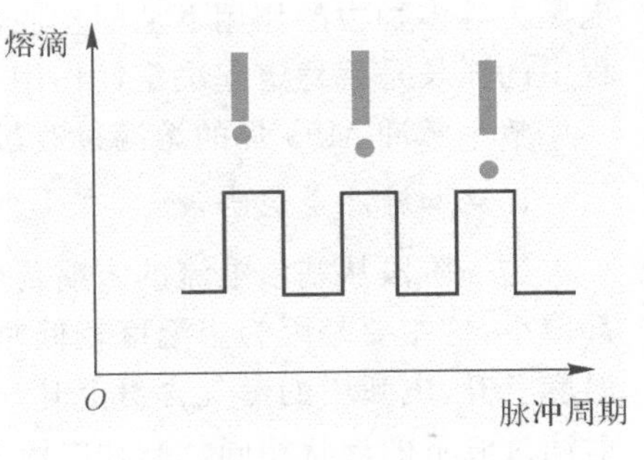

图 8-4 多脉一滴

8.1.3 焊接参数对熔滴过渡行式的影响

由上文可知一脉一滴的熔滴过渡行式是最为理想的熔滴形式，同时也是控制脉冲 MIG 焊所追求的目标，本节将着重讨论焊接过程中各参数对熔滴过渡行为的影响。

1. 峰值参数

影响熔滴最主要的因素是脉冲峰值参数。一旦峰值电流增大，熔滴的尺寸相应地减小，这会造成熔滴过渡时间的缩短，要想得到一脉一滴，需要缩小峰值时间。对于一脉一滴，脉冲峰值参数之间的关系可以用公式表示为

$$I_P{}^n t_P \approx C \tag{8-1}$$

式中：n 的值为 2 或 2.3；C 是一个常量，主要与焊丝、保护气体和干伸长等相关，可以通过实验来确定。

2. 基值参数

脉冲基值参数主要对熔滴的体积造成影响，两者之间的关系可以用下式表示：

$$\varphi = AK(I_p t_p + I_b t_b) \tag{8-2}$$

式中：φ 是熔滴的体积；A 是焊丝的截面积；K 是一个常数。

可以从式(8-2)看出，在焊丝不变和峰值参数确定的情况下，熔滴体积和基值参数成正比。

3. 干伸长

干伸长主要影响的是焊丝的熔化速度，如果选用钢焊丝，干伸长和焊丝的熔化速度可以表示为

$$\omega = \alpha \bar{I} + \beta l D F \tag{8-3}$$

式中：ω 表示焊丝的熔化速度；$\bar{I}$ 是平均电流的大小；l 是干伸长的大小；F 是脉冲频率；D、α、β 是常数。

4. 保护气体

相关研究表明，在其他参数不变的情况下，要得到一脉一滴，脉冲 TIG 焊可以有高于脉冲 MIG 焊的送丝速度，同时熔滴脱离前电弧的形态也存在着显著的差异。

通过上面的论述，可以得出以下结论：

(1)根据焊丝、焊接工件和保护气体的不同来确定能量常数 C 和平均电流 $\bar{I}$ 的大小。

(2)输入的峰值电流要大于熔滴过渡的临界电流值。

(3)由式(8-1)可以确定脉冲峰值时间。

(4)根据 $t_b=\dfrac{I_P-\bar{I}}{\bar{I}-I_b}t_b$ 来调节基值时间，

8.1.4　焊丝熔化速度

弧长稳定与否除了和熔滴过渡形式有关外，还和焊丝熔化速度与送丝机送丝速度是否匹配密切相关。若焊丝熔化速度小于送丝机送丝速度，会导致弧长过短，甚至出现焊丝进入熔池，发生短路情况；一旦焊丝熔化速度大于送丝机送丝速度，会导致弧长过长，形成电弧反烧现象，严重时发生断弧。因此，要有稳定的弧长，必须保证焊丝的熔化速度和送丝机送丝速度相匹配。图 8-5 所示为送丝速度和焊丝熔化速度示意图。送丝速度主要由送丝机决定，而调节焊丝的熔化速度可以通过对焊接电流的大小进行改变来完成。

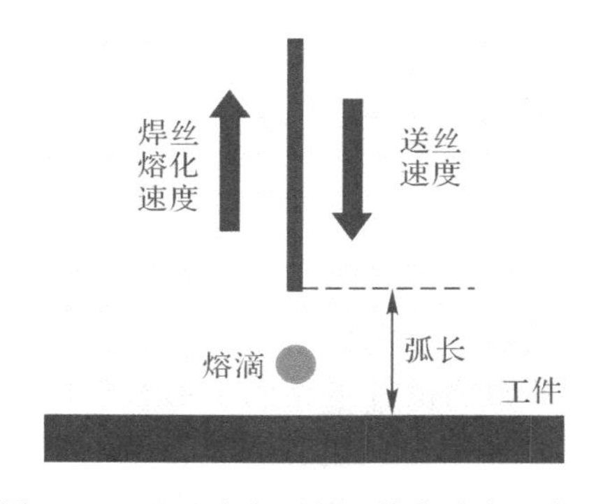

图 8-5　送丝速度和焊丝熔化速度示意图

8.2　磁控法焊接技术

磁控法焊接技术是通过在焊接过程中引入磁场施以控制，改变外加恒定直流磁场的方向和磁场强度，或者改变交变磁场的频率和磁场强度，以此来调控电弧和熔滴的形态，影响熔池流动和焊缝成形，从而提高焊接接头的质量和力学性能。

8.2.1　磁控焊接技术的基本原理

磁控焊接技术是一种简单有效、成本低的高新焊接技术，它利用施加的外界磁场，通过磁场和导电流体的作用力来影响电流密度和等离子流体的分布。施加磁场控制焊接的方式主要有 2 种：一种是外加横向磁场，即磁力线垂直于电弧轴线；一种是外加纵向磁场，即磁力线与电弧轴线平行。这两种外加磁场又都可以分为恒定外加磁场和脉动外加磁场两种类型。纵向磁场促使电弧旋转，控制熔滴过渡，并有效地干预金属在熔池中流动、形核并结晶的过程，影响焊缝成形。外加磁场可以改善焊缝金属的结晶组织，降低晶体裂纹和气孔的敏感性，从而减小焊接残余应力，提高焊缝金属各项性能，全面提高焊缝质量。

焊接过程中施加横向与纵向外加磁场对其影响有一定的差异。磁控焊接技术通常采用纵向磁场来控制熔滴过渡，纵向磁场与焊丝轴线相平行，它可以改变轴向电流密度和电弧等离子流的分布，使电弧发生旋转，从而可以有效地控制焊接熔滴过渡过程，提高焊接过程的稳定性。

外加磁场的常用装置示意图，如图 8-6 所示。

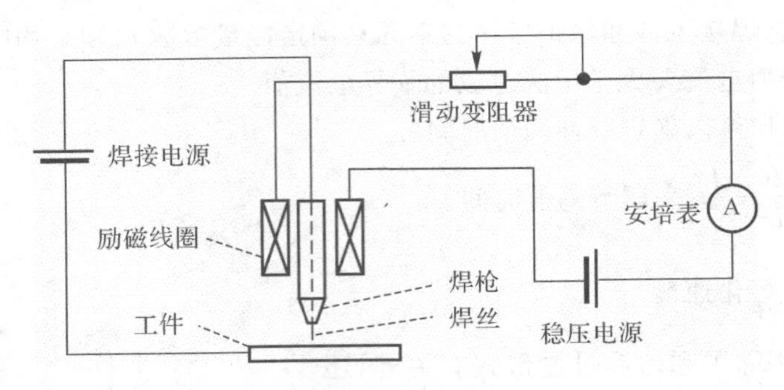

图 8-6　外加磁场的常用装置

在焊接过程中，电弧的形态和运动行为对熔滴过渡过程有很大影响，并且横向磁场和纵向磁场对熔滴的影响也各不相同。加入直流纵向磁场后，磁场力的作用会使电弧形态发生改变，如图 8-7 所示。合适的磁场参数使电弧高度减小，令电弧偏离焊丝轴向运动，还会提高电弧刚度及稳定性。

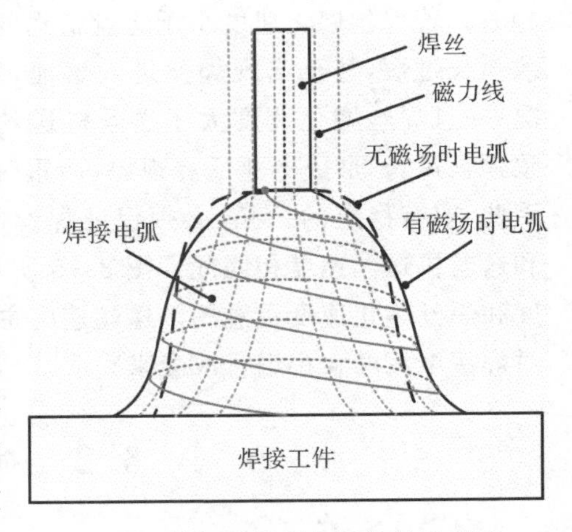

图 8-7　外加磁场下电弧旋转示意图

在焊接过程中，熔滴的过渡形式在减少飞溅、确保焊接的稳定性和焊缝质量等方面起着至关重要的作用，熔滴的过渡形式则主要取决于熔滴受力。熔滴所受的力包括重力、表面张力、电磁收缩力、等离子流力、斑点压力和其他力(爆破力及电弧气体吹力)。外加纵向磁场改变了熔滴所受的电磁收缩力，进而改变了熔滴的过渡形式。

8.2.2　磁控焊接技术的发展

将纵向磁场引入焊接的技术最早可以追溯到 20 世纪 60 年代，国外专家发现了外加纵向磁场有提高焊接稳定性的作用。80 年代，有人开始系统地分析外加磁场对焊接过程中电弧、熔滴、熔池等运动状态的具体影响。

综合国内外学者对磁控法的研究发现，相较于大部分传统焊接方法，磁控焊接技术具有明显优势。关于外加磁场作用于 MIG 焊、TIG 焊以及 CO_2 激光焊等焊接过程的相关研究内容丰富且涉及领域众多，磁控法焊接技术的应用也越来越广泛。只要对外加磁场的相关参数，例如磁场方向、磁场大小和频率等进行合理的设置，就可以使焊接电弧和熔滴发生旋转，改变等离子流和轴向电流密度的分布，进而控制熔滴过渡，最终影响熔池流动和焊缝成形。此外，电磁还具有搅拌作用，可以细化晶粒，提高焊接接头质量。因此，磁控焊接技术具有很广阔的应用前景。

8.3　熔滴过渡过程物理模型及受力分析

物理模型要求把实际的问题，通过相关的物理定律概括和抽象出来并且满足实际情况的物理表征，熔滴过渡本身是一个涉及电磁与流场的复杂过程，因此在建立物理模型的过程中要将所有因素考虑在内相当困难。本书仅对影响脉冲 MIG 焊熔滴过渡的几种最主要因素进行考量，合理假设并对部分条件进行简化，以达到提升计算效率的目的。

8.3.1　熔滴过渡过程物理模型

脉冲 MIG 焊熔滴过渡过程物理模型的示意图如图 8－8 所示。假设焊丝是一根无厚度的导管，焊丝顶部通过导电嘴连接焊接电源，为焊接过程提供能量来源，并保持焊丝端部与工件之间的距离不变。计算区域内充满保护气体氩气。

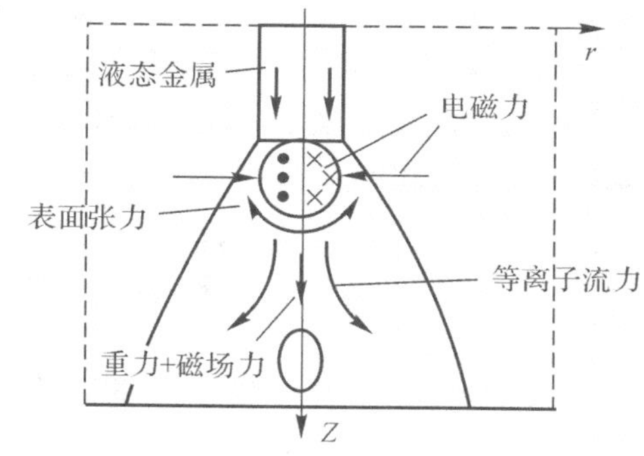

图 8－8　熔滴过渡示意图

焊丝在焊丝端部熔化积聚形成球形液态金属。具有均匀初始温度、零初始速度和一定高度的球形液滴进一步在重力、等离子流力、表面张力和电磁力的作用下不断长大。由重力、电磁力和等离子拖曳力驱动的，承载质量、动量和热能的液滴最后脱落掉入熔池，以一定频率撞击到母材金属上。初始处于室温的母材金属将被等离子弧热通量和液滴携带的热能逐渐熔化。随着更多的液滴沉积到母材上，焊池的尺寸会增大。

熔滴过渡是一个在各种驱动力作用下熔滴形状及内部流场持续变化的复杂过程。熔滴上的作用力主要包括重力、表面张力、电磁收缩力、斑点压力、等离子流力和其他力。

8.3.2　受力分析

1. 重力

当焊丝直径较大而焊接电流较小时，在平焊位置的情况下使熔滴脱离焊丝的力主要是重力，其大小为

$$F_g = mg = \frac{4}{3}(\pi r^3 \rho g) \tag{8-4}$$

如果 $F_g > F_\sigma$（表面张力），熔滴脱离焊丝。

2. 表面张力

液体表面张力是一部分液体表面与另一部分液体表面之间的相互作用，是作用在液体表面的，它的施力物体和受力物体都是液面。

表面张力是在焊丝端头上保持熔滴的主要作用力，作用方向为流体交界面的切线方向。熔滴与焊丝间表面张力为

$$F_\sigma = 2\pi R\sigma \tag{8-5}$$

式中：σ 为表面张力系数。σ 还与温度有关，温度升高，σ 减小，且当熔滴表面有表面活性物质时，σ 减小。

3. 电磁力

熔滴为带电导体，根据电磁力公式，熔滴内部的电流不仅与外加磁场相互作用，还会与

自感生磁场相互作用产生电磁力。电磁力具有三个方向的分量，分别是径向分量、轴向分量和切向分量。电磁力的大小主要取决于熔滴中的电流密度：

$$F_e = \vec{J} \times \vec{B} \tag{8-6}$$

式中：$\vec{J}$ 为电流密度；$\vec{B}$ 为磁场强度。

4. 等离子流力

熔滴在电极的尖端和母材金属之间受到等离子体的拉力，将等离子体视为气体。这里等离子流力是指焊接电弧中的等离子流高速运动时所产生的冲击力，又称电弧的气动力。等离子流力作用于熔滴和熔池，对熔滴的形态与速度、熔池中流体的运动、焊缝的成形都有影响，是电弧和熔滴的主要作用力之一。

8.4 外加磁场下的熔滴数值模拟仿真

通常来说，开展数值模拟前要求结合求解目标来明确计算区域与合理求解要求。FLUENT常规处理过程如下：构建模型网格→结合维度来选取正确分析器→导入网格→检查网格→选取需要计算方程→选取模型→选取材料物理特性→预设边界条件→设置控制参数→初始化流场→设置步长、迭代次数与时间步数→开始计算→得到结果→结果导出→后处理。

这里借助计算流体动力学软件 FLUENT，对低碳钢脉冲 MIG 焊熔滴过渡过程进行数值模拟，将严格按照计算流体力学求解步骤进行操作，并根据 FLUENT 电磁流体的模拟需求，使用用户自定义函数（UDF）二次开发程序，用 C 语言编程来实现能量源项的添加。具体过程比较复杂，这里不详细论述。

8.4.1 简化与假设

一般来说，焊接过程中各处都发生着剧烈的物理及化学反应。这里仅将熔滴反应区纳入讨论，熔滴过渡本身也是一个相当复杂的物理过程，焊接熔滴与焊接工件之间主要包括的反应有液态金属的蒸发、金属的氧化还原、电弧及液态金属的热传导、气体的分解和溶解。每一种现象相互关联又各成一体，本书着重分析熔滴过渡液态金属的流体动力学和热过程，对于过渡过程中产生微弱影响的因素应该弱化甚至不予处理，当然，对于熔滴具有重要影响的电弧作用不能忽略。

要将所有因素考虑在内不具备可行性，并且会增加不必要的成本和计算量。在保证计算精度的前提下，仅考量影响脉冲 MIG 焊熔滴过渡的几种最主要因素，合理假设并对部分条件进行简化，同样可以达到有效计算的目的。本书的简化和假设如下：

（1）熔滴过渡是一个二维问题；

（2）液态金属为不可压缩的牛顿流体，流体流动为层流；

（3）熔滴与焊丝的固液交界面位置不变，并垂直于焊丝轴线；

（4）忽略焊接过程中金属蒸发产生的气体对焊接熔滴过渡形态的影响；

（5）不考虑焊丝的熔化过程与焊丝中的传热，将液态熔滴的热物性参数设置为常数；

（6）电弧的能量密度服从高斯分布；

(7)不考虑外加恒定纵向磁场对送丝速度的影响。

焊接熔滴的生长过程中,其内部有一定量的电流通过,导致了外加磁场对熔滴形态有很好的可控性。借助数学模型观测外加磁场对熔滴的过渡频率、形态尺寸、运动轨迹以及内部流场的作用是一个很好的研究方法。

为了说明外加恒定纵向磁场对熔滴动态行为的影响,设计了几组仿真试验来进行对比,得到不同条件下熔滴过渡过程的图像和数据,以便定量分析在熔滴过渡过程中外加磁场对熔滴各物理量产生的影响。

8.4.2　熔滴数值模拟仿真设计

1. 实验规定

设定磁场从熔化极到工件的方向(磁场向下)为磁场正向。本书选择在恒定纵向磁场方向向下时进行数值模拟,获得外加恒定磁场作用下熔滴过渡过程的数值模拟。

2. 实验目的

为了研究在外加磁场作用下熔滴过渡的变化情况,在相同的仿真环境下,通过调整外加磁场磁感应强度的大小和焊接电流的大小来研究不同参数对熔滴过渡的影响。探究外加磁场作用下熔滴过渡与普通焊接过程中熔滴过渡存在区别的运动机理。

3. 实验条件

焊丝牌号为 H08Mn2Si,焊丝直径为 1.2 mm,焊丝干伸长为 1 mm;保护气体为纯氩气,气体流量为 0.8 m/s。磁场强度为 0~90 mT,焊接电压为 25 V,脉冲电流平均值 I_a 为 140~198 A,进行多组交叉实验。脉冲电流具体参数如表 8-1 所示。

表 8-1　脉冲电流参数

实验编号	峰值电值/A	峰值时间/ms	基值电流/A	基值时间/ms	平均电流/A
1	250	16	50	10	198
2	250	7	50	10	164
3	250	4	50	10	140

4. 实验内容

探究外加恒定纵向磁场作用下,不同焊接电流下,磁感应强度由无到有逐步增加到 90 mT 时,熔滴的过渡频率、形态尺寸、运动轨迹的变化。建立外加磁感应强度与相关物理量的关系曲线,观测各组熔滴的变化情况并且分析各组熔滴过渡出现差异的原因。

8.4.3　外加恒定纵向磁场对熔滴的影响

熔滴过渡过程是影响焊接稳定性的重要因素,因此探索熔滴过渡行为对于优化焊接工艺、实现精准控制有着重要的参考意义。

1. 对熔滴下落时间和过渡频率的影响

图 8-9 所示为相同的焊接电流和仿真环境下,不同磁场强度作用下的脉冲 MIG 焊熔

滴过渡过程。

观察不加磁场的熔滴过渡过程，焊丝端部的熔滴沿轴向生长，熔滴由半球形逐渐变为椭球形再是圆柱形，随着熔滴的增大，熔滴和焊丝接触处出现缩颈，缩颈处电流密度增大，使缩颈过热，这会加速熔滴的下落，很快重力和电磁力就克服了表面张力，使熔滴完全脱离焊丝落入熔池。

外加磁场强度较低时，如图 8－9(b)～(e)所示，与不加磁场的熔滴过渡过程相比，熔滴的成形长大，尺寸和过渡模式等都没有较大差异，可以看到，当磁场强度达到 9 mT 时，熔滴的生长方向开始偏离焊丝轴线，实际是熔滴在磁场的作用下开始旋转；观察外加磁场强度较高时的熔滴过渡过程，如图 8－9(f)～(h)所示，当焊丝刚开始熔化液体熔滴出现时，熔滴就在电磁力的作用下发生了旋转偏移。随着磁感应强度的增大，熔滴加速脱落，熔滴的旋转运动轨迹已经拓展至 3 个焊丝直径的范围，熔滴直径缩小变为长条形，可以看到，当磁场强度达到 54 mT 时，熔滴变形严重，已经无法参与正常的焊接操作。

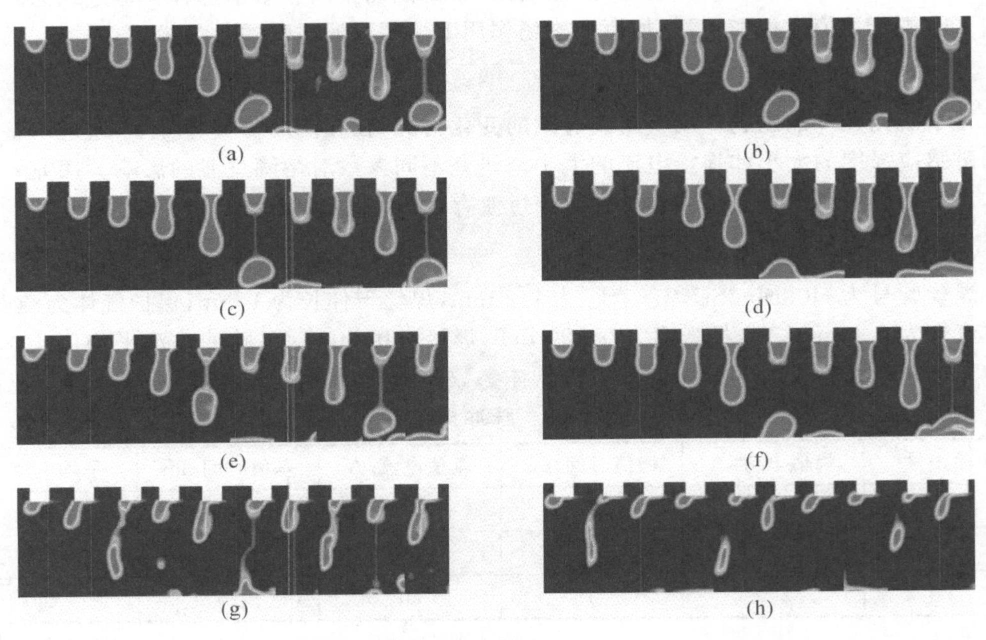

图 8－9　各外加磁感应强度下熔滴过渡(I_a＝164 A，时间间隔 4 ms)

(a)H＝0 mT；(b)H＝0.9 mT ；(c)H＝3.6 mT；(d)H＝5.4 mT；

(e)H＝9.0 mT；(f)H＝18 mT；(g)H＝54 mT；(h)H＝90 mT

整理出各磁场强度下各熔滴的下落时间，可以观察到在同一焊接仿真环境和焊接电流中，不加磁场时的熔滴过渡下落时间在约 15～16 ms 范围内；外加恒定纵向磁场后，当磁场强度为 0.9～18 mT 时，每滴熔滴下落所需时间基本不变；当磁场强度为 54 mT 时，熔滴下落所需时间发生了明显变化，减少到 8～10 ms；当磁场强度为 90 mT 时，熔滴脱落所需时间最少，约为 6 ms，脱落过程最快。

可以看出，在同一焊接过程中，每滴熔滴的下落时间几乎没有变化波动，这是仅在变量因素有限且可控的仿真实验中才会出现的情况，而在实际情况下，由于环境中的不可控因素太多，如空气流速、焊丝纯度、送丝速度等，每滴熔滴的下落时间会产生波动，实际焊接时的熔滴下落时间的波动范围可以作为评判熔滴过渡稳定性的一个参考项。

外加纵向磁场对熔滴产生电磁力的作用，影响了熔滴的过渡频率。

熔滴过渡的频率，也就是单位时间内熔滴下落的次数。当第一滴熔滴掉入熔池的同时，第二滴熔滴已经成形一定尺寸，从此刻开始计时，截取第二滴熔滴过渡过程的数值模拟图像，经过数滴熔滴过渡之后，再截取一相似的模拟图像，保证后一张图像与前一张图像为熔滴过渡过程的同一阶段，精确到 0.04 ms。计算两张图像的时间间隔，记录这期间熔滴下落的个数，随后推导出熔滴过渡频率在不同脉冲参数和磁感应强度下的数值大小，并绘制熔滴过渡频率曲线图。

从图 8 - 10 所示曲线可以看出，在其余焊接参数一致的条件下，随着磁感应强度的增大，每滴熔滴下落所需时间波动较小，熔滴过渡频率增大。同时，当外加磁感应强度大小保持不变时，熔滴过渡频率与焊接电流大小成正相关，随着焊接电流的增大，熔滴过渡频率也增大。

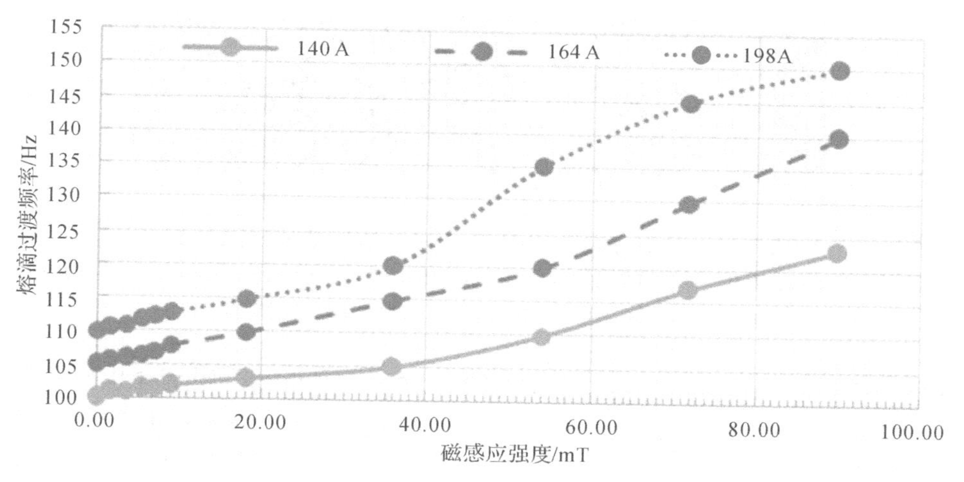

图 8 - 10　各焊接电流下熔滴过渡频率随磁感应强度变化图

2. 对熔滴形状尺寸和运动轨迹的影响

在脉冲 MIG 焊接过程中，当施加的纵向磁场过大时，会引起较大的能量变化和电流分布的变化，熔滴形态不再规则，熔滴过渡过程不再稳定。在相同焊接电流和仿真环境下，仍然以 8.4.2 节实验的 2 号编号焊接电流（实验编号 2：峰值电流为 250 A，峰值时间为 7 ms，电弧电压为 25 V，不加磁场）作为焊接参数，分别对外加恒定纵向磁场为 0 mT、18 mT、54 mT 的脉冲 MIG 焊接的熔滴生长过程进行数值模拟，记录熔滴生长过程中的尺寸大小并分析其形态变化。

各外加磁场下脉冲 MIG 焊熔滴长大至脱落全过程的形态尺寸如图 8 - 11 所示。

从图 8 - 11 可以看出，熔滴的形态尺寸受磁感应强度的影响。不加磁场时的脉冲 MIG 焊熔滴过渡，焊丝末端金属熔化形成熔滴，在焊接电流的能量持续供给下熔滴不断长大，开始形成缩颈，在重力和表面张力以及轴向电磁力的综合作用下脱离焊丝，熔滴形状为高度稍大于直径的椭球形，下落过程中沿焊丝轴线落入熔池。

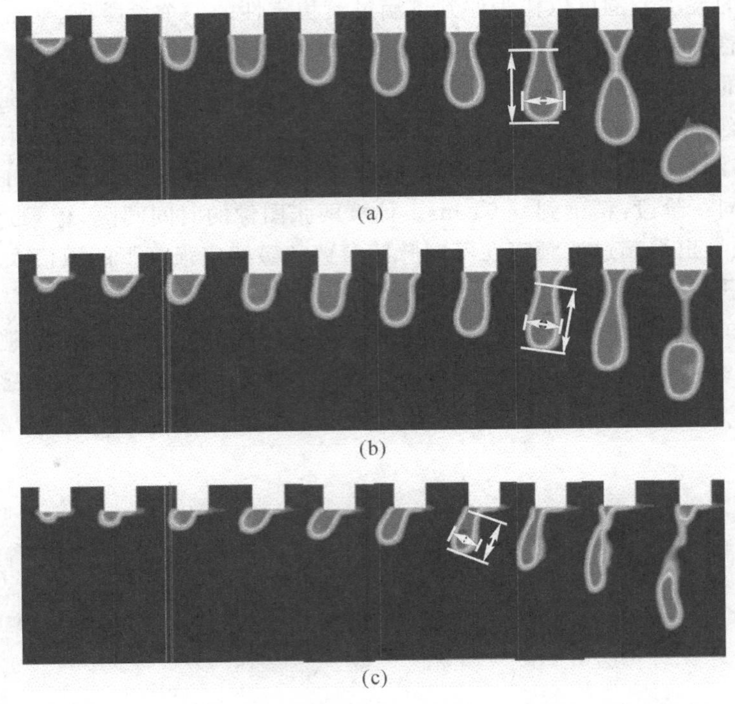

图 8-11　各外加磁场下脉冲 MIG 焊熔滴长大至脱落全过程
(a)外加磁场 0 mT 时熔滴形状尺寸(时间间隔为 2.4 ms);(b)外加磁场 18 mT 时熔滴形状尺寸(时间间隔为 2 ms);
(c)外加磁场 54 mT 时熔滴形状尺寸(时间间隔为 1.2 ms)

而外加磁场作用下的脉冲 MIG 焊熔滴过渡受力更为复杂,熔滴内部电流既要与自感生磁场相互作用产生轴向与径向电磁力,还要与外加恒定纵向磁场相互作用产生切向电磁力。熔滴自形成时便开始自转,同时电弧收缩弧柱压力增大,使熔滴尺寸的增大受到限制,尤其是熔滴直径的增长受到削弱。熔滴直径不断变小,熔滴高度基本不变。导致熔滴形状较不加磁场时更接近长条形。总的来说,熔滴尺寸受到了削弱和限制。

熔滴的运动轨迹也受外加磁场的影响。焊丝熔滴在切向电磁力的作用下发生旋转,偏离焊丝轴线落入熔池。在不同外加磁场大小的作用下,电弧压力同时也会发生改变,作为促进熔滴过渡的主要作用力,电弧压力和电磁力这两个力对熔滴运动轨迹的影响十分明显。磁感应强度越大,熔滴受到的影响越明显,偏离焊丝轴线的程度随着外加磁感应强度的增加而加剧。

8.5　外加磁场下的电弧数值模拟仿真

作为一种在传统 TIG 焊接中添加磁场约束装置而提高焊接各项性能的新型焊接方式,外加纵向磁场 TIG 焊接在实际的应用过程中,形成一系列平行于钨极轴线的磁感线,从而对熔池行为、电弧行为产生约束作用,改变熔池的流动和热传导,重新优化焊件表面能量分配，因此直接对焊缝以及熔池的宏观形貌带来改善。

在磁流体动力学的基础上，建立了外加纵向磁场作用下的 TIG 电弧焊二维稳态数学模型。依据实际焊接试验过程给定了边界条件，使用 FLUENT 软件进行求解。由于 FLUENT 软件标准界面无法实现电磁热流耦合模型需求，可使用 C 语言编程添加 UDF 二次开发程序来实现 TIG 焊接电弧的电磁热流耦合。采用 Coupled 算法迭代计算，研究不同外加磁场强度下 TIG 电弧焊特性。具体过程比较复杂，不做详细论述。

8.5.1　TIG 焊电弧数值模拟原理

由于 TIG 焊接电弧是等离子体，其具有良好的导电性及磁场可作用性。磁流体动力学理论为磁场控制电弧行为，例如电弧的位置、形状以及运动提供了可能。电弧行为是造成 TIG 焊接过程变得更加稳定、更高效率且质量更好的“催化剂”。可见，若想实现更好的焊接质量，采取良好电弧控制手段是非常有必要的。

另外，因为 TIG 焊接原理较为烦琐，理论基础复杂，涉及各种学科知识，所以在刚开始引入新材料与新工艺发展初期，只是采取常规理论手段很难准确解决实际问题，采用实验的方法做研究往往耗费巨大的人力、物力和财力，并且事倍功半。由此可见，可以在研究过程中通过数值模拟手段来直接取代烦琐实验，将同样可以得到基本相似的结果，也为后期真实实验提供了重要参考，具有良好的理论依据和现实研究意义。

TIG 焊接电弧等离子体有着良好导电特性和磁场可作用性质。所以，能够利用外加磁场来强化电弧自身形态特征和运动过程。研究发现，若在电弧里面引入纵向磁场，电弧轴线将会出现旋转，加热斑点同样出现旋转，外加磁场可以造成电弧挺度与稳定性增加，且磁场电动势也将升高，进而造成弧柱中心温度上升，导致熔池中熔体被搅拌，也将有效改善焊缝质量，可见焊接过程引入外加磁场是非常有必要的。如今，外加纵向磁场相应 TIG 焊接技术主要应用于切削工具产业与汽车和船舶行业，并且对温度敏感材料的焊接也很有效果。

通常引入外加磁场后，电弧行为在磁场作用下，变得更加无规则且复杂。目前，国内外关于在焊接过程中电弧分析基本以具体实验为主，对于数值模拟方面的研究却鲜有报道，因此，对于外加纵向磁场的 TIG 焊电弧数值模拟具有一定的指导意义。

8.5.2　电弧模拟基本假设

纵向磁场 TIG 焊接过程中所生成的电弧，其内部存在剧烈的电磁热耦合流动。为了简化计算、减少模型复杂度，本书设定如下假设条件：

(1)无论是阴极区、阳极区还是弧柱区，均处于完美的纯氩气环境中；

(2)电弧不可压缩并且为标准的中心轴对称分布；

(3)电弧处于局部热平衡，并在整个实验过程中全程处于层流状态；

(4)电弧重新吸收热辐射不影响其热能损失。

8.5.3　电弧数值模拟仿真条件

在基本假设的基础上，构建二维 TIG 焊电弧对称数学物理模型。模型中的钨极半径为

0.5 mm、锥角为 60°，电弧弧长按照 10 mm 建模。二维图形建模及划分网格的过程在 ICEM CFD 软件中完成，采用结构化网格。为了更好地对比 TIG 电弧和磁场作用下 TIG 电弧等离子体的特性区别，焊接电流选择与 TIG 电弧相同，为 100 A、150 A、200 A；按照相关机构所提供的常规焊接数据，将外加磁场强度分别设置为 0.01 T、0.02 T、0.03 T，氩气保护通量为 12 L/min。

8.5.4 温度场数值模拟结果

图 8-12～图 8-15 分别给出了焊接电流 100 A、150 A、200 A，外加纵向磁场强度为 0.01 T、0.02 T、0.03 T 的 TIG 电弧等离子体温度场。对比图 8-12 中焊接电流为 100 A 情况下，施加纵向磁场强度为 0.01 T 和 0.02 T 时，电弧为典型钟罩形态，最高温度分别为 22 760 K 和 22 710 K，与相同电流 TIG 电弧温度场结果类似。这是在等离子体从阴极向阳极高速运动过程中，因为施加的纵向磁场强度较小，产生的周向洛伦兹力较小，无法较大地改变等离子体的运动状态。当外加纵向磁场强度增大至 0.03 T 时，TIG 电弧温度场云图由无外加磁场时候的钟罩形变为典型空心钟罩形，且电弧最高峰值温度升高到22 800 K。

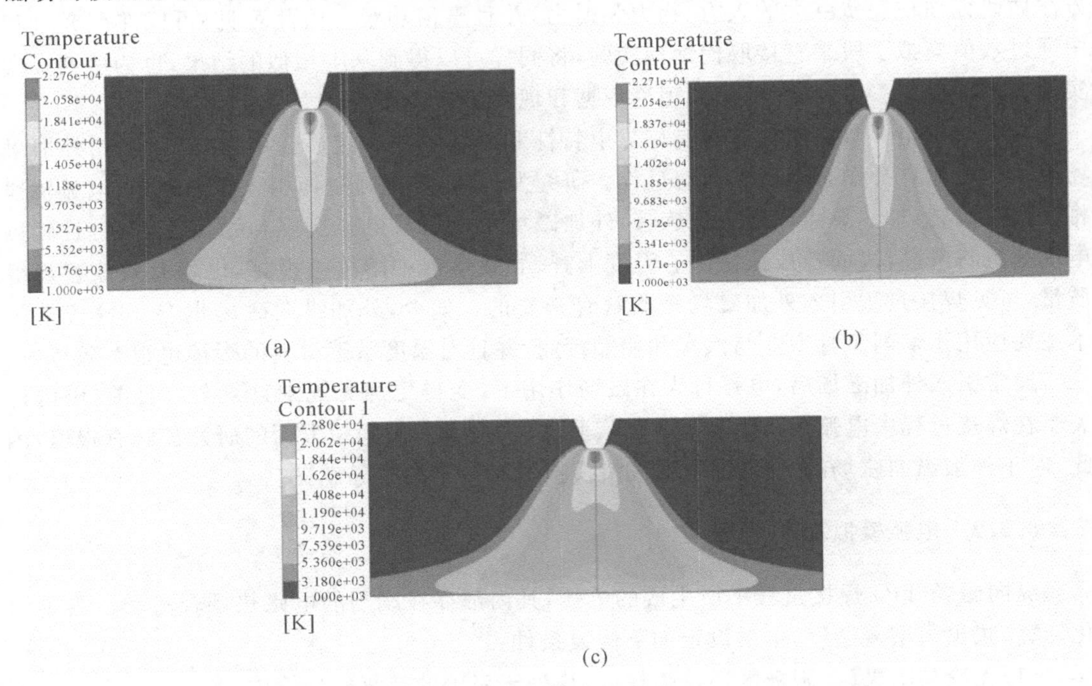

图 8-12　焊接电流 100 A 时不同磁场强度的温度云图

(a)100 A，0.01 T；(b)100 A，0.02 T；(c)100 A，0.03 T

图 8-13 给出了焊接电流为 150 A 时不同外加纵向磁场强度的温度场云图。由图可知，施加纵向磁场强度为 0.01 T 和 0.02 T 时，电弧为典型钟罩形态，最高温度分别为 27 260 K 和 27 270 K，与相同电流 TIG 电弧温度场结果类似。当外加纵向磁场强度增大至 0.03 T 时，TIG 电弧温度场云图由无外加磁场时候的钟罩形变为典型空心钟罩形，且电弧

最高峰值温度有所降低，为 27 220 K。

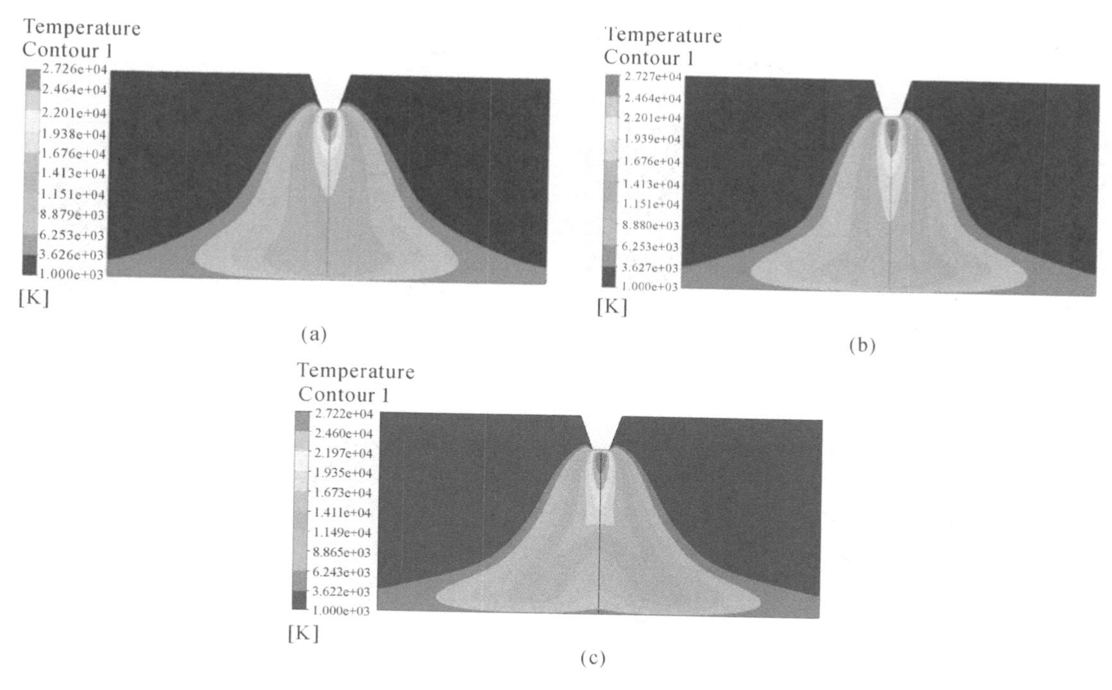

图 8－13　焊接电流 150 A 时不同磁场强度的温度云图

(a)150 A，0.01 T；(b) 150 A，0.02 T；(c)150 A，0.03 T

图 8－14 给出了焊接电流为 200 A 时候不同外加纵向磁场强度的温度场云图。由图可知，施加纵向磁场强度为 0.01 T 和 0.02 T 时，电弧为典型钟罩形态，最高温度分别为 31 920 K 和 31 780 K，与相同电流 TIG 电弧温度场结果类似。当外加纵向磁场强度增大至 0.03 T 时，TIG 电弧温度场电弧最高峰值温度有所降低，为 31 640 K。但磁场强度增大到 0.03 T 时，电弧温度云图并未出现典型空心钟罩形态。这是因为当焊接电流和外加纵向磁场强度均增大时，电弧等离子体受到的轴向和周向洛伦兹力均不同程度地增大了。其中焊接电流决定了轴向等离子体受到的电场力大小，而外加磁场强度决定了等离子体周向受到的电场力大小。当焊接电流和外加纵向磁场强度同时增大，外加纵向磁场强度产生的周向洛伦兹力相对轴向的电场力较小，无法很大程度地改变等离子体的运动速度，故当 200 A 焊接电流磁场强度为 0.03 T 时，未出现明显的空心钟罩形态云图。

由图 8－12、图 8－13 和图 8－14 的温度云图看出，电弧最高温度随着焊接电流的增大而不断升高，磁场强度为 0.03 T 时电弧的高温区域随着焊接电流的增大沿电弧轴线方向增加；在外加纵向磁场为 0.03 T 并且焊接电流为 100 A 和 150 A 时，阳极附近出现了电弧扩散且阴极附近出现了电弧压缩，阳极附近的电弧扩散和阴极附近的电弧压缩随着焊接电流的增加表现的更加明显，而且电弧温度在阳极表面出现了显著的双峰分布特征，越接近阳极高温区域就越偏离电弧轴线。这种情况的客观存在，主要是因为外加磁场使得带电粒子径向上切割磁力线，由此所产生洛伦兹力和周向速度将带电粒子带动并形成螺旋运动状态，最终接触阳极。所以，周向上等离子体始终有汇聚到电弧边缘的运动倾向，所以在中心轴线位置上的分布较少，这就是电弧空心钟罩形态分布以及“低温腔”出现的主要原因。

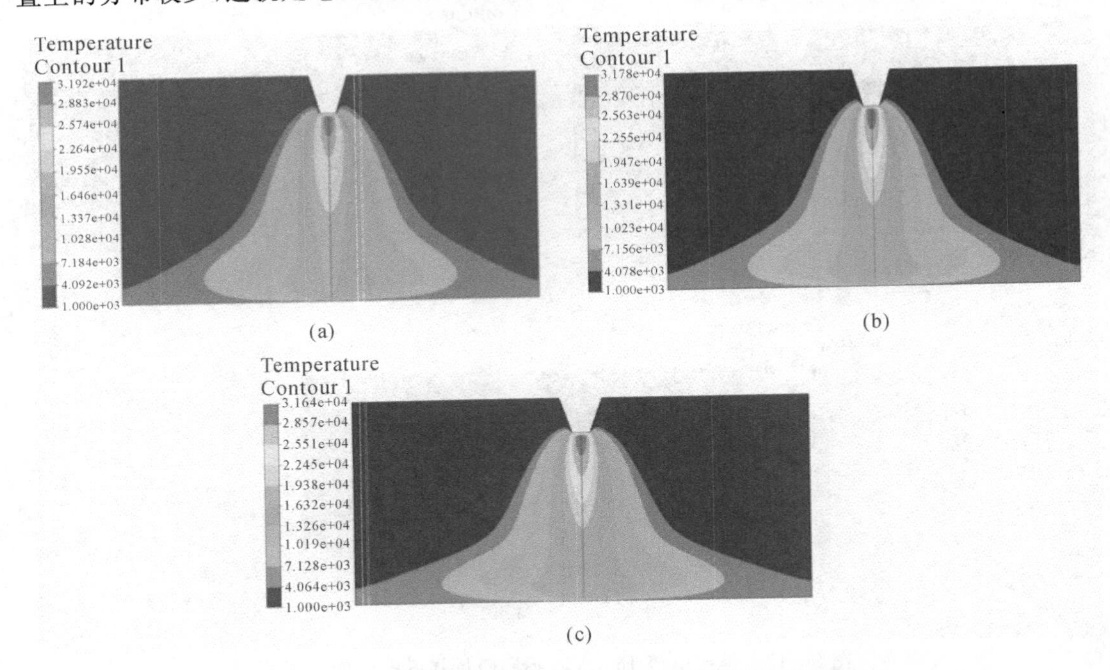

图 8-14 焊接电流 200 A 时不同磁场强度的温度云图

(a)200 A,0.01 T;(b)200 A,0.02 T;(c)200 A,0.03 T

参考文献

[1] 张卫平. 绿色电源:现代电能变换技术及应用[M]. 北京:科学出版社,2001.

[2] 朱文杰. 现代电力电子技术与应用[M]. 北京:中国电力出版社,2016.

[3] 高锋阳. 电力电子技术[M]. 北京:机械工业出版社,2015.

[4] 张崇巍,张兴. PWM 整流器及其控制[M]. 北京:机械工业出版社,2003.

[5] 张占松,蔡宣三. 开关电源的原理与设计[M]. 修订版. 北京:电子工业出版社,2004.

[6] 阮新波. 电力电子技术[M]. 北京:机械工业出版社,2021.

[7] 中国机械工程学会焊接学会. 焊接手册:第 3 卷 焊接结构[M]. 北京:机械工业出版社,2008.

[8] 阮新波. 脉宽调制 DC/DC 全桥变换器的软开关技术[M]. 2 版. 北京:科学出版社,2013.

[9] 张卫平. 开关变换器的建模与控制[M]. 北京:机械工业出版社,2020.

[10] 胡绳荪. 现代弧焊电源及其控制[M]. 2 版. 北京:机械工业出版社,2015.

[11] 刘金琨. 先进 PID 控制 MATLAB 仿真[M]. 4 版. 北京:电子工业出版社,2016.

[12] 蔡自兴. 智能控制原理与应用[M]. 4 版. 北京:清华大学出版社,2019.

[13] 黄从智,白焰. 智能控制算法及其应用[M]. 北京:科学出版社,2019.

[14] 杨耕,罗应立. 电机与运动控制系统[M]. 2 版. 北京:清华大学出版社,2011.